网络工程师教育丛书

网络互连与互联网
（第2版）

Internetworking and Internet, 2nd Edition

刘化君　等编著

电子工业出版社
Publishing House of Electronics Industry
北京·BEIJING

内容简介

本书是《网络工程师教育丛书》的第 5 册，在讨论网络互连概念的基础上阐释各种网络互连设备的工作原理，以及采用这些设备进行网络互连、配置的技术，同时讨论移动互联网。全书分为 6 章，内容包括：网络互连的基本概念；网络互连设备；如何利用网络互连设备构建网络；网络互连设备的配置，包括交换机和路由器的配置；移动互联网。为帮助读者更好地掌握基础理论知识和应对认证考试，各章均附有小结、练习及小测验，并对典型题型给出解答提示。

本书可作为网络工程师培训和认证考试教材，或作为本科及职业技术教育相关课程的教材或参考书，也可供网络技术人员、管理人员以及有志于自学成为网络工程师的读者阅读。

本书的相关资源可从华信教育资源网（www.hxedu.com.cn）免费下载，或通过与本书责任编辑（zhangls@phei.com.cn）联系获取。

未经许可，不得以任何方式复制或抄袭本书之部分或全部内容。
版权所有，侵权必究。

图书在版编目（CIP）数据

网络互连与互联网 / 刘化君等编著. —2 版. —北京：电子工业出版社，2020.5
（网络工程师教育丛书）
ISBN 978-7-121-37399-2

Ⅰ. ①网… Ⅱ. ①刘… Ⅲ. ①计算机网络－基本知识②互联网络－基本知识 Ⅳ. ①TP393

中国版本图书馆 CIP 数据核字（2019）第 203489 号

责任编辑：张来盛（zhangls@phei.com.cn）
印　　刷：北京盛通数码印刷有限公司
装　　订：北京盛通数码印刷有限公司
出版发行：电子工业出版社
　　　　　北京市海淀区万寿路 173 信箱　邮编：100036
开　　本：787×1092　1/16　印张：17　字数：446 千字
版　　次：2015 年 6 月第 1 版
　　　　　2020 年 5 月第 2 版
印　　次：2023 年 12 月第 2 次印刷
定　　价：68.00 元

凡所购买电子工业出版社图书有缺损问题，请向购买书店调换。若书店售缺，请与本社发行部联系，联系及邮购电话：（010）88254888，88258888。
质量投诉请发邮件至 zlts@phei.com.cn，盗版侵权举报请发邮件至 dbqq@phei.com.cn。
本书咨询联系方式：（010）88254467；zhangls@phei.com.cn。

出 版 说 明

人类已进入互联网时代，以物联网、云计算、移动互联网和大数据为代表的新一轮信息技术革命，正在深刻地影响和改变着经济社会各领域。随着信息技术的发展，网络已经融入社会生活的方方面面，与人们的日常生活密不可分。我国已成为网络大国，网民数量位居世界第一；但我国要成为网络强国，推进网络强国建设，迫切需要大量的网络工程师人才。然而据估计，我国每年网络工程师缺口约 20 万人，现有网络人才远远无法满足建设网络强国的需求。

为适应网络工程技术人才教育、培养的需要，电子工业出版社组织本领域专家学者和工作在一线的网络专家、工程师，按照网络工程师所应具备的知识、能力要求，参考新的网络工程师考试大纲（2018 年审定通过），共同修订、编撰了这套《网络工程师教育丛书》。

本丛书全面规划了网络工程师应该掌握的技术，架构了一个比较完整的网络工程技术知识体系。丛书的编写立足于计算机网络技术的最新发展，以先进性、系统性和实用性为目标：

- ▶ 先进性——全面地展示近年来计算机网络技术领域的新成果，做到知识内容的先进性。例如，对软件定义网络（SDN）、三网融合、IPv6、多协议标签交换（MPLS）、云计算、云存储、大数据、物联网、移动互联网等进行介绍。
- ▶ 系统性——加强学科基础，拓宽知识面，各册内容之间密切联系、有机衔接、合理分配、重点突出，按照"网络基础→局域网→城域网与广域网→TCP/IP 基础→网络互连与互联网→网络安全与管理→大数据技术→网络设计与应用"的进阶式顺序分为 8 册，形成系统的知识结构体系。
- ▶ 实用性——注重工程能力的培养和知识的应用。遵循"理论知识够用，为工程技术服务"的原则，突出网络系统分析、设计、实现、管理、运行维护和安全方面的实用技术；书中配有大量网络工程案例、配置实例和实验示例，以提高读者的实践能力；每章还安排有针对性的练习和近年网络工程师考试题，并对典型试题和练习给出解答提示，以帮助读者提高应试能力。

本丛书从一开始就搭建了一个真实的、接近网络工程实际的网络，丛书各册均基于这个实例网络的拓扑和 IP 地址进行介绍，逐步完成对路由器、交换机、客户端和服务器的配置、应用设计等，灵活、生动地展现各种网络技术。

本丛书在编写时力求文字简洁，通俗易懂，图文并茂；在内容编排上既系统全面，又切合实际；在知识设计上层次分明、由浅入深，读者可根据自己的需要选择相应的图书进行学习，然后逐步进阶。

鉴于网络技术仍在不断地飞速发展，本丛书将根据需要和读者要求适时更新、完善。热忱欢迎广大读者多提宝贵意见和建议。联系方式：zhangls@phei.com.cn。

电子工业出版社

第 2 版前言

网络互连是指将不同的网络连接起来，以构成更大规模的网络系统，实现网络间的数据通信、资源共享和协同工作。将网络互连起来形成互联网，比组建一个局域网要复杂得多，其中涉及 IP 地址规划、网络设备的选用、配置等诸多问题。然而，互联网正在深入到社会的方方面面，互联网技术革命的影响力可能会超过过去一切技术革命的总和。随着"互联网+"的进一步发展应用，数据将成为生产资料，计算会是生产力，互联网将成为一种生产关系，网络互连与互联网技术必须迎头赶上。

作为《网络工程师教育丛书》的第 5 册，本书第 1 版比较全面地讨论了网络互连的概念、所需的网络设备及其配置。第 2 版在保持第 1 版内容体系结构的基础上做了较大幅度的修订和内容调整，重点突出了网络互连及网络设备的配置，尤其是 IPv6 的配置和应用，以及移动互联网技术。比较明显的修订内容包括：

- ▶ 贯穿每个章节的更新，订正了部分概念表述，包括交换机、路由器的组成原理。
- ▶ 为更好地解释基本概念，补充更新了一批插图、典型问题解析及习题，许多题目直接选自于近年网络工程师考试试题。
- ▶ 所讨论的网络设备配置基于真实的、接近网络工程实际的网络实例，包括广域网路由配置等。
- ▶ 在范围和深度上进一步充实了第 3 层交换技术，增加了有关 IPv6 的配置及应用等。
- ▶ 新增第六章（移动互联网），内容包括移动互联网的概念、移动 IP、移动互联网应用技术等；第 1 版中第六章（网络管理）和第七章（网络安全）的有关内容，将放在本丛书第 6 册《网络安全与管理》中进行讲述。

本书第 2 版内容分为 6 章，仍然定位于一本基础知识教程，目的是为后续《网络安全与管理》《大数据技术》《网络设计与应用》等提供宽厚而扎实的知识基础。为帮助读者更好地掌握基础理论知识和应对认证考试，针对某些典型问题进行了解析，给出了解答方法和带有详细分析的例题。同时，各章均附有小结、练习及小测验。这些内容具有很强的实用性、指导性。

本书适用于计算机网络和通信领域的教学、科研和工程设计应用，适用范围较广，既可用作网络工程师教育用书，也可作为为计算机、电子信息、通信工程、信息技术、自动化等专业的教材或教学参考书，同时可供从事网络工程的科技人员、网络管理人员、网络爱好者阅读和参考使用。

本书由刘化君、刘枫、解玉洁编著。在编写过程中得到了许多同志的支持和帮助，他们提出了许多编撰建议，在此一并表示衷心感谢！

由于网络互连与互联网技术发展很快，加之编著者水平和经验有限，书中定有不妥之处，恳请广大读者和专家不吝指正。

编著者
2020 年 1 月 8 日

第1版前言

互联网比局域网（LAN）要复杂得多，它包括所有的网络，从为了提高效率而分段的办公局域网，到遍布全世界的因特网（Internet）。本地互联网连接两个或更多的地理上相邻的局域网，例如一幢办公大楼里的所有局域网；广域互联网连接着地理上距离较远的网络，它们可能位于两个不同的城市；企业级的互联网可能连接着多个位于不同的地区或国家的局域网和广域网。这些网络虽然有很多不同之处，但其基本工作原理是一致的。本书将介绍这些原理，并探讨怎样将有限的几种设备组合在一起，构成许许多多不同的互联网络。

本书的先修教程是《网络基础》、《TCP/IP基础》。当然，如果已经学习了《局域网》、《城域网与广域网》等，对学习本书会有更多的帮助。

作为《网络工程师教育丛书》的第5册，本书比较系统、全面地介绍网络互连和互联网的概念、技术，网络互连设备及其配置，网络管理，以及网络安全等知识。通过本书的学习，读者能够掌握计算机网络互连技术。全书分为7章，内容包括：

第一章介绍网络互连的基本概念。

第二章围绕OSI参考模型，介绍执行OSI各层功能的网络互连设备，包括在第1层、第2层和第3层工作的网络互连设备，以及每种设备最重要的特性，并说明它们是如何解决当今网络中一些最基本的性能问题（或带来新的问题）的。

第三章讨论如何选用网络互连设备构建网络，并研究网络互连设备在网络中协同工作的情况，同时介绍一般的网络问题所广泛使用的解决方法。

第四、五两章讨论网络互连设备的配置，以常见的交换机、路由器等设备为重点，比较详细介绍其配置过程，包括功能强大的虚拟局域网（VLAN）的配置、网络服务的配置等。

第六章讨论网络管理，重点介绍简单网络管理协议（SNMP），探讨SNMP如何通过使用少量的复杂元素来控制许多简单的元素，从而提供功能强大、实用的网络管理系统。

第七章在介绍网络安全基本概念的基础上，讨论网络安全策略、防火墙技术、访问控制列表、网络地址转换（NAT）与应用、虚拟专用网（VPN）等网络安全防护技术。

由于计算机网络技术发展很快，囿于编著者理论水平和实践经验，书中可能存在不妥之处，恳请广大读者不吝赐教，批评斧正。

编著者
2015年3月18日

目　　录

第一章　网络互连 ………………………………………………………………（1）

　第一节　网络互连的概念 ……………………………………………………（1）

　　　网络互连的常用术语 ……………………………………………………（2）

　　　网络互连的必要性 ………………………………………………………（3）

　　　网络互连提出的问题 ……………………………………………………（3）

　　　网络互连的基本要求 ……………………………………………………（3）

　　　网络互连的优点 …………………………………………………………（4）

　　　练习 ………………………………………………………………………（4）

　第二节　网络互连的类型和层次 ……………………………………………（4）

　　　网络互连的类型 …………………………………………………………（5）

　　　网络互连的层次 …………………………………………………………（5）

　　　练习 ………………………………………………………………………（7）

　第三节　网络互连的服务模型 ………………………………………………（7）

　　　OSI 网络层内部结构 ……………………………………………………（7）

　　　面向连接的网络互连 ……………………………………………………（8）

　　　无连接的网络互连 ………………………………………………………（9）

　　　练习 ……………………………………………………………………（10）

　第四节　IP 网络 ……………………………………………………………（10）

　　　TCP/IP 网络互连 ………………………………………………………（11）

　　　子网规划与建立 ………………………………………………………（12）

　　　IP 网络路由 ……………………………………………………………（15）

　　　Internet 组成结构 ………………………………………………………（20）

　　　练习 ……………………………………………………………………（21）

　本章小结 ……………………………………………………………………（21）

第二章　网络互连设备 ………………………………………………………（23）

　第一节　中继器与集线器 …………………………………………………（23）

　　　中继器 …………………………………………………………………（24）

　　　集线器 …………………………………………………………………（25）

　　　练习 ……………………………………………………………………（28）

　第二节　网桥 ………………………………………………………………（28）

　　　利用网桥互连异种局域网 ……………………………………………（29）

　　　网桥的桥接方式 ………………………………………………………（29）

　　　练习 ……………………………………………………………………（34）

　第三节　交换机 ……………………………………………………………（35）

　　　交换机的基本组成 ……………………………………………………（35）

　　　交换机的工作原理 ……………………………………………………（36）

VII

　　　　第 3 层交换机 …………………………………………………………………（38）
　　　　多协议标签交换 ………………………………………………………………（43）
　　　　高层交换技术 …………………………………………………………………（43）
　　　　练习 ……………………………………………………………………………（44）
　　第四节　路由器 ………………………………………………………………………（44）
　　　　路由器的基本组成 ……………………………………………………………（45）
　　　　路由器的工作原理 ……………………………………………………………（48）
　　　　练习 ……………………………………………………………………………（50）
　　第五节　网关 …………………………………………………………………………（51）
　　　　网关的组成与主要功能 ………………………………………………………（52）
　　　　网关和远程访问 ………………………………………………………………（53）
　　　　练习 ……………………………………………………………………………（53）
　本章小结 …………………………………………………………………………………（54）
第三章　使用网络互连设备构建网络 …………………………………………………（58）
　　第一节　对网络互连设备的要求 ……………………………………………………（58）
　　　　局域网分段 ……………………………………………………………………（59）
　　　　局域网增长需要考虑的因素 …………………………………………………（60）
　　　　广域网增长需要考虑的因素 …………………………………………………（60）
　　　　Internet 连接需要考虑的因素 ………………………………………………（60）
　　　　练习 ……………………………………………………………………………（61）
　　第二节　各种设备功能比较 …………………………………………………………（61）
　　　　集线器 …………………………………………………………………………（61）
　　　　网桥 ……………………………………………………………………………（63）
　　　　交换机 …………………………………………………………………………（64）
　　　　路由器 …………………………………………………………………………（65）
　　　　网关 ……………………………………………………………………………（66）
　　　　练习 ……………………………………………………………………………（66）
　　第三节　选择集线器 …………………………………………………………………（67）
　　　　集线器的选配 …………………………………………………………………（67）
　　　　集线器的特性 …………………………………………………………………（68）
　　　　练习 ……………………………………………………………………………（69）
　　第四节　选择网桥 ……………………………………………………………………（70）
　　　　网桥的选配 ……………………………………………………………………（70）
　　　　本地网桥和广域网桥 …………………………………………………………（73）
　　　　网桥的特性 ……………………………………………………………………（73）
　　　　练习 ……………………………………………………………………………（76）
　　第五节　选择交换机 …………………………………………………………………（76）
　　　　交换机的选配 …………………………………………………………………（77）
　　　　交换机转发模式 ………………………………………………………………（77）
　　　　选择主干交换机时应考虑的因素 ……………………………………………（77）
　　　　练习 ……………………………………………………………………………（78）

第六节　选择路由器 ……………………………………………………………（79）
　　　　路由器的选配 ……………………………………………………………（79）
　　　　路由器的特性 ……………………………………………………………（83）
　　　　练习 ………………………………………………………………………（86）
　　第七节　集线器、交换机和路由器的综合使用 ………………………………（86）
　　　　路由器与交换机的比较 …………………………………………………（87）
　　　　部门工作组 ………………………………………………………………（90）
　　　　对广播流量的考虑 ………………………………………………………（91）
　　　　主干 ………………………………………………………………………（92）
　　　　网络实例分析 ……………………………………………………………（94）
　　　　练习 ………………………………………………………………………（95）
　　本章小结 ………………………………………………………………………（95）
第四章　交换机的配置 ………………………………………………………………（97）
　　第一节　交换机的配置方法 ……………………………………………………（97）
　　　　基于 Console 端口的本地配置 …………………………………………（98）
　　　　基于 Telnet 的远程配置 …………………………………………………（102）
　　　　基于 Web 浏览器的配置 …………………………………………………（103）
　　　　交换机的加电启动 ………………………………………………………（105）
　　　　练习 ………………………………………………………………………（105）
　　第二节　交换机的基本配置 ……………………………………………………（106）
　　　　交换机的配置模式 ………………………………………………………（106）
　　　　基于命令行的基本配置 …………………………………………………（109）
　　　　show 命令的基本使用 ……………………………………………………（110）
　　　　练习 ………………………………………………………………………（110）
　　第三节　交换机的端口配置 ……………………………………………………（111）
　　　　以太网交换机的端口配置 ………………………………………………（112）
　　　　第 3 层交换机的端口配置 ………………………………………………（118）
　　　　练习 ………………………………………………………………………（122）
　　第四节　交换机的 VLAN 配置 …………………………………………………（123）
　　　　在同一个交换机上创建 VLAN …………………………………………（123）
　　　　创建跨越交换机的 VLAN ………………………………………………（126）
　　　　配置 VTP 和 Trunk ………………………………………………………（128）
　　　　练习 ………………………………………………………………………（137）
　　第五节　交换机的路由配置 ……………………………………………………（139）
　　　　第 3 层交换机路由配置 …………………………………………………（139）
　　　　交换机生成树协议的配置 ………………………………………………（140）
　　　　交换机配置文件的备份与恢复 …………………………………………（142）
　　　　练习 ………………………………………………………………………（145）
　　本章小结 ………………………………………………………………………（146）
第五章　路由器的配置 ………………………………………………………………（151）
　　第一节　路由器接口及硬件连接 ………………………………………………（151）

IX

　　　　路由器的接口与端口 ………………………………………………………………… (151)
　　　　路由器的硬件连接 …………………………………………………………………… (153)
　　　　练习 …………………………………………………………………………………… (155)
　　第二节　路由器的基本配置 ………………………………………………………………… (155)
　　　　路由器的配置方式 …………………………………………………………………… (156)
　　　　路由器的配置模式 …………………………………………………………………… (157)
　　　　IOS 管理命令 ………………………………………………………………………… (158)
　　　　搭建路由器配置环境 ………………………………………………………………… (161)
　　　　路由器的启动过程 …………………………………………………………………… (162)
　　　　利用命令行端口进行配置 …………………………………………………………… (163)
　　　　路由器常规配置 ……………………………………………………………………… (167)
　　　　练习 …………………………………………………………………………………… (173)
　　第三节　常用路由协议配置 ………………………………………………………………… (175)
　　　　静态路由的配置 ……………………………………………………………………… (175)
　　　　RIP 的配置 …………………………………………………………………………… (184)
　　　　OSPF 协议的配置 …………………………………………………………………… (187)
　　　　练习 …………………………………………………………………………………… (188)
　　第四节　广域网路由配置 …………………………………………………………………… (190)
　　　　PPP 的配置 …………………………………………………………………………… (190)
　　　　HDLC 协议的配置 …………………………………………………………………… (194)
　　　　X.25 协议的配置 ……………………………………………………………………… (195)
　　　　帧中继的配置 ………………………………………………………………………… (197)
　　　　练习 …………………………………………………………………………………… (200)
　　第五节　在路由器上配置网络服务 ………………………………………………………… (200)
　　　　在路由器上配置 DHCP ……………………………………………………………… (201)
　　　　在路由器上配置策略路由 …………………………………………………………… (203)
　　　　练习 …………………………………………………………………………………… (206)
　　第六节　IPv6 的配置 ………………………………………………………………………… (208)
　　　　IPv6 地址和静态路由配置 …………………………………………………………… (208)
　　　　双协议栈 ……………………………………………………………………………… (210)
　　　　IPv6 隧道封装 ………………………………………………………………………… (210)
　　　　网络地址转换-协议转换（NAT-PT）………………………………………………… (212)
　　本章小结 ……………………………………………………………………………………… (215)
第六章　移动互联网 …………………………………………………………………………… (221)
　　第一节　移动互联网的概念 ………………………………………………………………… (221)
　　　　移动互联网的定义和特征 …………………………………………………………… (221)
　　　　移动互联网的体系架构 ……………………………………………………………… (223)
　　　　练习 …………………………………………………………………………………… (226)
　　第二节　移动 IP ……………………………………………………………………………… (227)
　　　　移动 IP 概述 ………………………………………………………………………… (227)
　　　　移动 IPv4 ……………………………………………………………………………… (228)

　　　　移动 IPv6 ·· (233)
　　　　练习 ·· (234)
　　第三节　移动互联网应用技术 ·· (235)
　　　　移动 Widget 技术 ··· (235)
　　　　Mashup 技术 ··· (237)
　　　　Ajax 技术 ··· (239)
　　　　移动互联网的典型应用 ··· (241)
　　　　练习 ·· (244)
　　本章小结 ··· (244)
附录 A　课程测验 ··· (246)
附录 B　术语表 ··· (251)
参考文献 ··· (260)

第一章 网络互连

随着计算机技术、网络技术和通信技术的飞速发展，以及计算机网络的广泛应用，单一的网络环境已经不能满足信息化社会对网络的需求，人们需要一个将多个计算机网络互连在一起的互联网环境，以实现更广泛的资源共享和信息交流。互联网的成功和快速发展，证明了将计算机网络互连起来的重要意义。因此，越来越多的局域网与局域网之间，局域网与城域网、广域网之间，以及广域网与广域网之间要求互相连接。

由于各种实际网络使用的组网技术可能不同，要实现网络之间的通信，就需要解决一些新的问题。例如，各种网络可能有不同的寻址方案、不同的分组长度、不同的超时控制、不同的差错恢复方法、不同的路由技术和不同的用户访问控制策略等。另外，各种网络提供的服务也可能不同，有的面向连接，有的则面向无连接。网络互连技术就是要在不改变原来网络体系结构的前提下，把一些同构或异构的网络互连成统一的通信系统，实现更大范围的资源共享。

由多个网络互相连接组成的更大网络称为互联网，组成互联网的各个网络叫作子网，用于连接子网的设备叫作中间系统。中间系统的作用主要是协调各个子网，使得跨网络的通信得以实现。中间系统可以是一个单独的设备，也可以是一个网络。

本章在介绍网络互连基本概念的基础上，重点讨论常用的网络互连技术（如面向连接的网络互连服务模型和无连接的网络互连服务模型），然后介绍 IP 网络的组成。

第一节 网络互连的概念

当人们不再满足于单个网络中的资源共享时，就提出了网络互连的要求。所谓网络互连，是指将分布在不同地理位置的同构或异构网络，利用网络互连设备、相应的技术措施和协议连接起来，构成更大规模的互联网络。网络互连的目的是将多个网络互相连接，以实现在更大范围内的信息交换、资源共享和协同工作。

学习目标

- ▶ 了解为什么要进行网络互连，掌握计算机网络互连技术；
- ▶ 掌握网络互连领域常用术语的含义；
- ▶ 熟悉网络互连的基本要求和所要解决的问题。

关键知识点

- ▶ 互联网络是由网络组成的网络。

网络互连的常用术语

在计算机网络中，经常用到"网络互连"和"网络互联"两个名词，这两个名词的含义是有区别的。

"网络互连"一词是指网络在物理上的连接，两个网络之间至少有一条在物理上连接的线路，它为两个网络的数据交换提供了物质基础和可能性；但并不能保证两个网络一定能够进行数据交换，这要取决于两个网络的通信协议是否相互兼容。因此，从概念上讲，网络互连（interconnection）是指用线路和互连设备连接、采用各种不同低层（网络层以下）协议的网络，强调的是物理连接。

"网络互联"一词是指网络在物理和逻辑上（尤其是逻辑上）的连接。因此，网络互联（internetworking）是指利用应用程序网关实现采用不同高层（传输层以上）协议的网络之间的连接，强调的是逻辑连接。显然，"网络互连"和"网络互联"在网络层的多数情况下就很难严格区分了，在这种情况下本书大多采用"网络互连"。

"互通"（intercommunication）是指两个网络之间可以交换数据。

"互操作"（interoperability）是指网络中不同计算机系统之间具有透明访问对方资源的能力。

将计算机网络互连起来构成一个大网，即互联网（internet）。在互联网上的所有用户通过遵循相同的协议实现互联互通。所以，互联网是多个独立网络的集合。互联网一般是指将异构网络相互连接而形成的网络，如局域网和广域网连接、两个局域网相互连接或多个局域网通过广域网连接所形成的网络系统。组成互联网的单个网络常被称为子网（subnet），连接到子网的设备称为端结点（或端系统），连接不同子网的设备称为中间结点（或中间系统）。互联网的常见形式是将多个局域网通过广域网连接起来形成的网络。

目前，使用比较频繁的一个术语是"internet"，它是"internetwork"的简略形式。一般而言，一个 internet 就是互连起来的网络集合。而当"i"大写之后，则特指当今世界上最大的互联网——Internet（因特网）。Internet 由分布在世界各地的成千上万的互连起来的网络组成，已经具有了特定的文化含义。事实上，Internet 可以看作广域互联网（Wide Area Internetwork，WAI），也可以指支持同一网络协议（即 TCP/IP）的网络集合。因此，也可以说 Internet 是基于特定网络标准 TCP/IP（描述各个网络的计算机相互之间如何通信）的计算机网络的集合，它允许将单个自治的网络作为一个大的子网。需要注意的是，通常意义上的互联网与 Internet 是不同的。

既然提到 Internet，就不得不介绍 Internet 带来的两个产物：内联网（Intranet）和外联网（Extranet）。内联网是限制在一个公司或机构内部实现传统 Internet 应用的内部网络。公司或机构内联网的典型应用是 Web 服务和电子邮件，当然还有许多其他的应用。因此，从严格意义上讲，内联网是指公司或机构的内部网络，也是互联网。而外联网连接是用来表示内部互联网与客户或公司外部网络之间的互连（非 Internet 连接）的，包括租用专线连接或者一些其他类型的网络连接，也包括一些使用安全协议穿过 Internet 隧道的应用。总之，内联网是实现传统 Internet 应用的机构内部网络；外联网是一些非本机构网络的网络连接；互联网代表了互连起来的网络的集合；而 Internet 是一个世界范围的网络，可以通过 Internet 服务提供商（ISP）访问。通常，互联网和 Internet 这两个名词又可不加区别地使用。

网络互连的必要性

ISO 提出的 OSI 参考模型（OSI-RM），其目的是为了解决世界范围内网络的标准化问题，使一个遵守 OSI 标准的系统可以与位于世界任何地方且遵守同一标准的其他任何系统互相通信。

- 网络互连是局域网发展的必然趋势。局域网虽然为一个单位或一个地区所有，但广泛应用的结果必然要求跨部门、跨地区甚至跨国界的网络发展，以便进行无纸贸易、电子邮件的传送、数据信息查询等。因此，局域网技术发展的结果必然导致网络互连。
- 异构网络的互连是客观存在的需要。由于在 OSI 出现以前已存在大量非 OSI 网络体系结构，而且并非所有厂商都愿意很快将他们的产品转变成符合 OSI 标准要求的系统。这样，异构网络将继续共存下去。相同网络互连比较容易，而异构网络的互连要复杂得多。如果连接在异构网络的用户需要进行相互通信，就需要将这些不兼容的网络通过称为路由器的设备连接起来，由路由器完成相应的转换功能。因此，通常所讨论的网络互连技术实质上多是指异构网络的互连技术。
- 各种类型的通信子网将长期共存。目前，世界上有许多网络，其物理结构、协议和所采用的标准各不相同。采用不同通信手段的网络类型很多，如采用总线、分组交换、卫星通信的网络，以及采用无线电、红外线和激光等不同技术的数据传输网络。随着硬件技术的不断发展，今后也可能还会出现新的通信网络类型，甚至在某些情况下，仍然会采用非 OSI 系统来支持网络应用的运行。所以，就需要将各种类型相同和不相同的网络连接起来，才能满足人们各种各样的应用需要。

网络互连提出的问题

正如计算机系统（或其他设备）能够互相连接起来一样，计算机网络当然也可以互连起来。然而，计算机网络可能是同一种类型的，也可能是不同类型的。因此，实际网络系统的互连必然会涉及异构性问题。所谓异构性，是指网络、通信协议、计算机硬件和操作系统的差异性。这种差异性主要表现在以下方面：

- 网络的类型不同，如广域网、城域网和局域网；
- 网络所使用的数据链路层的协议不同，如 Ethernet、帧中继和 X.25 等；
- 计算机系统的类型不同，如微型机、小型机和大型机；
- 计算机使用的操作系统不同，如 Windows、OS/2、UNIX 和 Linux 等。

显然，网络互连除了要提供网络之间的物理链路连接、数据转发和路由选择，还必须能够接受网络之间的差异；其关键问题是进行协议的转换，包括物理层协议的转换、数据链路层协议的转换、网络层协议的转换以及高层协议的转换。

网络互连的基本要求

由于不同的网络之间可能存在各种差异，如不同类型的网络体系结构和多种多样的网络互连方法，网络互连就比组网要复杂得多。因此，在进行网络互连时应当做到：

- 网络之间至少提供一条物理上连接的链路以及对这条链路的控制协议；

- ▶ 为不同网络进程之间提供合适的路由，以便交换数据；
- ▶ 用来建立互联网的互连设备通常必须支持不同的物理拓扑结构、多种网络层和数据链路层协议以及不同的物理传输介质；
- ▶ 对用户使用互联网提供计费服务，记录不同网络和不同网关的使用情况，并维护其状态信息。

在提供上述服务时，要求不修改原有网络的体系结构，能适应各种差别：不同的寻址方案，不同的最大分组长度，不同的网络访问控制方法，不同的差错恢复方法，不同的状态报告方法，不同的路由选择方法，不同的用户访问控制，不同的服务（如面向连接服务和无连接服务），不同的管理与控制方式，以及不同的传输速率等。

网络互连的优点

网络互连的主要优点如下：

- ▶ 扩大资源共享的范围——将多个计算机网络互连起来，构成互联网；只要互联网用户遵循相同的协议，就能相互通信，其资源可以被更多的用户所共享。
- ▶ 增强网络性能——单一网络随着用户数量的增多，冲突的概率和数据发送延迟会显著增大，网络性能也会随之降低；如果采用子网自治和子网互连的方法，就可以缩小冲突域，调节网络负载，提高网络性能。
- ▶ 改善网络安全性——将具有相同权限的用户主机组成一个网络，在网络互连设备上严格控制其他用户对该网络的访问，可有效地改善网络的安全性能。
- ▶ 提高网络稳定性——设备的故障可能导致整个网络瘫痪，通过子网划分可以有效地限制设备故障对网络的影响范围，提高网络的稳定性和可靠性。

练习

1. 解释"互连"与"互联"的含义。
2. 为什么要进行网络互连？
3. 网络互连需要解决哪些主要问题？
4. 说明什么是基于标准的网络互连。
5. 用来建立互联网的互连设备需要具有哪些基本性能？

补充练习

利用 Internet 进行调研，研究网络互连的最新技术。

第二节 网络互连的类型和层次

每一种网络技术都只能满足特定的一组约束条件。由于网络硬件和物理编址的不兼容性，连接到给定网络的计算机只能与连接到同一网络的其他计算机通信，这就使得每一个网络形成了一个个信息孤岛。尽管其网络技术互不兼容，研究人员仍然设计出了一种支持异构网络并提供全局服务的通信系统方案，称之为网络互连。网络互连既要使用硬件，也要使用软件。附加的硬件系统用于将一组物理网络互连起来，然后在所有相连的计算机中运行附加的软件，即可在任意两台计算机之间进行通信。

学习目标

▶ 熟悉 LAN、MAN、WAN 之间互连所依赖的网络协议层次。

关键知识点

▶ OSI 的层次性参考模型是网络互连的理论基础。

网络互连的类型

网络互连的类型非常之多。按照覆盖范围分类，计算机网络有 LAN、MAN 和 WAN 之分，相应地网络互连的类型也有以下几种形式：

▶ 局域网与局域网的互连（LAN-LAN）。局域网之间的互连可分为同构网的互连和异构网的互连两种类型。同构网的互连是指具有相同的体系结构，使用相同通信协议的局域网之间的互连，采用的设备有中继器、集线器和交换机等。异构网的互连是指采用不同传输介质和体系结构，使用不同通信协议的网络之间的互连，互连设备有网桥和路由器等。
▶ 局域网与广域网的互连（LAN-WAN）。LAN-WAN 是目前常见的网络互连方式之一，通常使用路由器和网关通过 ADSL、FR 和 X.25 等广域网接入技术接入 Internet。
▶ 局域网、广域网、局域网的互连（LAN-WAN-LAN）。LAN-WAN-LAN 是指把两个局域网通过广域网实现互连。例如，使用路由器和网关通过广域网 X.25 等实现互连。
▶ 广域网与广域网的互连（WAN-WAN）。WAN-WAN 是指通过路由器和网关实现广域网之间的互连，以便让连入各个广域网的主机实现资源共享。

网络互连的层次

针对网络互连的目的，依据 OSI 参考模型，网络互连可以在不同的网络分层中实现。由于网络之间存在差异，需要用不同的网络互连部件和设备将各种网络连接起来。根据网络互连设备在 OSI 参考模型中工作的层次及所支持的协议，通常有 3 种方法构建互联网，它们分别与 OSI 参考模型的低三层一一对应。例如，用来扩展局域网长度的中继器（即转发器）工作在物理层，用它互连的两个局域网必须是一模一样的。因此，中继器提供物理层的连接并且只能连接一种特定体系结构的局域网。图 1.1 所示是一个基于中继器的互联网，其中两个局域网体系结构必须完全一致。

在数据链路层，提供连接的设备是网桥和第 2 层交换机，这些设备支持不同的物理层，并且能够互连不同体系结构的局域网。图 1.2 所示是一个基于桥式交换机的互联网，其两端的物理层不同，并且连接不同的体系结构局域网（注：基于 MAC 的网桥只能连接两个同样体系结构的局域网）。

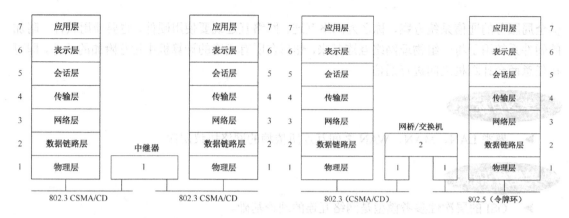

图 1.1 基于中继器的互联网　　　　图 1.2 基于桥式交换机的互联网

由于网桥和第 2 层交换机独立于网络协议,且都与网络层无关,这使得它们可以互连采用不同网络协议(如 TCP/IP、IPX)的网络。网桥和第 2 层交换机根本不关心网络层的信息,它们通过使用硬件地址(而非网络地址)在网络之间转发帧来实现网络的互连。此时,由网桥或第 2 层交换机连接的两个网络组成一个互联网,故可将这种互联网络视作单个的逻辑网络。

对于在网络层的网络互连,所需的互连设备应能够支持不同的网络协议(如 IP、IPX 和 AppleTalk),并完成协议转换。用于连接异构网络的基本硬件设备是路由器。使用路由器连接的互联网可以具有不同的物理层和数据链路层。图 1.3 所示是一个基于路由器和第 3 层交换机的互联网,它工作在网络层,连接使用不同网络协议的网络。

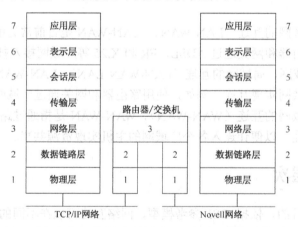

图 1.3 基于路由器和第 3 层交换机的互联网

在一个异构联网环境中,网络层设备还需要具备网络协议转换功能。在网络层提供网络互连的设备主要是路由器。实际上,路由器是一台专门完成网络互连任务的计算机。它可以将多个使用不同技术(包括不同的传输介质、物理编址方案或帧格式)的网络互连起来,利用网络层的信息(如网络地址)将分组从一个网络路由到另一个网络。具体地说,它首先确定到一个目的结点的路径,然后将数据分组转发出去。支持多个网络层协议的路由器称为多协议路由器。因此,如果一个 IP 网络的数据分组要转发到一个 AppleTalk 网络,两者之间的多协议路由器必须以适当的形式重建该数据分组,以便 AppleTalk 网络的结点能够识别该数据分组。由于路由器工作在网络层,如果没有特意配置,它们并不转发广播分组。路由器使用路由协议来确定一条从源结点到特定目的结点的最佳路径。

练习

1. 通常局域网互连是在哪个层次上进行的？
2. 网络互连为什么要分层讨论？
3. 局域网互连与广域网互连本质上有哪些区别？
4. 广域网互连需要解决哪些主要问题？
5. 网络互连常用的设备有哪些？

补充练习

使用 Internet 进行调查，研究网络互连的层次以及所使用的技术。

第三节 网络互连的服务模型

按照 OSI 参考模型，在一般意义上所说的网络互连通常是指网络层及其以上层次的互连。既然网络互连是网络层要解决的问题，那么网络层应向传输层（又称运输层）提供什么样的服务呢？由于要连接的物理网络各种各样，OSI 在网络层提供了面向连接的服务和无连接服务两种服务模型。

学习目标

- ▶ 了解面向连接的服务模型中的虚电路建立、数据传输和虚电路释放的过程；
- ▶ 掌握无连接网络服务模型（数据报服务）中的分组交换技术。

关键知识点

- ▶ 网络互连通常是指网络层及其以上层次的互连，采用无连接服务方式。

OSI 网络层内部结构

在讨论网络层服务模型之前，首先应考虑的问题包括：当位于发送主机的传输层向网络层传输分组（即在发送主机中将分组向下交给网络层）时，其传输层能依靠网络层将该分组交付给目的端吗；它们会按发送顺序交付给接收主机的传输层吗；传输两个连续分组的时间间隔与接收到这两个分组的时间间隔相同吗；网络层会提供关于网络中拥塞的反馈信息吗；在发送主机与接收主机中，连接传输层通道的特性是什么。这些问题的答案是由网络层提供的服务模型来确定的。也就是说，网络层服务模型需要明确定义在网络的一侧边缘到另一侧边缘之间（即在发送端与接收端系统之间）端到端的数据传输特性。

然而，用于连接的各种子网可能是异构的，为了实现类型不同的各种子网的互连，OSI 把网络层分为以下 3 个子层：

- ▶ 子网无关层——该层提供标准的 OSI 网络服务，它利用子网相关层提供的功能，按照 OSI 网络层协议实现两个子网的互连。

- 子网相关层——该层的作用是增强实际网络的服务,使其接近于 OSI 的网络层服务,两个不同类型的子网经过分别增强后可达到相同的服务水准。
- 子网访问层——该层对应于实际网络的网络层,它可能符合 OSI 的网络层标准,也可能不符合 OSI 的网络层标准。如果两个实际网络的子网访问层不同,则它们不能简单地进行互连。

网络层的 3 个子层对应于网络连接的 3 种策略。第一种策略是建立在子网支持所有 OSI 网络服务的前提下,因此子网不需要增强,在网络层可直接相连,并提供所需的网络服务;第二种策略是分别增强实际网络的功能,以便提供同样的网络服务,这种互连方法采用面向连接的网络服务模型;第三种互连策略是采用统一的互联网协议,提供无连接的网络服务。

面向连接的网络互连

实现面向连接的网络互连,其前提是子网可提供面向连接的服务,这样可以用路由器连接两个或多个子网,其中路由器作为每个子网的数据终端设备(Data Terminal Equipment,DTE)。当不同子网中的 DTE 进行通信时,就通过路由器建立一条跨网络的虚电路。这种网际虚电路是通过路由器把两个子网中的虚电路级联起来实现的。这种面向连接的网络服务也称为虚电路(VC)服务。虚电路分为两种:一种为永久虚电路(PVC),另一种为交换虚电路(SVC)。虚电路的工作过程类似于电路交换。具有虚电路性能的网络包括 X.25 连接、帧中继网络。采用虚电路进行数据传输,包括虚电路建立、数据传输和虚电路释放 3 个阶段。

虚电路建立

在进行数据传输之前,需要建立连接。在虚电路建立阶段,发送端发送含有地址信息的特定控制信息块(如呼叫分组),该信息块途经的每个中间结点根据当前的逻辑信道(LC)使用状况分配 LC,并建立输入和输出 LC 映射表。所有中间结点分配的 LC,串接后形成虚电路。

通常,每个结点到其他任一结点之间可能有若干条虚电路支持特定的两个端系统之间的数据传输,两个端系统之间也可以有多条虚电路为不同的进程服务。这些虚电路的实际路径可能相同,也可能不同。如图 1.4 所示,主机 A 和主机 B 通过建立的虚电路 VC2 传送信息。

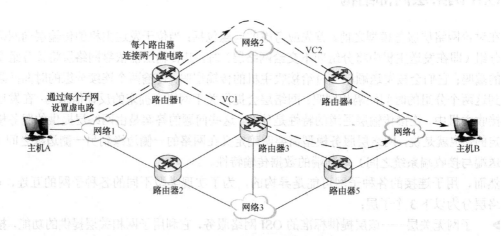

图 1.4 面向连接的网络互连

假设有两条虚电路经过某结点,当一个数据分组到达时,该结点可利用下述方法判明该分组属于哪条虚电路,并且能将其转送至下一个目的结点:一个端系统每次在建立虚电路时,选择一个未被使用的虚电路号分配给该虚电路,以便区别于本系统中的其他虚电路。例如在图 1.4 中,路由器 1 有 VC1、VC2 两条虚电路。在每个被传送的数据分组上不仅要有分组号、校验和等控制信息,还有它要通过的虚电路的号码,以区别于其他虚电路的数据分组。在每个结点上都保存一张虚电路表,其中各项信息记录了一个打开的虚电路信息,包括虚电路号、前一个结点、下一个结点等。这些信息是在虚电路建立过程中所确定的。

数据传输

一旦创建了虚电路,站点发送的所有分组就可以开始沿该虚电路传输了。每个分组携带 VC 标识(而不是目的主机的 ID)沿着相同的 VC 流动,分组的发收顺序完全相同。

虚电路释放

若数据传输完毕,就采用特定的控制信息块(如拆除分组)释放该虚电路。通信双方都可发起释放虚电路的动作。

在虚电路网络中,该网络的路由器必须为进行中的连接维持连接状态信息。特别是:每当跨越一个路由器,则创建一个新连接,一个新的连接项必须加到该路由器的转发表中;每当释放一个连接,则必须从该表中删除该项。注意,即使没有 VC 号转换,仍有必要维持连接状态信息,该信息将 VC 号与输出端口号联系起来。其中一个关键问题,是路由器是否对每条进行中的连接维持连接状态信息。

面向连接的网络互连解决方案,要求互联网中的每一个物理网络都能提供面向连接的服务,但这样的要求在实际中是不现实的。

无连接的网络互连

如果网络仍然采用图 1.4 所示的拓扑结构,则在无连接方案中,主机 A 和主机 B 之间在通信时不需要建立虚电路,其数据单元在网络中分别独立传输,这些数据单元经过一系列的网络和路由器,最终到达目的结点。由于网络设备对每个数据单元的路由选择是独立进行的,因此不同的数据单元到达目的主机所经过的路径可能不同。这就是无连接的网络服务模型,又称作数据报服务模型。当采用数据报方式进行数据传输时,有报文交换和分组交换之分。

报文交换

报文交换是指将报文从一个结点转发到另一个结点,直至到达目的结点的一种数据传输过程,如图 1.5 所示。在这种传输方式中,每个数据报都是独立发送的,并且携带完整的源地址和目的地

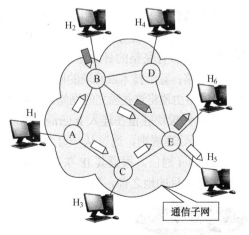

图 1.5　报文交换

址。这与邮局寄信类似，每封信都携带着完整的地址注入邮政系统。主机只要想发送数据就可随时发送，每个数据报独立地选择路由。重要的是，每个数据报并不都沿着相同路径从源端发送到目的端，而且到达的顺序也会因其传输的路径状况不同而不同，有的数据报还可能会丢失。这就要求目的结点具有数据报重新排序功能，并对丢失（或出错）的数据报向源结点请求重传。

分组交换

由计算分析可知，对于报文交换方式，传送一个报文的出错概率随着报文长度的增加而增加，进而导致较高的报文重传率。这说明对网络能够传输报文的最大尺寸需要进行限制，应将长（大）报文分割成较小的信息块或分组进行传送，即采用无连接的分组交换方式。在分组交换方式中，每个分组通过网络的路由也是独立的。每个分组有一个附带的头部，以便提供将分组路由到目的端所需的所有信息。当一个分组到达分组交换机时，分组交换机首先检查分组头部中的目的地址（及其他可能的字段），以便确定到目的端的下一跳路径。

目前，网络互连通常采用无连接的网络服务模型。网际协议（IP）是无连接的互联网中最常用的协议，而支持 IP 的路由器称为 IP 路由器，IP 处理的数据单元称为 IP 数据报。

练习

1. 简述采用虚电路进行数据传输所经历的几个阶段。
2. 何谓报文交换方式？
3. 分组交换与报文交换有哪些区别？

补充练习

使用 Web 检索和查找有关交换技术的最新发展，探讨光交换技术的应用与发展。

第四节 IP 网 络

IP 是 TCP/IP 协议体系中的网络层协议。TCP/IP 是国际通用的网络标准，是广泛用于为众多厂商的设备提供连接的网络技术。IP 为工作站之间提供无连接的包（数据报）传输服务，其中每个包带有完整的目的地址，在网络中的路由独立于所有其他包；在传输过程中不建立连接或虚电路；鉴于技术或管理的原因，需要规划、建立子网，即将一个网络分成多个不同的网络，然后通过路由器将这些独立的网络连接起来。

IP 软件模块驻留在连入 Internet 的每个主机和路由器上。这些模块共享相同的地址解析和 Internet 包处理规则，通过从一台主机的 IP 进程将包传输到另一台主机的 IP 进程直至终点来提供 Internet 通信。根据其 IP 头部的 Internet 地址，数据包被从一台主机路由到另一台主机。在到达最终目的地之前，数据包可能经过几个网络。

学习目标

▶ 熟悉建立子网的基本原则，掌握 IP 地址的子网掩码的使用及子网划分方法；

- ▶ 熟悉 IP 路由操作的基本模型，能够解释数据包如何通过 IP 网络从一台主机传输到另一台主机；
- ▶ 掌握 TCP/IP 网络的联网方法和网络应用技术。

关键知识点

- ▶ 子网是某个网络的分支部分；
- ▶ Internet 是通过 IP 路由器相互连接在一起的主机和网络的集合。

TCP/IP 网络互连

在 TCP/IP 网络环境下，任何连接到网络上的最终用户计算机系统都称为 IP 主机。IP 主机既可以是个人计算机、终端服务器上的端口、UNIX 工作站，也可以是超级计算机。

IP 地址又称逻辑地址，它和 MAC 地址一样，也是独一无二的。每台网络设备用 IP 地址来唯一地标识。一些设备（如路由器）具有到多个网络的物理连接，每个网络接口分配一个地址。偶尔通过拨号连到 Internet 的计算机由提供拨号服务的 Internet 服务提供商（ISP）分配一个临时的 IP 地址。

由于 IP 地址由 32 个二进制位组成，理论上可以有 2^{32} 个 IP 地址可以使用，即大约 43 亿个可用 IP 地址。在互联网上，如果每台 3 层网络设备（如路由器）为了彼此通信而储存每个结点的 IP 地址，可以想象路由器会有一张多么大的路由表，这对路由器来说是不可能的。

为了减少路由器的路由表条目数，更加有效地进行路由，清晰地区分各个网段，需要对 IP 地址采用结构化的分层方案。IP 地址的结构化分层方案将 IP 地址分为网络部分和主机部分，区分网络部分和主机部分需要借助地址掩码（Mask）。网络部分位于 IP 地址掩码前面的连续二进制"1"位，主机部分位于后面的连续二进制"0"位。在子网连接中，IP 地址的主机部分被分为以下两部分：

- ▶ 左边部分用于识别子网编号；
- ▶ 右边分用于识别该子网上的主机。

主机或路由器用 IP 地址的引导位确定其地址类别。一旦确定了地址的类别，主机就可以很容易地区分用于识别地址网络编号部分的位和用于识别地址主机部分的位。主机或路由器可通过设置一个 32 位子网掩码，从地址的本地主机部分中确定哪些位用于定义子网编号。

图 1.6 所示通过一个 B 类 IP 地址建立了 2 个子网。它使用 IP 地址的第 3 个字节识别网络 135.15.0.0 的 2 个子网。路由器可接收网络 135.15.0.0 的所有业务，并根据地址的第 3 字节（子网标识符）选择正确的接口。

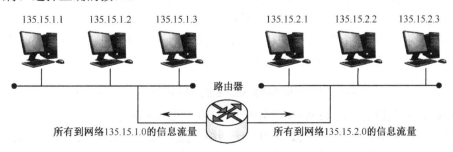

图 1.6 子网寻址

子网掩码和 IP 地址中的位一一对应。如果检查地址的设备将 IP 地址中的对应位看作原来网络编号的一部分或子网编号的一部分,就将子网掩码中的位设置成 1;如果将对应位看作子网主机编号的一部分,则将掩码中的位设置成 0。换句话说,IP 地址类别确定之后,任何在子网掩码中设置了对应位的原主机编号的所有位均被用来识别子网编号。

建议子网位应当连续,并设置成本地主机地址的最重要的位。图 1.7 示出了用于网络编号的 2 个字节。其中,一个字节用于子网编号,另一个字节用于主机编号。

图 1.7 子网掩码

IP 地址采用分层设计。这样,每台第 3 层网络设备就不必储存每台主机的 IP 地址,而只需储存每个网段的网络地址(网络地址代表了该网段内的所有主机),因此大大减少了路由表条目数,增加了路由的灵活性。

子网规划与建立

无子网编址是指使用自然掩码,不对网段进行细分。例如,B 类网段 172.16.0.0,采用 255.255.0.0 作为掩码。对于没有子网的 IP 地址机构,外部将该机构看作单一网络,不需要知道内部结构。例如,所有到地址 172.16.x.x 的路由被认为同一方向,不考虑地址的第 3 个和第 4 个 8 位分组,这种方案的好处是可以减少路由表的条目数。但这种方案没法区分一个大的网络内不同的子网网段,使网络内所有主机都能收到在该大网络内的广播,因此会降低网络的性能,另外也不利于管理。例如,一个 B 类网可在网络内容纳 65 000 台主机,但没有任何一个机构能够同时管理这么多台主机。这就需要一种方法将这种网络分为不同的网段,然后就可以按照各个子网段进行管理。

从地址分配的角度看,子网是网段地址的扩充。网络管理员根据本机构发展的需要决定子网的大小。网络设备使用子网掩码决定 IP 地址中哪部分为网络部分,哪部分为主机部分。下面给出一些示例,说明如何在不同的网络寻址情况下实现子网组网。

【例 1-1】在 InterNIC 分配了一个 B 类 IP 地址 128.1.0.0 的情况下,需要建立 254 个子网,每个子网最多能够支持 254 台主机。这是一个最简单的子网组网形式。IP 地址的第 1 个和第 2 个字节用于识别网络,第 3 个字节用于识别子网,而第 4 个字节用于识别子网中的主机。

【解析】用二进制格式表示 InterNIC 分配的地址:

128.1.0.0 = <u>10000000.00000001</u>.00000000.00000000

其中,下面画线的二进制位表示 InterNIC 分配的 IP 地址的网络部分。

定义 254 个子网需要 8 个二进制数字位。子网编号应当从 1 到 254。全"0"和全"1"的子网字段值不能分配给实际的(物理)子网,如表 1.1 所示。

表 1.1 用十进制和二进制表示的子网编号

十进制编号	二进制编号
1	00000001
2	00000010
⋮	⋮
254	11111110

选择 IP 地址主机部分最重要的 8 位定义子网，下面用黑体显示这些位：
128.1.0.0 = 10000000.00000001.**00000000**.00000000

定义一个子网掩码，将网络和未来子网字段的所有位设置成 1，将未来的主机字段的所有位设置成 0：

  网络编号 10000000.00000001.**00000000**.00000000 = 128.1.0.0
  子网掩码 11111111.11111111.**11111111**.00000000 = 255.255.255.0

在每台主机上都要设置此子网掩码，在每台路由器上都要定义此子网掩码。共享相同 IP 地址的整个物理网络使用相同的掩码。

254 个子网将具有以下地址：

  子网 1 10000000.00000001.**00000001**.00000000 = 128.1.1.0
  子网 2 10000000.00000001.**00000010**.00000000 = 128.1.2.0
  子网 3 10000000.00000001.**00000011**.00000000 = 128.1.3.0
  ⋮
  子网 254 10000000.00000001.**11111110**.00000000 = 128.1.254.0

可以分配给子网 1 的地址范围是：

  子网 1 10000000.00000001.**00000001**.00000000 = 128.001.001.000
  低地址 10000000.00000001.**00000001**.00000001 = 128.001.001.001
  高地址 10000000.00000001.**00000001**.11111110 = 128.001.001.254

注意：IP 地址的主机部分不能全部都是"1"或者全部都是"0"。

可以分配给子网 35 的地址范围是：

  子网 35 10000000.00000001.**00100011**.00000000 = 128.001.035.000
  低地址 10000000.00000001.**00100011**.00000001 = 128.001.035.001
  高地址 10000000.00000001.**00100011**.11111110 = 128.001.035.254

可以分配给子网 129 的地址范围是：

  子网 129 10000000.00000001.**10000001**.00000000 = 128.1.129.0
  低地址 10000000.00000001.**10000001**.00000001 = 128.1.129.1
  高地址 10000000.00000001.**10000001**.11111110 = 128.1.129.254

【例 1-2】在 InterNIC 分配了 1 个 B 类 Internet 地址 128.001.000.000 的情况下，需要建立 2 个子网，每个子网最多能够支持 16 381 台主机。

【解析】用二进制格式表示 InterNIC 分配的地址：

  128.001.0.0 = 10000000.00000001.00000000.00000000

其中，下面画线的二进制位表示 InterNIC 分配的 IP 地址的网络部分。定义 2 个子网需要 2 个二进制位。子网编号应当是 1 和 2。全 "0" 和全 "1" 的子网字段值不能分配给实际的（物理）子网，如表 1.2 所示。

表 1.2　值 1 和值 2 的子网编号

十进制编号	二进制编号
1	01
2	10

选择 IP 地址主机部分最重要的 2 位定义子网，下面用黑体显示这些位：

128.1.0.0 = 10000000.00000001.**00**000000.00000000。

定义一个子网掩码，将网络和未来子网字段的所有位设置成 1，将未来主机字段的所有位设置成 0，即

网络编号　10000000.00000001.00000000.00000000 = 128.1.0.0
子网掩码　11111111.11111111.11000000.00000000 = 255.255.192.0

在每台主机上都要设置此子网掩码，在每台路由器上都要定义此子网掩码。共享相同 IP 地址的整个物理网络使用相同的掩码。

两个子网将具有以下地址：

子网 1　10000000.00000001.**01**000000.00000000 = 128.001.064.000
子网 2　10000000.00000001.**10**000000.00000000 = 128.001.128.000

可以分配给子网 1 的地址范围是：

子网 1　10000000.00000001.**01**000000.00000000 = 128.001.64.000
低地址　10000000.00000001.**01**000000.00000001 = 128.001.64.001
高地址　10000000.00000001.**01**111111.11111110 = 128.001.127.254

注意：IP 地址的主机部分不能全部都是 "1" 或者全部都是 "0"。

可以分配给子网 2 的地址范围是：

子网 2　10000000.00000001.**10**000000.00000000 = 128.001.128.000
低地址　10000000.00000001.**10**000000.00000001 = 128.001.128.001
高地址　10000000.00000001.**10**111111.11111110 = 128.001.191.254

【例 1-3】在 InterNIC 分配了一个 B 类 IP 地址 128.001.000.000 的情况下，需要建立 6 个子网，每个子网最多能够支持 8 190 台主机。

【解析】用二进制格式表示 InterNIC 分配的地址：

128.001.0.0 = 10000000.00000001.00000000.00000000

其中，下面画线的二进制位表示 InterNIC 分配的 IP 地址的网络部分。

定义 6 个子网需要 3 个二进制位。子网编号应当从 1 到 6。全 "0" 和全 "1" 的子网字段值不能分配给实际的（物理）子网，如表 1.3 所示。

选择 IP 地址主机部分最重要的 3 位定义子网，下面用黑体显示这些位：

128.1.0.0 = 10000000.00000001.**000**00000.00000000

定义一个子网掩码，将网络和未来子网字段的所有位设置成 1，将未来的主机字段的所有位设置成 0，即

网络编号　10000000.00000001.00000000.00000000 = 128.1.0.0
子网掩码　11111111.11111111.11100000.00000000 = 255.255.224.0

表 1.3　值 1～6 的子网编号

十进制编号	二进制编号
1	001
2	010
3	011
4	100
5	101
6	110

在每台主机上都要设置此子网掩码，在每台路由器上都要定义此子网掩码。共享相同 IP 地址的整个物理网络使用相同的掩码。

6 个子网将具有以下地址：

子网 1　10000000.00000001.00100000.00000000 = 128.1.32.0
子网 2　10000000.00000001.01000000.00000000 = 128.1.64.0
子网 3　10000000.00000001.01100000.00000000 = 128.1.96.0
子网 4　10000000.00000001.10000000.00000000 = 128.1.128.0
子网 5　10000000.00000001.10100000.00000000 = 128.1.160.0
子网 6　10000000.00000001.11000000.00000000 = 128.1.192.0

可以分配给子网 3 的地址范围是：

子网 3　　10000000.00000001.01100000.00000000 = 128.1.96.0
低地址　　10000000.00000001.01100000.00000001 = 128.1.96.1
高地址　　10000000.00000001.01111111.11111110 = 128.1.127.254

注意：IP 地址的主机部分不能全部都是"1"或者全部都是"0"。

可以分配给子网 5 的地址范围是：

子网 5　　10000000.00000001.10100000.00000000 = 128.1.160.0
低地址　　10000000.00000001.10100000.00000001 = 128.1.160.1
高地址　　10000000.00000001.10111111.11111110 = 128.1.191.254

IP 网络路由

Internet 可以看成由 IP 路由器互相连接的主机和网络的集合。如图 1.8 所示，主机 A 能直接与主机 B 通信，因为它们都连在同一个物理网络上。然而，如果主机 A 想与主机 C 通信，它就必须将包传递给最近的路由器；然后由这个路由器将包投入到连接 Internet 的路由器系统中；该包从一个路由器转移到另一个路由器，直到与主机 C 的物理网络相连接的那台路由器。

为了判断目的主机是否在某个直接相连的网络上，源主机检查目的主机 Internet 地址的网络标识，并将目的主机的网络号与直接连接该主机的网络的网络号相比较。

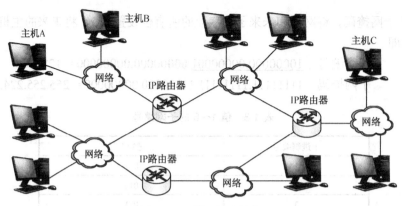

图 1.8 互联网组成结构

如果网络号相同，源主机将包封装在目的地址为目标硬件地址的帧中直接发送给目的主机。如果网络号不同，源主机必须将包发送给路由器来传输，然后将包封装在目的地址为路由器的硬件地址的帧中；路由器收到此帧以后，抽取出包，然后将包投入 Internet 路由器系统。

通常，网络管理员会为网上的每一台主机配置一个默认路由器，即"默认网关"。默认路由器提供了到达远端网络上所有主机的访问。

路由表

IP 路由器根据自己路由表中的信息决定是否转发包。路由表包括每个目的网络的 IP 地址，而不是每个目的主机的地址。这样减小了路由表的大小，因为路由表中的信息数量直接与构成 Internet 的网络数量（而不是主机数量）成正比。

当一个路由器接收到包时，它检查该包的目的 IP 地址，在其路由表中搜索匹配目标。如果目标在远端网络，路由器就将该包发送到距最终目标更近的另一个路由器；如果目标在与路由器某个端口直接相连的网络上，路由器则将该包发送到这个端口上。

在巨大的 Internet 上维护所有路由器上的路由表是很困难的。在多数情况下，对路由表的维护是动态的，以反映当前 Internet 系统的拓扑结构，并且允许数据包绕过失效的连接进行路由。路由器一般通过与其他路由器一起分担路由来实现这样的功能。TCP/IP 环境下常用的路由协议包括：

- ▶ 路由信息协议（RIP）；
- ▶ 开放最短路径优先（OSPF）协议；
- ▶ 边界网关协议（BGP）。

图 1.9 所示是一个典型的用 RIP 建立的路由表示例。路由表中的每一行是一个单独的条目，其中包括如下信息：

- ▶ Destination（目的地址）——目的网络的 IP 地址。路由器搜索包头部中的目的 IP 地址与这个域的值匹配。
- ▶ Next Router（下一个路由器）——距离最终目标更近的邻接路由器的 IP 地址。要到达目的地址，本地路由器必须把包传送给这个路由器。这个域中的"连接"值表示网络直接和本地路由器的某个端口直接相连。
- ▶ Hops（跳步）——路由器和目的网络之间的跳步数。包必须经过的每一个中间路由器算作一个跳步。

- Time（时间）——本条目从上次更新到现在的时间。路由器每次接收到某个路由的更新信息，都抛弃该路由旧的条目，然后重新初始化时间。
- Source（源地址）——为本条目提供信息的路由协议名称。

```
- - - - - IP Routing Table - - - - - -
Total Routes = 9, Total Direct Networks = 2,

Destination  Next Router  Hops  Time  Source
128.2.0.0    Connected    0     --    --
128.3.0.0    Connected    0     --    --
129.1.0.0    128.2.0.2    1     160   RIP
129.2.0.0    128.2.0.2    3     160   RIP
140.2.0.0    128.2.0.2    2     160   RIP
152.6.0.0    128.3.0.2    4     145   RIP
161.7.0.0    128.3.0.2    1     145   RIP
164.1.0.0    128.3.0.2    3     145   RIP
190.1.0.0    128.3.0.2    2     145   RIP
```

图 1.9 路由表示例

IP 包的路由和转发

下面的例子描述了 IP 包在 Internet 上是如何从一台主机路由到另一台主机的。图 1.10 示出了其拓扑结构，其中包括源主机（主机 A）、目的主机（主机 B）、3 个中间路由器和 4 个不同的物理网络。

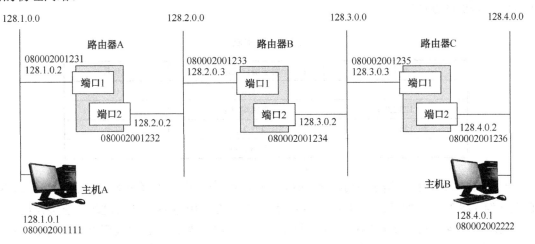

图 1.10 缩微 Internet 拓扑结构

假设，在网络 128.1.0.0 上的主机 A 希望采用 Telnet 协议连接网络 128.4.0.0 上的主机 B。Telnet 是一个远程终端访问协议，它允许一台主机与另一台主机上的程序通信。

1. 网络 128.1.0.0 上主机 A 的包

由于主机 A 和主机 B 在不同的网络上，网络 A 必须使用 IP 路由器的服务把包传输给主机 B。根据初始设置，主机 A 知道它自己的默认网关是路由器 A，IP 地址为 128.1.0.2。因此，主机 A 知道所有到主机 B 的包都必须送到路由器 A。

如果主机 A 的地址解析协议（ARP）缓存中没有路由器 A 的硬件地址，它就发出 ARP 请求并等待路由器 A 的响应。当地址映射存在后，主机 A 将所要传送给主机 B 的包封装到目的

MAC 地址为 080002001231（路由器 A 的端口 1）、源 MAC 地址为 080002001111（主机 A）和类型域为 0800（IP）的以太网帧中，如图 1.11 所示。

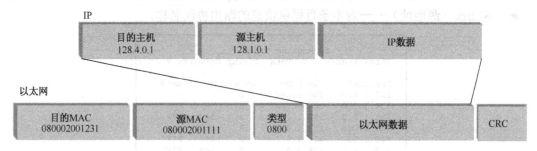

图 1.11　网络 128.1.0.0 上的包

注意：在本例中，由主机 A 定义的 IP 包头一直保持不变。在数据包向其最终目的前进的过程中，变化的地址仅仅是源以太网地址和目的以太网地址。

类型域在功能上就像一个"包装卡"，告诉路由器 A 以太网帧中的数据域包含 IP 包。路由器 A 用这个信息来决定使用何种协议来处理以太网帧中的内容。

2. 网络 128.2.0.0 上的包

当接收到来自主机 A 的包时，路由器 A 删除以太网报头，检查类型域，然后将包传送给 IP 模块（软件进程）。IP 模块检查 IP 包报头中的目的网络号并且在其路由表（如表 1.4 所示）中定位于 128.4.0.0 的路由上。

表 1.4　路由表 1

网络号	下一个跳步端口或路由器地址	跳步数
128.1.0.0	直接端口 1	0
128.2.0.0	直接端口 2	0
128.3.0.0	128.2.0.3	1
128.4.0.0	128.2.0.3	2

由表 1.4 可知，路由器 A 知道目标网络有 2 个跳步的距离，它必须将包转发给路由器 B，IP 地址为 128.2.0.3。如果路由器 A 的 ARP 缓存中没有路由器 B 的硬件地址，它会发出一个 ARP 请求并且等待路由器 B 响应。在得到地址之后，路由器 A 将包封装在以太网帧中，目的 MAC 地址为 080002001233（路由器 B 的端口 1），源 MAC 地址为 080002001232（路由器 A 的端口 2），类型域为 0800（IP），如图 1.12 所示。然后，路由器 A 将帧发送到端口 2。

图 1.12　网络 128.2.0.0 上的包

3. 网络 128.3.0.0 上的包

当接收到来自路由器 A 的包后,路由器 B 删除以太网报头,查看类型域,并且把包传送给它的 IP 模块。路由器的 IP 模块检查 IP 包报头中的目的网络号并且在其路由表(如表 1.5 所示)中定位于网络 128.4.0.0 的路由上。

表 1.5 路由表 2

网络号	下一个跳步端口或路由器地址	跳步数
128.1.0.0	128.2.0.2	1
128.2.0.0	直接端口 1	0
128.3.0.0	直接端口 2	0
128.4.0.0	128.3.0.3	1

根据表 1.5 可知,路由器 B 知道目的网络有 1 个跳步的距离,它必须将包转发给路由器 C,IP 地址为 128.3.0.3。如果路由器 B 的 ARP 缓存中没有路由器 C 的硬件地址,它会发出一个 ARP 请求并且等待路由器 C 的响应。在得到硬件地址后,路由器 B 将包封装在以太网帧中,目的 MAC 地址为 080002001235(路由器 C 的端口 1),源 MAC 地址为 080002001234(路由器 B 的端口 2),类型域为 0800(IP),如图 1.13 所示。然后,路由器 B 将帧发送到端口 2。

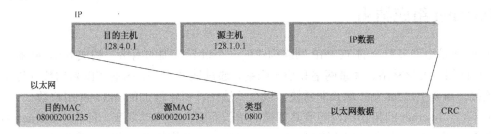

图 1.13 网络 128.3.0.0 上的包

4. 网络 128.4.0.0 上的包

当收到来自路由器 B 的包后,路由器 C 删除以太网报头,检查类型域,将包传送给其 IP 模块。IP 模块检查 IP 包报头中的目的网络号并且在它的路由表(如表 1.6 所示)中定位于网络 128.4.0.0 的路由上。

表 1.6 路由表 3

网络号	下一个跳步端口或路由器地址	跳步数
128.1.0.0	128.3.0.2	2
128.2.0.0	128.3.0.2	1
128.3.0.0	直接端口 1	0
128.4.0.0	直接端口 2	1

由表 1.6 可知,路由器 C 发现目的网络直接连在端口 2 上,它能够直接发送数据包。如果路由器 C 的 ARP 缓存中没有主机 B 的硬件地址,它会发出一个 ARP 请求,并且等待主机 B 的响应。在得到硬件地址后,路由器 C 将包封装在以太网帧中,目的 MAC 地址为 080002002222

（主机 B），源 MAC 地址为 080002001236（路由器 C 的端口 2），类型域为 0800（IP），如图 1.14 所示。然后，路由器 C 将包发送到端口 2。

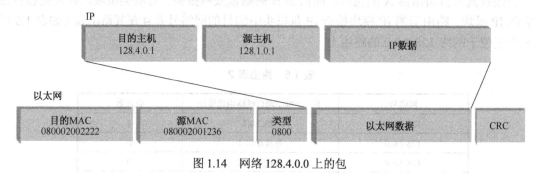

图 1.14 网络 128.4.0.0 上的包

5. 网络 128.4.0.0 上主机 B 的包

主机 B 收到此帧后，删除以太网报头，检查类型域，将包传送给它的 IP 模块。IP 模块确认该包是发给本机的之后，删除 IP 包报头，将 TCP 消息传送给 TCP 模块。TCP 模块检查端口号，将消息送给本地 Telnet 程序访问的 Telnet 端口。

最后，当主机 B 的 Telnet 程序做好响应主机 A 的准备之后，整个过程将反向进行。

Internet 组成结构

Internet 是由许多单个的 TCP/IP 网络构成的一个世界范围的网络。构成 Internet 的公用网络、专用网络、大学网络、军事网络和公司网络，通过地区的、美国的和国际的数据传输主干互相连接。事实上，Internet 增长非常快，以至无法统计每年增加的 Internet 用户数。

近年来，Internet 的拓扑结构随着其规模的增长而变得越来越复杂。目前，Internet 不再仅仅是图 1.15 所示的挂在中央核心网络上的一堆简单的树结构集合，而是一个图 1.16 所示的多层系统。

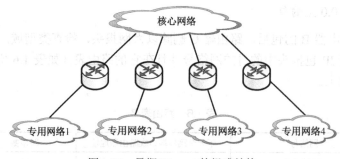

图 1.15 早期 Internet 的组成结构

这个分层的 Internet，其组织结构从大到小依次为：
► 主干网络——为几个大型的区域网络和 ISP 提供服务。
► 地区网络——提供 Internet 接入服务，即从特定的 Internet 服务提供商（ISP）连接到拨号上网的单用户。
► 自治系统（AS）——一组专用的网络和路由器，使 Internet 的不同部分可以分开管理；不同自治系统内的路由器可以在内部使用不同的路由协议。

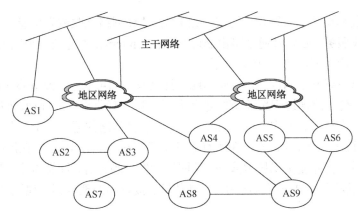

图 1.16　目前 Internet 的组成结构

练习

1. 虽然 IP 是无连接的，但是其结点之间还是建立了逻辑上的连接。判断正误。
2. 当路由包通过 Internet 时，中间的路由器要检查其网络地址和主机地址。判断正误。
3. 考虑两个连接到 Internet 上的相隔数千千米的结点，它们要使用 IP 互相通信。简要描述 IP 路由器是如何从一个结点向另一个结点传输信息的。
4. 如果有一个路由器被用作默认网关，其一边连接一个以太局域网，另一边通过帧中继协议连接一个广域网。当路由器要转发一个来自局域网的包到使用帧中继的广域网时，简述它将怎么做。
5. 简述 Internet 的组成结构。
6. 某公司需要将 1 059 个结点从 37 个地点（分散的物理网络）连接到网络中，请完成以下要求：
   a. 将地址如何分配给 37 个物理网络使用
   b. 这个网络能否分为子网以备增长？如果能，请描述如何操作
   c. 说出每个地址中可以单独分配地址的结点数目
   d. 给出地址的子网部分和主机部分

补充练习

使用自己的计算机对至少两个目的地址执行路由追踪操作。追踪其 Internet 路径，研究追踪结果，记录每个目的地址的路由经过了多少跳步（指经过的路由器）。

本 章 小 结

网络世界日新月异，网络技术丰富多彩。在过去几十年中最为成功的一项技术就是网络互连（Internetworking）技术。网络互连是指将使用不同链路或 MAC 层协议的单个网络连接成一个整体，使之能够相互通信的一种技术和方法，它能通过集合任意多个网络而成为规模更大的网络，实现所有用户之间的互联和资源共享。

正是由于发展和设计了网络互联协议（如 IP），才使网络互联成为可能。互联网中的主机利用网络互联协议服务，必要时通过路由器进行通信。Internet 本身是一个巨大的路由器网络，这些路由器组成自治系统，使用 IP 进行通信。

网络互连可以改善网络的性能，主要体现在提高系统的可靠性、改进系统的性能、增加系统保密性、建网方便、增加地理覆盖范围等几方面。随着商业需求的推动，特别是 Internet 的深入发展，网络互连技术成为实现像 Internet 这样大规模网络的通信和资源共享的关键技术。

IP 网络取得了巨大的成功，表现在所有服务都运行在 IP 上，IP 运行在所有网络上；IP 网络具有可靠的体系结构并能实现技术演进。从网络的发展趋势看，目前的计算机网络正朝着与电视网（含有线电视网）、电信网合而为一，其传输、接收和处理全部实现数字化的方向发展。

小测验

1. 说明什么是基于标准的网络互连。
2. 画出 OSI 参考模型的方框图，在每一层上标出层名和数字。在每层的右边简短地描述该层的功能，在每层的左边列出和该层操作很接近的网络互连设备。如果一个设备（如一个网关）跨越多层，则标出它所跨的层。
3. 简要说明路由器在收到 IP 数据包之后是如何操作的。
4. 对于一个给定的 IP 地址，如 191.234.247.98（假设没有子网），指出其网络地址和主机地址分别是什么。
5. 考虑两个连接到 Internet 上的相隔数千千米的结点，它们要使用 IP 互相通信，简要描述 IP 路由器是如何从一个结点向另一个结点传输信息的。
6. 列出 Internet 体系结构主要是由哪几个层次组成的。
7. 给出下列指定范围的 IP 地址相应的子网掩码：
   a. 地址范围从 61.8.0.1 到 61.15.255.254
   b. 地址范围从 172.88.32.1 到 172.88.63.254
   c. 地址范围从 111.224.0.1 到 111.239.255.254
8. 某公司需要将 197 个结点从 30 个地点（分散的物理网络）连接到网络中，它们现在有一个 B 类地址，请完成以下要求：
   a. 用这个地址建立子网，以便连接 30 个物理网络
   b. 给出解决方案中每个地点可以单独分配地址的总结点数
   c. 给出地址的子网和主机部分
   d. 画出表示各地点及其 IP 地址的构架图

第二章　网络互连设备

网络互连的目标是提供一个无缝的通信系统。用于实现将同构或异构网络互连起来的设备称为网络互连设备。常见的网络互连设备有中继器、集线器、网桥、交换机、路由器和网关等。

中继器是一种物理层设备，仅用来放大或再生较弱的信号。它在两个电缆段之间复制每个比特，用于防止由于电缆过长或连接设备过多而造成的信号丢失或衰减。

集线器是最常见的网络连接设备，常用于构建局域网或局域网中的有关网段，用来实现网段连接或网段隔离，具有组网简便等特点。

网桥和第2层交换机是工作在数据链路层、实现同构网络互连的设备。其基本特征是：能够互连在数据链路层具有不同协议、不同传输介质和不同传输速率的网络；根据数据帧所携带的目的结点硬件地址（MAC 地址）转发数据帧；可以分隔两个网络之间的通信量，有利于改善互联网的通信性能与安全性能。

路由器（包括第3层交换机）是在网络层上实现网络互连的设备。它们可以实现异构网络的连接，能识别不同网络层协议，如 IP、IPX 和 AppleTalk 等。路由器具有一定的智能，它的功能涉及物理层、数据链路层和网络层。因为路由器工作在网络层，不需要知道网络拓扑结构的有关信息，因此可用它连接不同拓扑结构的网络。通常，网桥用于局域网互连，路由器用于广域网互连，第3层交换机则用于局域网与城域网中不同逻辑子网（网络层）的互连。

网关也称为协议转换器、网间连接器和信关等。如果高层协议不相同的两个网络要互相连接，就需要使用网关。用网关进行网络互连相当复杂。

以上是基于 OSI 参考模型协议层的概念所进行的讨论，而实际市场上的网络互连设备都是多种功能的组合。本章主要介绍各种网络互连设备的组成和基本工作原理，以及在网络互连中所担当的角色。

第一节　中继器与集线器

中继器和集线器均工作在 OSI 参考模型的物理层，其主要功能是接收局域网网段上的信号（比特），再将这些信号传送出去，以此扩展网段的物理距离。这些设备对于发送和接收（端）设备来说均是透明的。从技术上讲，它们不能算作物理互连设备，因为它们只是起到了扩展线路距离的作用，或只是将同样的信号传输给了多个结点；但在实际中通常将它们算作物理互连设备。

学习目标

- ▶ 了解中继器、集线器的特性和功能；
- ▶ 掌握什么时候应该使用中继器和集线器，什么时候不使用中继器和集线器；
- ▶ 掌握基于集线器的几种网络拓扑结构；
- ▶ 了解为什么集线器不能连接使用不同 MAC 协议的局域网。

> **关键知识点**
> ▶ 中继器扩展物理介质的作用距离；
> ▶ 集线器不能连接使用不同 MAC 协议的局域网（如以太网和令牌环网）。

中继器

中继器在物理层工作，是最简单的网络互连设备。中继器不关心数据的格式和含义，它只负责复制和增强通过物理介质传输的表示"1"和"0"的信号，如图 2.1 所示。如果中继器的输入端收到一个比特"1"，它的输出端就会重复生成一个比特"1"。这样，接收到的全部信号被传输到所有与之相连的网段，所以说中继器是一种"非辨识"设备。由于中继器逐比特地重复生成它所接收到的信号，因此它也会重复错误的信号。但是它的速度很快（在以太网中可以达到 10 Mb/s），而且延迟很小。

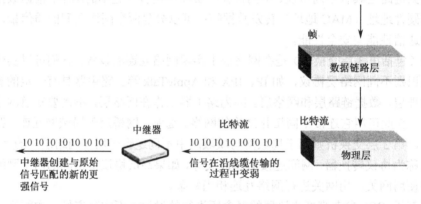

图 2.1　中继器和 OSI 参考模型

中继器可以将局域网的一个网段和另一个网段相连，而且可以连接不同类型的介质。如图 2.2 所示，中继器可以将用于以太网的细缆和用于以太网的非屏蔽双绞线连接在一起。

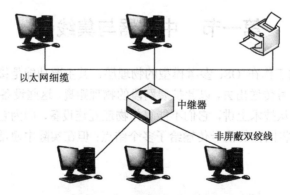

图 2.2　中继器和介质类型

由于中继器只是一种信号放大设备，它不能连接两种不同的介质访问类型（数据链路层协议），如令牌环网和以太网。另外，中继器只是一种物理层设备，它不能识别数据帧的格式和内容，也不能将一种数据链路报头类型转换成另外一种类型。

作为以太局域网的网络互连设备，中继器只适用于较小地理范围内的相对较小的局域网（少于 100 个结点），如一栋办公楼的一二层范围内的局域网。由于中继器不能隔断局域网网段间的通信，所以不能用它连接负载沉重的局域网。由于中继器逐比特地将数据复制到所有相连的网段，所有的数据都能双向通过中继器，所以在用中继器将多个局域网网段连接在一起时，因中继器不能过滤任何数据，可能会遇到性能方面的问题。

中继器的主要功能是扩展一个局域网网段的作用距离。它通常不是用来向网络中添加更多的设备的，而是用来扩展一个工作站或一组工作站与网络中其他部分的距离。在以太网中，中继器主要用来扩展物理介质间的作用距离。图 2.3 示出了如何利用 2 个中继器将 3 个 10Base-5 以太网网段连接起来。在这种配置下，中继器在每个网段中都被看作结点。因此，在这个网络中可以接入的最大结点数为 296。这是因为每个 10Base-5 网段的最大结点数是 100，而每个中继器都算作 2 个结点，一共有 2 个中继器，所以除去中继器以外，能接入的最大结点数为：300−4=296。

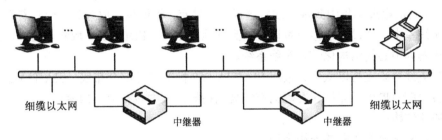

图 2.3　中继器和以太网网段

中继器可以用来接入"链接网段"，以扩展网络的总长度。5/4/3 规则适用于 10Base-2 和 10Base-5 以太网及相连的中继器：最多可以用 4 个中继器将 5 个网段连接在一起，其中最多可以有 3 个网段包含网络结点。因此，最多有 2 个以太网网段可以用作"链接"网段（只用线缆，没有网络结点）来扩展一个以太网的总的作用距离。10Base-5 以太网网段的最长作用距离为 500m。如果用 4 个中继器连接起来，其作用距离可以达到 2 500m。10Base-2 以太网网段的最长作用距离为 185m，使用 4 个中继器可以达到 925m。

集线器

与中继器一样，集线器也工作于 OSI 参考模型的物理层，并逐位复制经由物理介质传输的信号。中继器和集线器都使信号得到加强，集线器还可以在一组结点中共享信号。

集线器的组成结构

随着网络管理的兴起，集线器开始发展成为使用越来越多的网络控制设备。集线器的核心是其背板，它为集线器提供基本功能。背板的设计决定了集线器所能支持的特性。

集线器背板具有很高的传输速率，支持多种网络并提供多种服务。由于智能集线器体系结构还没有标准化，每个设备供应商都提出了集线器背板的不同实现方法。有时，标准的 MAC 协议被用作背板，如以太网。有时使用专用的高速背板。如果背板是以太网、令牌环网或者 FDDI，则被称为共享总线背板，因为这些体系结构都使用共享介质协议。其中，站点必须等到"线路空闲"时（以太网）或者它们得到了令牌时（FDDI 和令牌环网）才能发送信号。

集线器的主要功能

早期的线路集中器型集线器，也称为"第一代"集线器，只具有中继器功能。这类集线器不支持通过网桥或路由器进行网络互连，只包含一个单独的局域网背板及支持以太网或者令牌环网的电路，当然也不具有网络管理功能。

现在，集线器和交换技术已经进入了综合布线系统。随着网络复杂性的增加，集线器也发展成为一个更复杂的智能性设备，即智能集线器，也称为"第二代"集线器。智能集线器不但支持多种传输介质，还支持多种介质访问控制方法（数据传输协议），如以太网、令牌环网和FDDI。重要的是，通过内置的网桥和路由器模块及网络管理能力，智能集线器还能提供网络互连功能。

集线器有助于管理许多网络中都存在的繁杂的线缆和众多的线缆类型。集线器构成了许多网络的中心，因为：与其让同轴电缆总线穿过整个建筑物，不如使用铜绞线构成的星状拓扑结构，让所有的电缆都集中到像配线室这样一个地点。将集线器放置到一个有着各种不同类型接口的配线室中，通过这些接口可以连接到其他以太网、FDDI或广域网。这样，就形成了一个以集线器为中心的结构化综合布线系统。

大多数集线器均支持以太网，采用 EIA/TIA-568 标准进行综合布线。EIA/TIA-568 标准为用户和设备供应商提供了详细、准确的布线规划指导，其中包括以下内容：

▶ 拓扑结构；
▶ 特定网络速度所需的连线类型；
▶ 特定连线类型所需的连接器类型；
▶ 线缆和连接器的最低性能要求，其中包括信号衰减、干扰和回波损耗。

由于 EIA/TIA-568 标准只用于物理线路布局，因此它并不与以太网的 10Base-T、令牌环、FDDI 或者其他数据传输协议相冲突。该标准规范了星状拓扑结构，在该标准中所有的结点都连接到一个位于中心的配线室，配线室里有诸如接线板和集线器之类在星状配置中用于网络连接的设备。图 2.4 示出了一个简单的星状拓扑结构中的集线器配置。这种结构化的布线规划与网络的物理结构和逻辑结构是有区别的。所有的集线器都使用一种星状物理拓扑结构；但是网段的逻辑拓扑结构可以是环状、总线、树状或者其他结构，这取决于信号从一个结点传输到另外一个结点的方式。

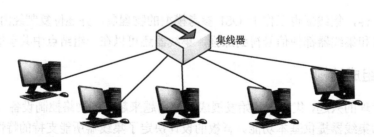

图 2.4　星状拓扑结构中的集线器配置

基于集线器的网络拓扑结构

目前，有许多种基于集线器的网络拓扑结构可供选择。

1. 经典以太局域网

经典以太局域网如图 2.5 所示,其中主机 A、B、C、D 和服务器都是经典局域网中的一个结点。传输介质(线缆)是共享型的,每个站点必须等到其他站点不传输数据时才能发送数据。一个网段中包含的站点越多,每个站点可用的带宽就越小。

图 2.5 经典以太局域网

2. 共享总线体系结构

共享总线体系结构如图 2.6 所示,它基于一个典型的经典局域网中的集线器。每个站点都接入该集线器的一个以太网模块,而该模块连接到一个以太网背板。在此,背板的作用与以太网集线器相同。在经典以太网中,每个站点都要和其他所有的站点竞争对以太网背板的访问权。但是,通过将站点和一个中心集线器相连,就可使用现有的电话双绞线连线,而不用再另外铺设贯穿整个建筑物的线缆总线。

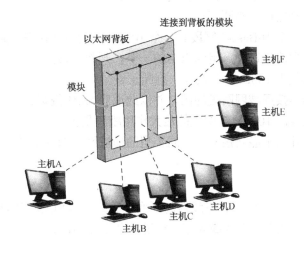

图 2.6 共享总线体系结构

3. 两个分离的局域网

有些集线器具有多个背板,故可支持多个网段。图 2.7 中的包含两个互不相连的背板的集线器,实质上是将两个分离的集线器做到一个模块里。因为集线器不能将一种协议中的数据链路帧报头转换为另一种协议的格式,所以多背板集线器仍然不能连接使用不同传输协议的局域网,如以太网和令牌环网。要想组建一个包含混合型局域网的互联网络,需要更高层设备,如网桥或路由器。

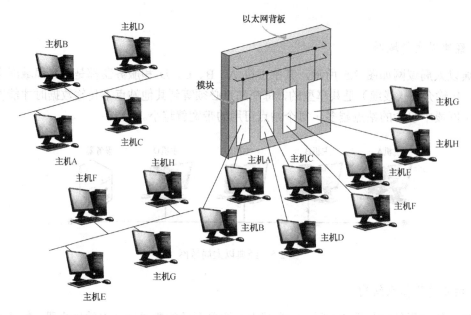

图 2.7 两个分离的局域网

练习

1. 中继器可以将局域网扩展到任意长度。判断正误。
2. 中继器也会复制错误。判断正误。
3. 中继器可以将一个 10Base-2 网段和一个 10Base-5 网段连接在一起。判断正误。
4. 集线器只将数据流量送往一组结点中的一个。判断正误。
5. 以太网集线器使用 100Base-T 线缆。判断正误。
6. 画出用中继器连接局域网网段的图,并以此说明 5/4/3 规则。
7. 使用 3 个中继器的 10Base-2 网段的最大作用距离是多少?
8. 说明集线器为什么不能连接两种不同类型的局域网,如以太网和令牌环网。

补充练习

1. 使用 Web 调查生产中继器、集线器的厂商,并列出其相关产品的技术规范。
2. 使用搜索引擎查找 EIA/TIA-568 布线标准,并学习和讨论。

第二节 网 桥

网桥提供了一种最简单的将局域网网段连接成可维护、高可靠性扩展网络的方法。网桥工作在 OSI 参考模型中数据链路层的 MAC 子层,它监听所有流经它所连接的网段的数据,检查每个数据帧的目的网卡地址,并决定是否将该帧送往网络的其他部分。现在,网桥已经不像以前那样广泛使用了,但它的工作原理仍然支撑着网络互连。网桥的功能常常被捆绑在交换机、路由器中,因此了解网桥和桥接的工作原理仍然是很重要的。

> **学习目标**
> - ▶ 掌握透明桥接方法和源路由桥接方法；
> - ▶ 了解透明桥接和源路由桥接之间的不同。

> **关键知识点**
> - ▶ 网桥只转发其目的地址位于其他网段的数据帧，从而增加了网络的有效吞吐量。
> - ▶ 终端站点并不知道透明网桥的存在；在源路由桥接中，所有环上的站点都建立和维护它们自己的路由表。

利用网桥互连异种局域网

在本丛书的《局域网（第2版）》一书中，已经比较详细地介绍了网桥的工作原理。网桥是一种在数据链路层实现局域网互连的存储转发设备。局域网网络结构的差异性体现在介质访问控制（MAC）协议上，因而网桥被广泛用于异种局域网的互连。

最基本的网桥用来连接两个或更多的局域网网段。网桥和每个局域网网段之间的接口称为端口，连接到每个端口的局域网称为一个网段，如图2.8所示。

图2.8 网桥端口和网段

网桥监听它连接的每个网段上所传输的数据，它将每个数据帧的地址与自身软件维护的一个地址表进行比较。当一个数据帧的目的设备地址和它的发送设备地址是在两个不同的网段时，网桥就将该帧转发到和目的网段相连的端口。由于只转发目的设备地址在其他网段的数据帧，网桥增加了整个网络吞吐量的有效性。

广域网网桥（半网桥）也能通过电信链路连接远程网络。广域网网桥只转发那些目的地址在远程网络的数据帧，这样就保证了在那些速率较低、价格昂贵的租用线路上的流量能够相对小一些。

网桥的桥接方式

网桥最重要的部分是它用来构建和维护网桥表的软件。没有这个软件，网络管理员就必须人工建立和维护网桥表。按照创建网桥表的方法或算法进行分类，网桥的桥接方法可分为透明桥接、源路由桥接和源路由透明桥接等方式。

透明桥接

透明网桥通常用于连接以太网网段，也可以用于连接令牌环网和FDDI网络，它使得数据帧可以在两个使用同样 MAC 层协议的网段之间来回传输。之所以把这种类型的桥接称为透明桥接，是因为源站点向目的站点传输数据帧就好像它们在同一个物理网段上一样，终端站点似乎不知道在网络中存在网桥。

透明网桥不允许转发含有错误的数据帧。它们必须检验校验和，但不会尝试再生该帧来生成一个正确的校验和；因为它们并不知道错误发生在数据帧的什么位置。因此，如果一个网桥检测到了一个错误，就丢弃该帧。

透明网桥具有帧过滤和转发、地址学习、活动环路（生成树算法）等很有用的特性。

1. 帧过滤和转发

桥接的一个主要目的是防止一个网段自身的内部数据流到其他网段。图 2.9 示出了一个网桥转发将要送往主机 E 的数据帧，而忽略将要发往主机 A 的数据帧。

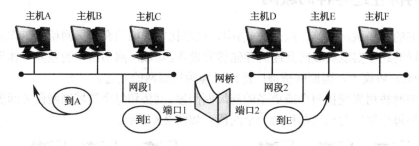

图 2.9　帧的过滤和转发

网桥是怎么知道哪一帧该转发，哪一帧该忽略的呢？网桥内有一个通过每个端口所能达到的硬件地址数据库（网桥表），网桥将每个帧的目的地址和自身的地址数据库进行比较：如果目的地址和源地址在相同的网段，它就将该帧过滤掉，即丢弃该帧；如果目的地址和源地址在不同的网段，就会查出哪个端口和目的地址相关，并将该帧转发送到相应的端口；如果目的地址不在地址数据库中，就将该帧发往除接收端口以外的所有端口。这将保证该帧在下一步可以被正确地送往它的目的地，当然也可能下一步不是最终的一步。

2. 地址学习

当网桥接收到一个数据帧时，它将其源地址和自身的地址数据库进行比较。如果源地址不在数据库中，网桥会将它加入，同时加入的还有接收该数据帧的端口号。通过这种方式，网桥学习并知道了网络中设备的地址。因为网桥具有这种学习能力，新的设备就可以添加到网络中而不必再花人工去配置每个网桥。图 2.10 示出了一个网桥经过学习并已知道所有连接到其端口的 MAC 地址。

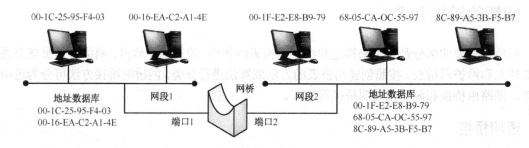

图 2.10　网桥学习

3. 学习、过滤和转发实例

图 2.11 示出了网桥是如何使用其地址数据库去控制网络流量的。

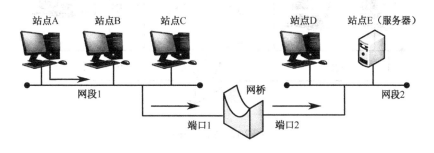

图 2.11　学习、过滤和转发实例

假定站点 A 和站点 B 是网段 1 中的新设备。开始时，站点 A 向站点 B 发送一个数据帧，网桥检测到站点 A 的网络地址不在地址数据库中，于是将其加入网段 1 的地址数据库中。又由于网桥并不知道站点 B 的网络地址，所以它将该帧转发往网段 2。与此同时，由于和站点 A 处于同一个网段中，站点 B 也收到该帧。

当站点 B 向站点 A 回送一个数据帧时，网桥检测到站点 B 的网络地址不在地址数据库中，于是将其加入地址数据库中。然后，网桥在地址数据库中查找站点 A 的地址，得知站点 A 也在网段 1 中，于是过滤掉站点 B 的回应帧，不将其转发往网段 2，如图 2.12 所示。当站点 A 或站点 B 向站点 E 发送数据帧时，网桥由地址数据库知道站点 E 在网段 2 中，于是将该帧转发往网段 2。

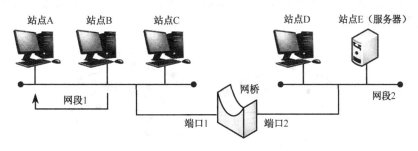

图 2.12　网桥过滤

学习、过滤和转发功能依赖于网络中任何两个设备之间有且只有一条路径。在简单的拓扑结构中，保证两个设备之间只有一条通路相对简单；但是，随着互联网络变得更大、更复杂，不经意在两个设备之间创建多条路径或"活动环路"的情况也在急剧地增加。

4. 活动环路（生成树算法）

当网络中的网桥数量增多时可能带来环路，这时可能使得网桥的两个端口都会收到同样的源 MAC 地址，从而造成互相转发，甚至无限次地循环发送，使网桥失去作用并引发很大问题。图 2.13 示出了一个包含活动环路的拓扑结构。每次站点 A 向站点 E 发送数据帧时，每个网桥都要发送一个该帧的样本，导致两个相同帧在互连的网络中无限次地循环传送。活动环路可能为桥接和网络带来严重的问题，因为该环路会不必要地复制数据帧，而这些多余的流量可能会严重降低网络的性能。

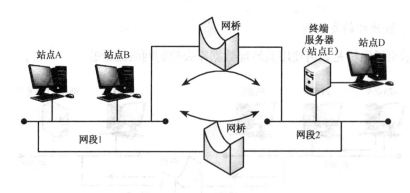

图 2.13　活动环路

为了解决活动环路问题，借助图论中提取连通图生成树的简单算法，可通过阻塞一些网桥的端口来消除环路。该解决方法就是生成树算法（STA），它已经成为网桥功能的一个基本组成部分，但这会使网络的延迟增加。

生成树是一系列经由网络设备到设备的路径，其网络中任何两个设备之间有且只有一条路径。STA 通过网桥和网桥之间的一系列协商构建出一个生成树。这些协商决定哪些路径可以用于传输，哪些路径将至少是暂时不可用的。协商的结果是，每个网桥都有一个端口被置于转发状态，其他端口则被置于阻塞状态。该过程将保证网络中任何两个设备之间只有一条通路，并可以防止出现任何形式的活动环路。

换句话说，通过不使用某些路径，也就是将一些冗余的路径置于阻塞模式，生成树算法创建了一个逻辑上无环路的网络拓扑结构。在图 2.14 中，左图显示了一个包含环路的网络结构，右图显示了如何在该网络结构中放置一个生成树来消除环路。一个网桥被选作根网桥，并开始协商消除冗余的路径。

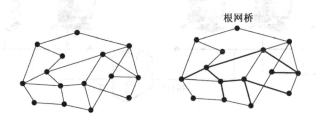

图 2.14　生成树的例子

STA 还可提供更多的功能，如果因为某种原因使独一无二的路径不通了，其中的某些网桥可以激活阻塞的端口来创建新的生成树。这样，STA 允许使用网桥的互联网络中含有一些不会产生与活动环路相关的问题的冗余路径。STA 的这一特性使得网络在某个网桥或某段网线不通的情况下可以迅速自动恢复。

生成树算法（STA）如图 2.15 所示。如果没有 STA，活动环路就会在公司局域网、局域网 A 和局域网 B 之间出现；使用 STA 后，56 kb/s 的链路被阻塞了，因此只有 T1 链路可以使用。如果某条 T1 链路不通，STA 则会自动激活 56 kb/s 链路。

STA 可以解决很多问题。它可以通过桥接来创建一个广域的互联网络。如果在网络的长距离部分存在一条活动环路，STA 会通过阻塞其中的一条或多条来消除环路。即使一条链路被阻塞了，物理连接仍然完好地存在。网络管理员可能会发现他们在为不能使用的长距离线路付费,因为这些线路被 STA 置为阻塞了。因此,如果网络管理员要使用网桥创建广域网,必须确保在租用的电信线路上没有活动环路。

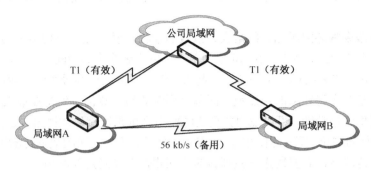

图 2.15　生成树算法

源路由桥接

源路由桥接允许一个环路上的站点(结点)通过网桥与其他环路上的结点通信。通过源路由桥接方法,每个环上的站点都可以收集和维护向其他环上的站点发送帧所必需的路由信息。

1. 源路由桥接的工作过程

每个环上的源站点都要动态地决定和维护到达环上的目的站点的路由信息。简单地说,路由就是当数据帧通过多环令牌环局域网时,从源站点到目的站点的传输路径。在一个环上,源站点在向远程环上的目的站点发送帧之前,必须首先决定是否有一条或多条到达目的站点的路由。

环上的源站点通过发送一种特殊的包含目的结点逻辑地址的"探测帧"(Discovery Frame)来请求该目的站点的硬件地址。每个源路由网桥将"探测帧"转发到所有的端口,在整个多环网络中扩散该地址请求。

当目的结点收到"探测帧"时,发送一个包含自身硬件地址的应答帧。每个转发该应答帧的源路由网桥都更新该帧,使得该帧中包含路由中经过的每个环的标号。当应答帧回到源站点时,该帧包含了从源站点到目的站点的完整的路径记录。

如果有超过一条的路径,源站点将查看哪个应答帧包含最少的经由中间环的跳步数。之后源站点用该最短路径路由更新自身的路由表。每次源站点向目的站点发送帧时,它都将完整的路由信息放在该帧的目的地址中。图 2.16 示出了站点 A 的路由表。采用这种方法,最短路径路由有可能不会被采纳。

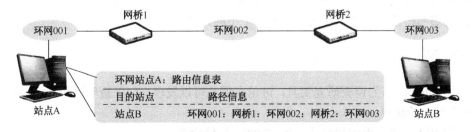

图 2.16　路由表

2. 使用源路由网桥进行网络互连

源路由网桥可以连接不同速率的环网。例如，一个网桥可以连接速率为 4 Mb/s 或 16 Mb/s 的多个环网。

网桥可以克服令牌环网所允许的最大站点数的限制。例如，在一个使用 3 类 UTP 的 4 Mb/s 单个环网上最多允许 72 个站点，16 Mb/s 的单个环网上最多允许 260 个站点。通过安装另外一个环网，并将它和原来的环网用网桥连接起来，就可以克服这种最大结点数的限制。这种方法有效地增加了整个令牌环网的结点数，而单个环网的站点数仍可保持在最大站点数限制下。

为了能够提供容错功能，可以使用并列的源路由网桥来连接环网网段。这样，如果一个网桥出现故障，并行的网桥就可以自动维护其连接，为两个环网之间的数据传输提供一条可替换的路由。在这种情况下，需要发送一系列新的"探测帧"来确定新路由。

源路由透明桥接

虽然透明桥接具有许多优点，很多网络仍然使用源路由桥接。源路由透明（SRT）网桥提供了一种连接，使得这两种类型的桥接网络可以共同存在于同一个互联网络之中。

顾名思义，源路由透明网桥既有源路由网桥的功能也有透明网桥的功能。如果该网桥收到了一个带有源路由信息的帧，它会执行源路由桥接的功能；同样，如果收到一个不携带源路由信息的帧，它会执行透明桥接的功能。

当将源路由透明网桥和透明网桥在同一个网络中一起使用时，会出现一个严重的问题。当一个源路由站点使用源路由桥接来探测路由时，它可能会努力去找到一条优于使用生成树和透明帧的到达目的路由。如果只有部分网桥是源路由透明网桥，并且其他的网桥是透明网桥，那么源路由帧只能通过源路由透明网桥。依赖于源路由透明网桥的数目和位置，最佳的源路由路径可能很明显地劣于使用透明网桥和生成树的路由。

练习

1. 透明桥接需要网络管理员为该功能配置结点。判断正误。
2. 透明桥接用来连接以太局域网网段和令牌环局域网网段。判断正误。
3. 生成树算法是用来防止生成活动环路的。判断正误。
4. 包含做转发决定所需的信息的网桥表，是由网桥软件自动生成的。判断正误。
5. 源路由桥接路由对于正在与其他结点通信的结点来说是透明的。判断正误。
6. 根据其桥接算法，源路由桥接具有减少流量的优点。判断正误。
7. 简要解释术语"学习""过滤"和"转发"。
8. 简述透明桥接和源路由桥接之间的 3 个不同之处。

补充练习

1. 使用 Internet 作为调查研究工具，讨论在哪儿可以发现：(1) 透明网桥；(2) 源路由网桥。然后总结讨论结果。
2. 使用 Web，查找生成树算法（IEEE 802.1）的信息。

第三节 交 换 机

交换是一种通过减少通信量和增加带宽来减轻网络拥塞的技术。严格地说,交换意味着源地址与目的地址之间的连接。在现实世界中,交换机可谓是应用最广泛的一种连接设备。按照交换机工作在 OSI 参考模型中的层次,可以分为第 2 层交换机、第 3 层交换机和多层交换机等。

交换机是现代网桥的另一个称呼,它们的差异主要体现在产品层面而不在于技术层面。但交换机不同于集线器,用集线器连接的网络可以类比于日常生活中的平面交通,而用交换机连接的网络可以类比于立体化的交通枢纽。本节将主要介绍以太网交换机、第 3 层交换机,以及多协议标签交换(MPLS)技术和高层交换技术。

学习目标

- ▶ 了解第 2 层交换机与网桥之间以及第 3 层交换机与路由器之间的异同;
- ▶ 掌握(第 2 层)交换机与第 3 层交换机的功能;
- ▶ 掌握第 3 层交换机所采用的两种主要技术;
- ▶ 了解 MPLS 技术和高层交换技术。

关键知识点

- ▶ 交换机通过为每个帧创建高速虚电路连接,从而可提升网络的整体带宽;
- ▶ 第 3 层交换机本质上是一种高速路由设备。

交换机的基本组成

以太网交换机工作于 OSI 参考模型数据链路层的 MAC 子层,故也称为第 2 层交换机,常简称交换机。交换机有许多类型,每种类型都支持不同速率、不同类型的局域网,如以太网、令牌环网、FDDI 和 ATM 等。

交换机(第 2 层交换机)本质上是一个多端口网桥,工作在 MAC 子层。一般来说,交换机由端口、端口缓冲器、帧转发机构和背板 4 个基本部分组成,如图 2.17 所示,其中背板也称为母板或底板。

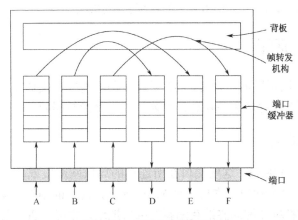

图 2.17 交换机的组成结构

端口

交换机的端口主要有以太网端口、快速以太网端口、千兆以太网端口、万兆以太网端口和控制台端口等，它们分别支持不同的数据传输速率。

端口缓冲器

端口缓冲器提供缓存能力。特别是对同时具有不同速率的端口，交换机的端口缓冲器会起到很大作用。要从高速端口向低速端口转发数据，就必须有足够的缓存能力。

帧转发机构

帧转发机构在端口之间转发数据信息。通常，有以下3种类型的帧转发机构：
- 存储转发交换——在数据帧发送到一个端口之前，全部存储在内部缓冲器中，交换机的延迟时间等于整个帧的传输时间。存储转发型交换机要进行差错校验，能过滤掉传输有问题的帧。
- 直通交换——一查看到数据帧的目的地址就立即转发，因此数据帧几乎可以立即转发出去，从而缩短了延迟时间。但这样会把其目的地址有效的所有数据帧全部转发出去，包括有差错的帧，而不进行差错校验。
- 无碎片交换——综合上述两种类型帧转发的优点，其做法是只暂存查看帧的前64B：如果是有冲突的帧，冲突碎片小于64B，就立即舍弃；否则，就转发。它不进行差错校验，无法查出有差错的帧，转发效率和速度介于前两种方式之间。

背板

背板是交换机最基本的硬件组成部分，提供插槽或端口间的连接和数据传输，其性能将直接影响交换机的处理性能。背板带宽资源的利用率与交换机的内部结构息息相关。目前交换机的内部结构主要有总线交换结构、共享内存交换结构和矩阵交换结构等形式。交换机的背板传输速率决定了它所支持的并发交叉连接能力和进行广播式传输的能力。一个48端口的100Mb/s交换机最多可支持24个交叉连接，它的背板传输速率至少应该是"24×100Mb/s=2400Mb/s"。当某端口接收的帧在端口地址表中查找不到时，它要把该帧广播输出到其他所有的端口，故交换机应该具有"48×100Mb/s=4800Mb/s"的背板传输速率。

交换机的工作原理

以太网交换机是由网桥发展而来的，故在技术上与网桥非常类似。交换机在数据通信中完成两个基本操作，一是构造和维护MAC地址表，二是交换数据帧。

构造和维护MAC地址表

交换机具有许多高速端口，这些端口在所连接的局域网网段或单台设备之间转发MAC帧。有些以太网交换机每个端口只支持1个MAC地址，而有的则能够支持1 500个甚至更多的MAC地址。有的交换机能够动态地获知新的端口地址，并可以通过允许或者禁止新的端口地址来加强安全性和防止非授权访问。

在交换机内部有一个 MAC 地址表，记录着主机 MAC 地址与该主机所连接的交换机端口号之间的对应关系。MAC 地址表是由交换机通过动态自学习的方法构造和维护的。

当交换机刚接通时，MAC 地址表是空的。就像一个标准的被动集线器所做的那样，开始它会向所有的端口发送广播帧。从响应帧中学习一段时间之后，交换机即可建立起与端口号相关的 MAC 地址表，如图 2.18 所示。

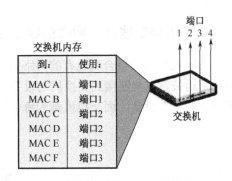

图 2.18　交换机 MAC 地址表

与网桥一样，当交换机收到一个带有驻留在交换机内存中的目的地址的数据帧时，它会检查每个 MAC 帧的目的地址，并和自身内部的交换表进行比较，找到与目的网段相连的端口，然后将该帧转发到正确的端口。因为数据帧是在数据链路层操作的，所以以太网交换机被认为是 OSI 第 2 层设备。

在 MAC 地址表项上还有一个时间标记，用以指示该表项存储的时间周期。当地址表项被使用或被查找时，表项的时间标记就会被更新。如果在一段时间内地址表项仍然没有被引用，此地址表项就会被移走。因此，MAC 地址表中所维护的是最有效和最精确的 MAC 地址与端口之间的对应关系。

交换数据帧

交换机在转发数据帧时，遵循以下规则：

▶ 如果数据帧的目的 MAC 地址是广播地址或多播地址，则向交换机所有端口（除源端口之外）转发；
▶ 如果数据帧的目的 MAC 地址是单播地址，但这个 MAC 地址并不在交换机的 MAC 地址表中，则向所有端口（除源端口之外）转发；
▶ 如果数据帧的目的 MAC 地址在交换机的地址表中，则打开源端口与目的端口之间的数据通道，把数据帧转发到目的端口上；
▶ 如果数据帧的目的 MAC 地址与数据帧的源 MAC 地址在一个网段（同一个端口）上，则丢弃该数据帧，不发生帧交换。

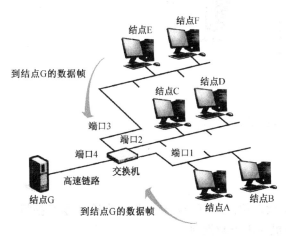

图 2.19　帧交换

交换机可以同时在多对端口之间交换数据帧，如图 2.19 所示。例如，在该图中的交换机从结点 E 接收到了将要发往结点 G 的一帧数据，同时又从结点 A 收到了要发往结点 D 的一帧数据，它能够同时交换这两帧数据，为每个帧的传输都提供全部的局域网介质带宽。在这个例子中，交换机使得普通的局域网的有效带宽提升了一倍。因此，带有多个端口的交换机在理论上可以将网络的有效带宽提升数倍。尤其是第 2 层交换技术已从网桥发展到了 VLAN（虚拟局域网），它按照所接收到的数据包的目的 MAC 地址转发，而对于网络层或者高层协议则是透明的。它不处理网络层的逻辑地址，只处理 MAC 地址；其数据交换通过硬件实现，速度相当快。

交换机与集线器、网桥的组合使用

交换机可以被整合到现有的网络中去，如图 2.20 所示。应注意的是，连接到集线器的设备的可用带宽，与连接到交换机的设备的可用带宽不同。集线器将 10 Mb/s 的带宽分配给连接到其上的所有设备，而交换机则为每个连接到其上的设备分配 10 Mb/s 带宽。

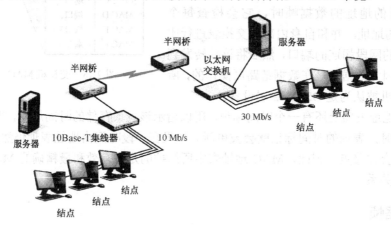

图 2.20　以太网集线器、网桥和交换机

网桥将连接到集线器上的设备的流量和连接到交换机上的设备的流量隔离开来。需要更大带宽的用户可以连接到交换机上，而其他用户则可以使用集线器。

如果需要更大的带宽，可以使用快速以太网交换机。在图 2.21 中，从每个以太网网段发来的数据都以 10 Mb/s 的速率在连接到快速以太网交换机上的设备之间进行交换。

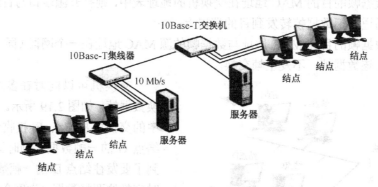

图 2.21　快速以太网交换机

第 3 层交换机

根据交换机在 OSI 参考模型中所处的层次地位，还有一种交换机称为第 3 层交换机。传统的交换机作用于第 2 层的帧，第 3 层交换机作用于数据包。

第 3 层交换机的提出

早期的局域网使用集线器将设备连在一起。然而，在以太网环境中，当更多的工作站连接到集线器时，流量就会增加。这样，在一些结点上，网络竞争的加剧足以导致网络性能的退化。这是因为集线器连接的设备全部共享同一个"冲突域"。基于集线器的网络所产生的每一帧都能被网上的其他设备看见，并且所有的设备都在竞争逐渐减少的为整个网络共享的带宽，如图 2.22 所示。

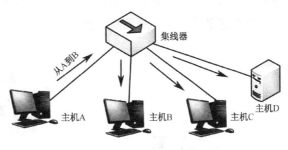

图 2.22　冲突域

为解决冲突域问题，提高网络的整体性能，可用网桥来隔离网段中的流量。网桥根据帧地址进行过滤和转发帧，从而建立了分离的冲突域。然而，网桥也存在一些问题，如一个结点请求硬件地址这样的广播帧会淹没网络。这种广播风暴可以导致后台阻塞，从而降低网络性能，即在网桥建立分离的冲突域的同时，桥接网络上的所有设备共享同一个"广播域"。

为解决广播域的问题，人们引入了路由器，为子网之间的信息提供路由。路由器建立分离的广播域，因为它们可以根据包头的逻辑网络地址决定是向网络的另一部分转发包还是将包隔离在发出包的子网中。路由器也提高了网络的整体带宽和性能。遗憾的是，路由器需要较多的时间处理每个包，因为它们必须使用软件来评价整个帧和包头（在第 2 层和第 3 层），而软件处理的速度要比由网卡这样的硬件处理的速度慢。

这样，虽然路由器提高了网络的整体带宽，但是由于在网络层软件处理包时需要较多的时间，因此造成了设备到设备的性能问题。这个处理过程可能花费长达 $200\,\mu s$ 的时间。包延迟对不同的包可能差异很大，这取决于路由器的处理能力以及经过路由器的流量。

以太网交换机用于在数据链路层提高网络性能。目前这些第 2 层交换机已被广泛地应用于网络中，与路由器一起使用。特别是如图 2.23 所示那样，通过像网桥一样隔离流量，建立分离的冲突域，交换机提高了网络的性能。

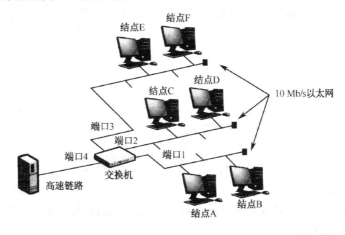

图 2.23　交换式网络

然而，与网桥一样，交换机不能摆脱广播的牵制。网桥和交换机都转发广播帧，这样就造成了附加的后台流量。交换机厂商已经实现了采用虚拟局域网（VLAN）来封闭广播流量，然而由于 VLAN 技术较为复杂，又有专利权的限制，所以这并不总是理想的方案。

对网络设计者而言，另一个整体上的问题是子网之间的流量猛增。在如今的网络环境中，传统的 80/20 原则（80%的流量停留在局部子网，只有 20%的流量会穿过主干网到达一个远端网络）已经不再适用。图 2.24 示意了这个经验法则。随着 Internet、Intranet 和 Extranet 流量的增长，越来越多的流量穿越子网边界。

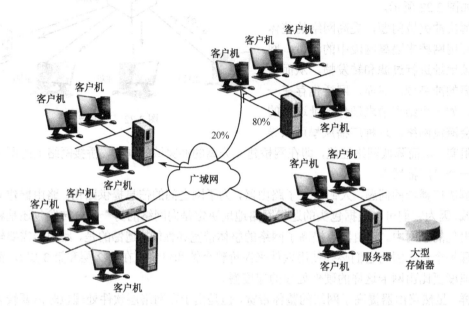

图 2.24 80/20 原则

也就是说，不管网络设计者多么努力，也会有越来越多的流量穿过主干网。交换机可以非常快地引导这些流量，但由于它们允许网络范围内的广播通过，因此降低了网络性能。路由器在隔离广播上做了大量的工作，但它们基于软件的处理付出了速度上的昂贵代价。为解决这个问题，网络专业人员需要一种新的设备，它同时具有交换机的速度和路由器的广播隔离作用。

第 3 层交换技术

将第 2 层交换技术和第 3 层路由技术有机结合起来，可提高第 3 层报文的处理速度。这种技术就是第 3 层交换技术（Layer 3 Switching，L3S）。第 3 层交换机与路由器的关系就像交换机与网桥的关系。第 3 层交换机通常提供如下功能：

- ▶ 数据包转发——一旦源结点到目的结点之间的路径确定，第 3 层交换机就将数据包转发给它们的目的地址；
- ▶ 路由处理——路由处理包括在第 3 层交换机内部通过路由协议（如 RIP 和 OSPF）建立和维护路由表；
- ▶ 安全服务——出于安全考虑，第 3 层交换机还可提供其他服务，如防火墙包过滤；

▶ 特殊服务——第 3 层交换机所提供的特殊服务包括帧和包的封装和拆分，以及流量的优先化。

TCP/IP 上的第 3 层交换技术也称为 IP 交换技术或"高速路由技术"等，它利用第 2 层交换技术传送 IP 分组的一组协议和机制，利用交换机的高带宽和低延迟优势来尽可能快地通过网络传送分组。第 3 层交换技术实质上是路由技术与交换技术的结合，即"路由一次，交换多次"。第 3 层交换本质上是一种非常高速的路由。

第 3 层交换技术通过与硬件结合实现数据的高速转发，突破了传统路由器的接口速率限制，但需要把大型网络按照部门及地域等因素划分成各个子网。为此需要网际互访，而单纯地使用第 2 层交换机不能实现网际互访。如果单纯地使用路由器，由于接口数量有限和路由转发速度较慢，将限制网络的速度和网络规模；因此，采用具有路由功能和快速转发功能的第 3 层交换机就成了首选。第 3 层交换机对那些更需要速度（而不是可管理性和安全性）的应用（如内部网络主干）来说是一种最佳选择。然而，当某些应用需要对性能和安全性（如 Internet 接入）能更好地进行控制时，路由器仍然是最好的一种选择。

第 3 层交换技术实例

第 3 层交换技术因网络设备提供商的不同而有所差异。用于在子网之间交换包的产品很多，然而只有专用交换、逐包交换两个概念性的技术被用于第 3 层交换机。

1. 专用交换

不同厂家的专用交换方法各有特点。在绝大多数情况下，这些产品处理第一个包，然后在一个包序列中预测其余包的目的地址。当包序列的目的地址确定以后，后来的包就享有与第一个包相同的权限，绕开了第 3 层的处理，整体上加快了处理过程。这些后来的包，视具体实现情况被第 2 层或第 3 层转发。

2. 逐包交换

顾名思义，逐包交换发生在网络层，每个单独的包根据其网络地址被转发到最终的目的地址，网站设备通过路由信息协议（如 RIP 和 OSPF）来了解网络的拓扑结构和进行路由变更。

逐包交换是一种具有路由能力的极高速包交换；因为其功能是由硬件实现的，也就是使用专用集成电路（ASIC）而不是路由软件来实现的。然而，这也意味着每个设备采用的是硬件固化形式来交换特定的第 3 层协议（如 IP）。

第 3 层交换机配置实例

第 3 层交换机可以在很多情况下使用。在图 2.25 所示的配置实例中，一个标准路由器在基于 IP 的网络里被用作紧缩的主干。这个网络由 3 个服务器（组）、Internet 连接和广域网（WAN）连接构成，可为 800 台台式计算机提供服务。

在图 2.25 中，标准路由器不仅仅是连接的中心点，而且是网络的瓶颈。通常的性能指标大约是 200～300 kPPS（PPS：包每秒）。然而，这样的一个网络能在流量巅峰时刻轻易地达到 500～600 kPPS。

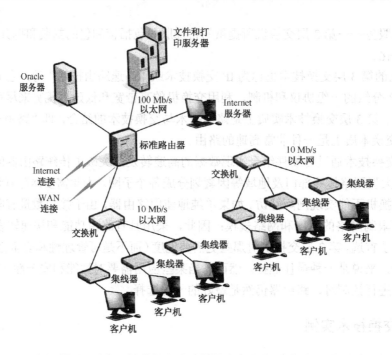

图 2.25　标准路由器配置实例

在图 2.26 所示的配置实例中,增加了一个第 3 层交换机,这种配置能在提高网络的整体性能的同时依然提供图 2.25 配置所提供的功能。另外,因为第 3 层交换容量的增加,服务器和工作站交换机之间的连接性能也得到了提高,其性能指标平均能达到 1 MPPS。

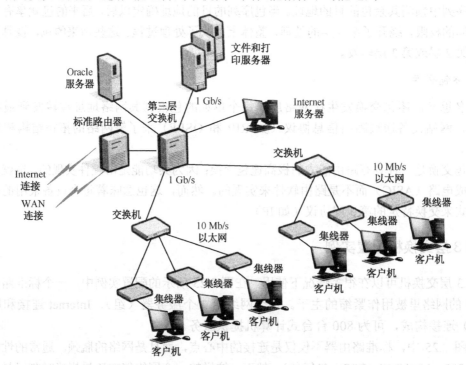

图 2.26　第 3 层交换机配置实例

多协议标签交换

多协议标签交换（MPLS）是指将第 2 层交换功能与第 3 层路由功能结合在一起的一种技术。它在 IP 路由和控制协议的基础上提供了面向连接的交换，也属于第 3 层交换技术。由于 MPLS 可以支持多种网络层的协议，提供多种协议的接口，如 IPv4、IPv6、帧中继、资源预留协议（RSVP）和开放最短路径优先（OSPF）等，并支持第 2 层的各种协议，而并不是针对某一种链路的技术，因此称它是"多协议"的。

MPLS 使用固定长度的标签（Label）作为数据转发的依据，它将所有可能收到的报文划分为一系列的转发等价类（FEC），每个 FEC 都被映射到一个下一跳地址。MPLS 为所有进入 MPLS 网络的报文建立标签，划分 FEC。在 MPLS 的转发中，一旦一个报文被分配一个 FEC，后续的路由器都将不再进行进一步的报头分析，所有的后续转发工作都由标签驱动。MPLS 基于标签进行快速流交换，实现了更高效的转发效果。

MPLS 网络与传统 IP 网络的不同之处，主要在于 MPLS 域中使用了标签交换路由器（LSR），域内部 LSR 之间使用 MPLS 协议进行通信，而在 MPLS 域的边缘，由 MPLS 边缘路由器进行与传统 IP 技术的适配。

交换机上一般有 3 种 MPLS 操作模式，即目标-IP 模式、源-目标-IP 模式和 IP-流模式，这些模式将决定在流形成后需要检查哪些字段。如果将 MPLS 配置为目标-IP 模式，则只需检查目的 IP 地址，查看在 MPLS 缓存中相匹配的 IP 地址；源-目标-IP 模式则检查源地址和目的 IP 地址；IP-流模式不仅要检查源 IP 地址和目的 IP 地址，而且还要检查堆栈头部源端口和目的端口数目。具体操作模式决定于路由器上是否配置了访问列表，以及所使用的是哪种类型的访问列表，如表 2.1 所示。

表 2.1　3 种 MPLS 操作模式

访问表的类型	MPLS 模式	性　能
没有配置访问表	目标-IP 模式	最好
标准 IP 访问表	源-目标-IP 模式	较好
扩展 IP 访问表	IP-流模式	最差

高层交换技术

随着交换技术的发展，陆续出现了第 4 层、第 7 层等高层交换技术。高层交换有助于实现 LAN 和 WAN 的桥接。随着全球信息化的发展，LAN 和 WAN 的边界越来越模糊，高层交换技术为网络的未来扩展奠定了基础。

第 4 层交换是一种基于策略的路由，它位于 OSI 参考模型的第 4 层，使用的是第 4 层信息。它不仅可以依据 MAC 地址（第 2 层网桥）或源/目的 IP 地址（第 3 层路由），而且可以依据 TCP/UDP（第 4 层）应用端口号决定数据的传输。

- ▶ 第 4 层交换可以根据应用进行流量排队，为基于规则的服务质量（QoS）机制提供一条可操作的途径；
- ▶ 第 4 层交换提供了以应用为基础配置网络的工具；
- ▶ 第 4 层交换提供附加的硬件手段，以每个端口为基础收集应用层的流量统计；

- 第 4 层交换设备从头至尾跟踪和维持各个会话,是真正的"会话交换机";
- 第 4 层交换技术主要用于"负载均衡"。

第 4 层交换机是用于高速 Intranet 应用的,支持 100 Mb/s 或千兆端口。

第 7 层交换技术又称为智能交换技术,是以内容为主的交换技术,可以实现有效的数据流优化和智能负载均衡。其中报文的传输决策不仅依据 MAC 地址、源/目的 IP 地址和 TCP/UDP 端口进行,而且可以根据报文内容进行。目的结点可以打开所接收到的报文,根据内容来决定负载均衡策略。这种基于内容的处理更具有智能性,其交换的不仅仅是端口,还包含了内容,现在通常将其称为"应用认知"技术。

练习

1. 列出网桥和交换机的相应特点,包括相似性和不同点。
2. 交换机的一种类型是"存储转发型"。说出另外一种类型的交换机,包括它的其他名称。
3. 解释"端口缓存"的含义,说明当一个交换机的端口缓存满了以后会出现什么情况。
4. 说明一个使用设备交换的交换机是如何消除冲突域的。
5. 第 2 层交换设备和第 3 层交换设备有什么不同?
6. 第 3 层交换设备和路由器有什么不同?
7. 列出第 3 层交换机的 3 种功能。
8. 第 3 层交换是否能提供广播抑制?请解释。

补充练习

1. 使用 Web 浏览器,查看最新的交换机产品;列出一些技术细节,如速率、支持的端口数及感兴趣的任何其他特性或增值功能。
2. 使用 Web,查找有关第 3 层交换技术的信息,简要总结该技术是如何工作的。

第四节 路 由 器

路由器工作在 OSI 参考模型的网络层,是一种用于实现异构网络连接的互连设备。路由器操作数据包(数据报)并且以该包头部中的网络地址作为选择路由的基础,其主要任务是为从源计算机发出的通过网络到目标计算机的数据包寻找最佳路径。

路由器是根据目的地址转发数据包的。但路由器与第 3 层交换机不同,它不只是简单地把数据包转发到不同的网段,还使用详细的路由表和复杂的软件来选择最有效的路径,从一个路由器到另一个路由器,从而穿过大型的网络。

学习目标

- 熟悉路由器的基本组成与工作原理,以及路由器是如何使用路由表的;
- 了解静态路由和动态路由的区别;
- 初步掌握路由器确定最优路径的两种动态路由算法,并能描述它们的不同。

> **关键知识点**
>
> ▶ 路由器工作在 OSI 参考模型的网络层，是异构网络连接的互连设备，通过它可以实现局域网和广域网的互连。

路由器的基本组成

路由器是网络互连的最关键的设备，用于为信息流或数据报选择路由。路由器能将异构网络连接起来，实现使用不同协议的网络之间的数据转换，适用于连接复杂的大型网络。

从设备架构来看，IP 路由器经历了 CPU 集中式处理、CPU 分布式处理、CPU/ASIC 协同处理、NP/ASIC 协同处理 4 个发展阶段。从设备转发能力来看，单板卡处理能力从 2.5 Gb/s 开始，经历了 10 Gb/s、40 Gb/s、100 Gb/s 和 400 Gb/s 的发展；从设备形态来看，有单机、背靠背与集群等多种类型。在芯片、背板与集群等技术的推动下，IP 路由器的性能不断提升，种类也变得非常之多。

事实上，路由器就是一台特殊用途的计算机，它与平常使用的计算机类似，由硬件系统和软件系统两大部分组成。其中，硬件系统主要包括中央处理器（CPU）、各种存储器[包括只读存储器（ROM）、随机访问存储器（RAM）、闪存（Flash）和非易失性随机存储器（NVRAM）等]、物理接口、系统总线、电源和金属机壳等；软件系统主要由互联网操作系统（Internet Operation System，IOS）、运行配置文件和启动文件三部分组成。吞吐量、延迟和路由计算能力等，是衡量路由器性能的重要指标。

从功能的角度看，一种典型的路由器组成结构如图 2.27 所示。从中可以看出，整个路由器主要由输入端口、交换结构、路由表、路由处理器、输出端口等部分组成。

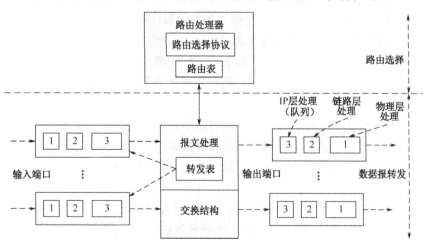

图 2.27 典型路由器的组成结构

输入端口

输入端口是物理链路和输入数据报的入口，通常由线卡提供，一块线卡一般支持 4 个、8 个或 16 个端口。输入端口具有以下功能：一是进行数据链路层的封装和解封装；二是在转发表中查找输入数据报的目的地址以决定目的端口,称为路由查找,这可以使用一般的硬件来实现,也可以通过在每块线卡上嵌入一个微处理器来完成;三是提供服务质量(QoS),即把所收到的数据报分成几个预定义的服务级别;四是运行串行线网际协议(SLIP)和点对点协议(PPP)或者点对点隧道协议(PPTP)等。一旦路由查找完成,必须用交换结构将数据报送到其输出端口。如果路由器是从输入端加入队列的,就会有几个输入端共享同一个交换结构。这样,输入端口的最后一个功能是参加对公共资源(如交换开关)的仲裁。

交换结构

交换结构用于连接多个网络接口,在路由处理器的控制下提供高速数据通路。IP 数据报由输入端口到输出端口的转发,是通过交换结构开关实现的。可以使用多种不同的技术来实现交换开关。迄今为止,使用最多的交换开关技术是总线交换、交叉开关交换和共享存储器。最简单的交换开关使用一条总线来连接所有输入和输出端口,但总线开关的缺点是其交换容量受限于总线的容量以及为共享总线仲裁所带来的额外开销。交叉开关通过开关提供多条数据通路,具有 $N×N$ 个交叉点的交叉开关可以被认为具有 $2N$ 条总线。如果一个交叉点闭合,输入总线上的数据在输出总线上就可用,否则不可用。交叉点的闭合与打开由调度器来控制,因此调度器限制了交叉开关的速度。在共享存储器路由器中,进来的数据报被存储在共享存储器中,所交换的仅仅是数据报的指针,这就提高了交换容量;但是,开关的速度受限于存储器的存取速度。尽管存储器容量每 18 个月能够翻一番,但存储器的存取时间每年仅降低 5%,这是共享存储器交换开关的一个固有限制。

路由表

路由器的工作是寻找从源地址到目的地址转发数据包的最佳路径。因为网络之间通常有不止一条路径,那么路由器如何才能知道哪一条路径最佳呢?

网桥或交换机检查从与之相连的网段所发出的所有帧,而路由器只接收从末端工作站(源地址)或另一个路由器发给它的数据包。这表明,路由器比第 2 层的设备要做出更多的决定,并且为了做出选择,它们需要更多的信息。这些额外的信息(可能包括传输包开销的数据),保存在每个路由器的数据库中。

这个数据库称为路由表,它不同于网桥里的简单的地址数据库,其主要区别在于:路由表包含了任一数据包通过网络从源地址到目的地址所能够采用的路径(或路由)的详细信息,其中包含路由器间的距离(以跳步为单位)、包的大小、可用的线路速度、一天中有数据包的时间及协议等信息。

路由表可以静态建立,也可以动态建立。通常,首先建立的是一个初始路由表(有时通过启动时从存储器中读取初始路由表来完成),该表包含通过网络到达每个网段的每条可能路径的数据库。初始路由表中的信息由网络管理员提供,可能包含与该路由器所连接的网络有关的信息,也可能是一些到达远端网络的路由信息。一旦初始路由表驻留在存储器中,路由器就必须对其连接的拓扑结构的变化做出反应。

如果路由协议只支持静态路由,那么网络管理员必须手动建立初始路由表。当拓扑结构改变时,每个路由器的路由表也必须通过手动进行更改。

绝大多数高层协议支持动态路由,即每个路由器自动建立它自己的路由表。动态路由算法自动对网络拥塞或网络拓扑结果的变化做出反应。为了实现这一点，每个路由器发送含有关于自己面向路径的信息的特殊包，其他的路由器使用这些包来增加或删除它们路由表中的条目。动态路由是目前最通用的方法，所以下面的讨论集中在动态路由方面。

每个路由器在发现自己的网络连接发生改变时会广播信息。例如，它的一个端口可能连接了新的网络，或者另一个端口可能不再起作用。

每个路由器所传输的路由信息的数量差别巨大，例如有的只简单地增加条目，有的要传输整个路由表；这些信息必须发送到的路由器的数量也不相同。对于上述两种情况，其差别主要依赖于协议以及所使用的路由算法类型。

由于路由器彼此交换路由表信息，所以它们产生额外的网络流量。然后，为了计算每个数据包的起点、终点和最佳可用路径，额外的处理也是必要的。这样，多数协议利用有效时间（Time-to-live）算法，丢掉那些走得太远或经过了太多路由器的数据包，以防止过时或重复的包拥塞网络。

路由处理器

路由处理器执行路由协议，维护路由信息与路由表，并执行路由器中的网络管理功能；同时，它还处理那些目的地址不在路由表中的数据包。

经典的路由器是基于软件的，在 CPU 的控制下，IP 根据路由表实现数据包转发等功能。路由表是路由器中一个非常重要的数据结构，它包含了 IP 数据报转发路径的正确信息，在路由处理模块和转发引擎之间起着承上启下的作用。在转发引擎的控制下，数据包从输入端口经过交换开关送到输出端口。

无论在中低端路由器中还是在高端路由器中，路由处理器都是路由器的心脏。通常在中低端路由器中，路由处理器负责交换路由信息、查找路由表及转发数据包，路由处理器的能力直接影响路由器的吞吐量（路由表查找时间）和路由计算能力（影响网络路由收敛时间）。在高端路由器中，分组转发和查表通常由 ASIC 芯片完成，路由处理器只实现路由协议、计算路由和分发路由表。路由处理器的性能并不能完全反映路由器性能。路由器性能由路由器吞吐量、延迟和路由计算能力等指标体现。

输出端口

输出端口负责在数据报被发送到输出链路之前对数据报进行存储，可以实现复杂的调度算法以支持优先级等要求。与输入端口一样，输出端口同样需要支持数据链路层的封装和解封装，以及许多较高级的协议。

目前，多媒体信息流量迅速增长，速率高、延迟小的传输业务的大量出现，给路由器带来了巨大的负担和压力，使之成为某些高速通信的瓶颈。

高速路由器可分为吉位交换路由器和太位交换路由器。目前，商品化的交换路由器的交换带宽可高达 25 Gb/s，支持 1 G/10 Gb/s 的以太网接口和 OC3/12/48/192 等 POS（Packet over SDH）接口，延迟和延迟抖动可达微秒量级。另外，高性能交换路由器还通过优先级控制等措施，正在从尽力而为的服务向提供 QoS 的服务发展。

路由器的工作原理

在 OSI 参考模型中,路由器也称为中间系统。路由器主要完成网络层中继的任务,其功能如下:①数据包转发和路由选择;②建立、实现和终止网络连接;③在一条物理数据链路上实现多条网络连接的复用;④差错检测与恢复;⑤排序、流量控制;⑥服务选择;⑦网络管理。

数据包转发

路由器可以连接不同结构的网络,因为它通过剥掉帧头和帧尾可以获得里面的数据包。如果路由器需要转发一个数据包,它将用与新的连接所使用的数据链路层协议一致的帧重新封装该数据包。例如,路由器从局域网的路由端口上接收到一个以太网帧,抽取出包,然后构建一个帧中继的帧,再将新的帧从连接到帧中继网络的路由端口发送出去。数据包转发如图 2.28 所示,在每次路由器拆散和重建帧的过程中,帧中的包保持不变。

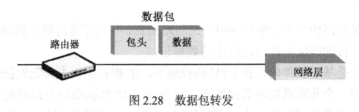

图 2.28 数据包转发

路由器是根据目的地址转发数据包的。与网桥或交换机类似,一个路由器可以有若干端口,分别连接一个网络或另一个路由器。路由器检查每个数据包头部以找出该包的目的逻辑网络地址,然后在其内部路由表中查找这个地址。路由表与网桥表相似,其中的每个地址都对应一个路由端口。路由器使用这些信息来决定使用哪一个端口传输它。如果数据包是发往不直接与路由器相连的网络的,该路由器就把这个包转发给另外一个离最终目标更近的路由器。每个路由器根据其路由表中的信息来判定是直接发送数据包还是将它转发给另一个路由器。

路由选择

当数据包到达路由器时,路由器检查该包的网络层目的地址,并决定哪条路径是可以选用的最优路径。最优路径的确定依赖于多种因素,但主要因素有两种:一是所使用的距离尺度,即度量路由长度的单位;二是所采用的路由算法。

从距离上讲,通过网络的最优路径应该是最短的路径。但在大多数情况下,两点之间地理上的距离不是计算网络路径的最优路径,因为它并不能很好地反映信息的真实传输方式,也没有考虑其他的重要因素,如不同连接的速度。因此,纯粹的物理距离很少用来计算最优路径。

相反,路由器普遍采用跳步数作为路由长度单位来计算最优路径。使用这种尺度,路由器根据每条路径上两个路由器间传递(跳步)的数目来计算最优路径。图 2.29 示出了在多路由器环境中所需跳步数的一个例子,表 2.2 和表 2.3 则分别示出了路由器 A 和路由器 B 的路由表。每个路由器根据其他路由器传来的信息动态地扩展自己的路由表,以涵盖通过其他路由器可到达的所有网络。

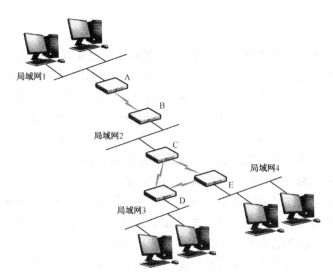

图 2.29　多个局域网的路由

表 2.2　路由器 A 的路由表

目的地址	下一个跳步路由器	跳步数
局域网 1	连接	0
局域网 2	B	1
局域网 3	B	3
局域网 4	B	3

表 2.3　路由器 B 的路由表

目的地址	下一个跳步路由器	跳步数
局域网 1	A	1
局域网 2	连接	0
局域网 3	C	2
局域网 4	C	2

路由器 A 的路由表可以解释如下：
- 要从路由器 A 到局域网 1，不转发数据包（局域网是直接连接的）；
- 要从路由器 A 到局域网 2，将数据包转发给路由器 B，到局域网 2 有 1 个跳步的距离；
- 要从路由器 A 到局域网 3，将数据包转发给路由器 B，到局域网 3 有 3 个跳步的距离；
- 要从路由器 A 到局域网 4，将数据包转发给路由器 B，到局域网 4 有 3 个跳步的距离。

路由器 B 的路由表可以解释如下：
- 要从路由器 B 到局域网 1，将数据包转发给路由器 A，到局域网 1 有 1 个跳步的距离；
- 要从路由器 B 到局域网 B，不转发数据包（网络是直接连接的）；
- 要从路由器 B 到局域网 3，将数据包转发给路由器 C，到局域网 3 有 2 个跳步的距离；
- 要从路由器 B 到局域网 4，将数据包转发给路由器 C，到局域网 4 有 2 个跳步的距离。

用同样的方法可以配置路由器 C 和路由器 D 的路由表。在这个方案下，最优路径定义为需要最少跳步数的那条路径。

路由算法

"最短路径"的度量没有考虑其他的重要变量，如经济上的费用、线路速度和传输延迟等。为了解决这一问题，人们提出了更全面的路由度量尺度来反映这些变量。每个网络的路由器如何收集和计算这些尺度依赖于该网络所采用的路由算法。常用的动态路由算法主要有距离向量算法（DVA）和链路状态算法（LSA）。

1. 距离向量算法

距离向量算法（DVA）主要用于 TCP/IP 支持的路由信息协议（RIP）。DVA 基于含有路由器间全部跳步数尺度的共享路由表。每个路由器根据它到邻居的每一条连接计算这个尺度并且建立一个路由表，列出通过每个相邻的路由器到每个目的地址的总跳步数。一个 DVA 路由表能够告诉路由器：网络通过端口 1 有几跳步远，通过端口 2 有几跳步远。然而该路由表无法告诉路由器关于网段如何连接或每条路径的速度和开销等的任何信息。

当路由器发现一个端口连接发生改变，或从邻接路由器接收到更新信息时，它重新度量或计算跳步数并且更新其路由表，然后向所有的邻居广播整个新路由表。这样，每当网络配置发生变化时，路由器都要通过网络传递整个新的路由表，导致收敛缓慢。收敛是指从网络发生变化开始到所有的路由表都被更新并且所有的路由器都同意新的度量为止的时间间隔。大型网络比小型网络收敛得慢，因为它有更多的路由表需要更新。

某个路由器中路由表的变化可能导致一系列的更新。这个信息要到达所有的路由器，可能需要相当长的时间。由于其中路由信息扩散缓慢，DVA 可能会收敛很慢。一个收敛缓慢的网络将占用更大的带宽，同时导致响应速度下降，甚至丢失会话。

DVA 还可能造成与桥接网络中活动环路类似的路由回路。当到达同一地址的多条路径导致一个路由表的更新信息返回到发出它的路由器时，就形成路由回路。该路由器会将这些数据错误地理解成邻居发出的更新，从而重复整个更新过程。路由回路会导致路由表的更新在网络中多次传输。

2. 链路状态算法

链路状态算法（LSA）是为克服 DVA 的不足而设计的，主要用于 TCP/IP 支持的开放最短路径优先（OSPF）协议。LSA 与 DVA 有许多不同之处。在 LSA 中，路由器依然广播更新的路由表信息。然而，它只广播路由表的变化部分而不是整张表，从而保存了带宽。LSA 的路由表中包含了网段之间如何连接的信息。当每个路由器检测到自己局部连接的拓扑结构发生改变时，就将其连接信息广播给路由域中的所有其他路由器；所有路由器使用该信息学习整个网络的拓扑结构，然后用所学到的知识计算到达各个目的网络的距离。也就是说，所有的路由器都维持与网络一致的视图，从而消除了环路以及对网络情况变化调整缓慢的问题。LSA 能够从剩余网络中隔离出一部分，这样可以将链路状态的更新限制在一定的区域内，从而减少通过主干网的流量。

LSA 与 DVA 的最大区别反映在它们的路由数据库上。所有的路由算法都使用某种尺度来选择到达目的地址的最优路径。但是，不同的算法使用不同的尺度。例如，DVA 检查所有到达目的地址的路由器，并选择具有最少跳步数（距离）的路由作为最佳路径。与此不同的是，LSA 根据跳步数、传输延迟、线路容量和为管理而定义的距离等尺度来综合地决定最佳路径。

练习

1. 每个路由器自动生成和维护自身路由表的技术称为（   ）。
2. （   ）在两种不同的协议中转换数据。
3. （   ）是向远程网络上的所有主机提供访问的路由器。
4. （   ）协议允许主机使用网络地址以得到网卡的物理地址。

5. （　　）是指一组私有网络和路由器（如一个 ISP）。
6. （　　）是指同步更新网络中所有路由表的过程。
7. （　　）是一种在公用网络和私有网络之间控制访问的设备，通常由路由器实现。
8. （　　）是连接到 TCP/IP 网络的任何计算机系统。
9. （　　）代表由于路由器处理包而引入的传输延迟。
10. 动态路由需要网络管理员支持路由表信息。判断正误。
11. 路由器更新路由表的一种方法，是将其更新信息广播到它的网络连接上，以便通知所有邻居路由器。判断正误。
12. 使用 DVA 的路由器存储代表到目的网络所要经过的中间结点数目的代价度量。判断正误。
13. 静态路由表由于其稳定性，可在路由器中广泛应用。判断正误。
14. 路由器使用"有效时间（Time-to-live）"的值来决定在转发一个包之前将其保留的时间。判断正误。
15. 一个使用动态路由技术的路由网络，使路由器可以更快地为包处理路由。判断正误。
16. 路由算法的两种类型是 DVA 和 RIP。判断正误。

补充练习

1. 利用 Web 查看两种以上路由器产品的技术规范。对每个厂商都查找其低端和高端路由器，特别注意其所支持的网络和路由协议，以及路由器处理速度方面的信息；总结所查找的结果。
2. 使用搜索引擎，查找路由协议中和路由网络中"收敛"的概念，列出至少 3 条学习心得。

第五节　网　　关

网关是最复杂的网络互连设备。术语"网关"在计算机网络中有两种用法。当讨论通用网络设计时，网关也叫协议转换器，这类网关在两种不同类型的协议结构中转换数据，通常用于 OSI 模型的第 3 层和更高层。但是，网络专业人员也用"网关"这个术语来指那些用来连接专用网络和公用网络（通常是 Internet）的路由器。为了实现异构型设备之间的通信，网关要对不同的传输层协议、会话层协议、表示层协议和应用层协议进行翻译和转换。

学习目标

▶ 了解协议转换的要求；
▶ 了解网关的复杂性。

关键知识点

▶ 协议转换必须考虑两个协议之间的异同；网关能够对不兼容的高层协议进行转换。

网关的组成与主要功能

网关可以做成单独的产品，也可以做成电路板并配合网关软件以增强已有的设备，使其具有协议转换功能。箱级产品性能好，但价格昂贵；板级产品可以是已有的也可以是非专用的（兼有其他功能）。有时，并不区分路由器和网关，即把网络层及其以上层进行协议转换的互连设备统称为网关。

网关主要用作协议转换器，连接网络层之上执行不同协议的子网，以组成异构性的互联网。如前所述，网桥和路由器可以用在通信体系结构不同的网络之间。然而，它们不能连接那些使用不同网络体系结构的结点。例如，TCP/IP 结点可以和其他 TCP/IP 结点通信，即使一个 TCP/IP 结点在以太网上而另一个 TCP/IP 结点在令牌环网上。但是，TCP/IP 结点不能和 SNA（IBM 系统网络体系结构）结点通信。协议转换器（网关）可将网络传输格式从一种网络体系结构转成另一种体系结构。一个典型实例是，一个结点将 OSI 面向消息的正文交换系统（MOTIS）邮件转换成简单邮件传送协议（SMTP）邮件，以便采用 TCP/IP 发出。

协议转换器必须在数据链路层之上的所有协议层都运行，并且要对连接终端在这些协议层上的进程透明。图 2.30 示出了一个 TCP/IP 和 SNA 通过与 OSI 相互对应而彼此通信的一个例子。显然，这不是一个精确的匹配。从图 2.30 中可以看出：

▶ 协议层不完全对应，因此不能独立地进行转换。与此相反，协议转换器必须将各层报头信息集成起来进行转换。例如，将 IP 转换为 SNA 路径控制协议时，IP 的各元素必须在 SNA 传输控制中得到体现。

▶ 协议层不全。例如，协议控制器必须考虑功能管理协议，而在 TCP/IP 中没有这个协议层。

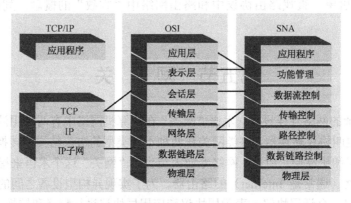

图 2.30　TCP/IP 与 SNA 的对应关系

如图 2.31 所示，协议转换任务与数据流有着内在联系。协议转换器（网关）从 TCP/IP 端收到包后，必须把它们转换成 SNA 端的基本信息单元（BIU）。为做到这一点，协议转换器必须删除每个数据报的头，并为基本链接单元（BLU）、路径信息单元（PIU）和请求/响应单元（RU）构造新的报头。

协议转换器还必须完成路由器的功能，维持整个网络地址的一致性。如果不同网络的地址格式不同，协议转换器（网关）也必须转换它们。

协议转换是一个软件密集型过程，必须考虑两个协议栈之间特定的相似性和不同之处。因此，有多少种通信体系结构和应用层协议的组合，就可能有多少种网关。

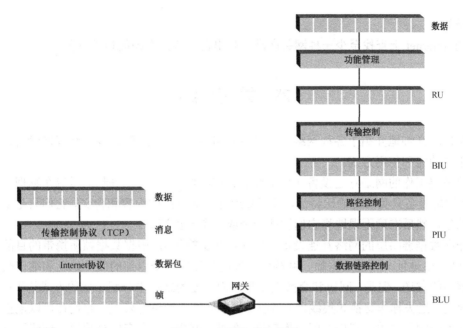

图 2.31 网关和协议格式

网关和远程访问

"网关"或"远程访问网关"被用来描述连接专用网络和公用网络的路由器。例如，Internet 路由器通常被称为网关，网关可用于连接到局域网的多个用户，如图 2.32 所示。

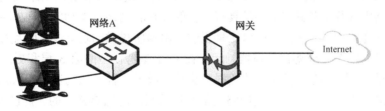

图 2.32 网关和远程访问

练习

1. 由于网关负责协议转换，所以它是连接两种不同网络体系结构的有效方式。判断正误。
2. 网关对于帧/数据包处理的延迟比路由器大。判断正误。
3. 依据其操作，网关可能包括 OSI 参考模型的所有 7 层。判断正误。
4. "网关"一词也指用于远程 Internet 访问的路由器。判断正误。
5. 描述使用网关在不同的网络体系结构（如 TCP/IP 和 SNA）中执行协议转换操作时的一些问题。

补充练习

1. 使用自己最喜欢的搜索引擎，查找早期的指代路由器的 RFC 术语"网关"，并总结所查找的结果。

2. 在 Internet 上查找至少一种网关产品,列出自己认为有趣的技术规范。

本 章 小 结

本章比较详细地介绍了各种网络互连设备的组成和工作原理,以及网络互连设备在网络互连中的主要功能和使用方式。

在物理层工作的网络互连设备(如中继器和集线器),负责二进制信号流在物理介质上的传输。物理层设备只负责传输比特流,并不知道这些比特流的内容和含义。它们只是从输入端口接收信号,然后准确无误地将它们发往一个或多个输出端口。

工作在数据链路层的网络互连设备(如网桥和交换机),根据数据帧所携带的目的结点硬件地址(MAC 地址)转发数据帧。网桥和交换机都使用一个内部的硬件地址和端口映射表来决定数据帧的发送。但是,网桥和交换机在与它们相连的结点中分配带宽的方式是不同的。以太网交换机(过去称作交换式集线器)依据 MAC 地址对帧进行转发。它们在可以连接到单独的结点或整个网段的单个端口之间交换数据。在以太网中,每个交换机端口都创建了一个独立的冲突域。当一个结点发送帧的时候,该帧被所有连接到相同交换机端口的结点"看见",所有连接到目的端口的结点也可以"看见"它。但是,其他端口的结点接收不到该帧。在局域网中使用交换技术,与其让所有的用户共享整个总线,不如使每个用户可以得到更多的共享带宽,这是该技术的主要优点。随着带宽需求的不断增长,交换机越来越多地应用于集中式干线拓扑结构。

路由器、第 3 层交换机和网关都是工作在 OSI 参考模型第 3 层的网络互连设备。路由器为数据包在网络中寻找最佳路径,并且具有丰富的安全和网络管理功能。第 3 层交换机本质上是一种简单的高速路由器。它们之所以比真正的路由器所提供的功能少,是因为它们多数的功能固化在硬件里。网关(或协议转换器)运行在 OSI 参考模型的第 3 层和更高层。它是一种软件密集型的设备,用来将一种协议的数据报头转换成另一种协议的数据报头。虽然这使其速度相对减慢,但在连接那些使用不同网络通信协议的网络时它是必需的。提供 Internet 连接的路由器也叫网关,因为它们在专用网络与 Internet 之间提供一个"外部网关"。

工作在 OSI 参考模型第 3 层的几种网络互连设备,其中路由器在今天的网络中最为重要。路由器可以建立防火墙,保护局域网(LAN)的一部分不受来自其他部分的侵害,或保护局域网不受来自公用网络,如 Internet 的侵害。Internet 本身是一个巨大的路由器网络,这些路由器组成自治系统,使用 IP 进行通信。因此,理解路由器是理解 Internet 功能的基础。

最后,值得一提的是,人们的习惯用语有时有些模糊不清,所以并不能像依据网络协议层的概念那样明确地划分各种网络互连设备。有时并不区分路由器和网关,而把在网络层及其以上层进行协议转换的网络互连设备统称为网关。另外,各种实际产品提供的互连服务多种多样,因此,也很难单纯地按名称来识别某种网络互连设备。有了以上关于网络互连设备的概念,对了解各种网络互连设备的功能并将其用于网络互连是非常有益的。

小测验

1. 使用中继器的主要目的,是要在网络中添加更多的设备。判断正误。

2. 中继器不能在局域网网段之间起到信号隔离的作用。判断正误。
3. 网桥的两种主要类型是（   ）。
   a. 透明网桥和路由网桥   b. FDDI 网桥和以太网网桥
   c. 以太网网桥和令牌环网网桥   d. 令牌环网网桥和 FDDI 网桥
4. 当网桥收到一个数据帧时，如果不知道目的结点在哪个网段，它必须（   ）。
   a. 在输入端口上复制该帧   b. 丢弃该帧
   c. 将该帧复制到所有端口   d. 生成校验和
5. 过滤一帧是指下列哪种过程？（   ）
   a. 将流量隔离到正确的局域网网段   b. 将该帧转发到正确的输入端口
   c. 将该帧复制到所有的输出端口   d. 丢弃有错误的帧
6. 当一个网桥处于学习状态时，它（   ）。
   a. 向它的数据库中添加数据链路层地址 b. 向它的数据库中添加网络层地址
   c. 从它的数据库中删除未知的地址   d. 丢弃它不能识别的所有帧
7. 生成树算法产生（   ）。
   a. 活动环路   b. 两个网桥之间的一条路径
   c. 两个设备之间的一条路径   d. 被连接设备之间的多条路径
8. 源路由桥接在下面哪种情况下是不能使用的？（   ）
   a. 用网桥连接 3 个局域网网段的令牌环网
   b. 将网桥用作广域网连接的令牌环网
   c. 包含单个环路的 FDDI 网络
   d. 用网桥连接两个局域网网段的 FDDI 网络
9. 在源路由桥接中，负责维护地址信息的是（   ）。
   a. 第一个网桥   b. 最后一个网桥   c. 所有的网桥   d. 发送站点
10. 网桥转发是指（   ）。
    a. 网桥将帧发送到除接收端口外的所有端口
    b. 网桥不复制一帧到另外一个端口
    c. 网桥将帧转换到不同的网络介质类型中
    d. 网桥转换网络中帧的类型
11. 网桥过滤是指（   ）。
    a. 网桥将帧发送到除接收端口外的所有端口
    b. 网桥不复制一帧到另外一个端口
    c. 网桥将帧转换到不同的网络介质类型中
    d. 网桥转换网络中帧的类型
12. 在以下哪种情况下交换机将帧发送到所有的端口？（   ）
    a. 交换机只知道接收帧的目的网卡的位置
    b. 交换机不知道接收数据包的目的网卡的位置
    c. 交换机不知道接收帧的目的网卡的位置
    d. 以上都不是
13. 交换机通过以下哪种方式来增加网络的整体带宽？（   ）
    a. 在发送网段和接收网段之间隔离帧   b. 转发帧到所有的端口

c. 广播帧到所有的端口　　　　　　　d. 丢弃损坏的帧
14. 某些种类的交换机能够消除冲突，这是因为（　　）。
　　　a. 终端设备不能同时发送帧　　　　　b. 交换机有能力缓存帧
　　　c. 更高的带宽可以消除冲突　　　　　d. 虚连接消除了冲突
15. 交换机主要实现下面哪个目的？（　　）
　　　a. 连接两种不同的数据链路层协议　　b. 交换广域网帧
　　　c. 在公司服务器之间提供连接　　　　d. 增加局域网的性能
16. 路由器在 OSI 参考模型的哪一层操作？（　　）
　　　a. 物理层和数据链路层　　　　　　　b. 只在数据链路层
　　　c. 物理层、数据链路层和网络层　　　d. 只在传输层和数据链路层
17. 路由器转发哪种类型的数据单元？（　　）
　　　a. 消息　　　　　b. 帧　　　　　c. 数据包　　　　　d. 比特
18. 路由器可以连接（　　）。
　　　a. 其他网络　　　b. 其他路由器　　c. 交换机　　　　　d. 以上所有
19. 当路由器接收到一个包时，它会（　　）。
　　　a. 根据路由表中的信息选择包的下一站
　　　b. 向网络和所有路由器发送广播，请求网卡信息
　　　c. 从路由表中清除该包的信息
　　　d. 向发送站发送确认信息
20. 路由器选择的最佳路径是基于（　　）进行选择。
　　　a. 到目的网络的跳步数　　　　　　　b. 使用的路由算法
　　　c. 路由网络的体系结构　　　　　　　d. 以上都是
21. 一个数据包要通过的距离由什么来度量？（　　）
　　　a. 该包通过的路由器数目　　　　　　b. 所有的路由器之间的线缆长度
　　　c. 路由器对该包进行路由处理的速度　d. 以上都是
22. 第 3 层交换机在下列哪几层操作？（　　）
　　　a. 网络层、传输层和数据链路层　　　b. 网络层、物理层和传输层
　　　c. 网络层、物理层和数据链路层　　　d. 网络层、数据链路层和会话层
23. 下列哪种设备要完成最多的内部处理？（　　）
　　　a. 路由器　　　　b. 交换机　　　　c. 网桥　　　　　　d. 网卡
24. 第 3 层交换本质上是（　　）。
　　　a. 比第 2 层设备更快地交换帧　　　　b. 比路由器更快地处理包的路由
　　　c. 处理通过子网的帧的路由　　　　　d. 在硬件中处理帧的路由
25. 第 3 层交换机通常取代下面哪种网络设备？（　　）
　　　a. 中继器　　　　b. 网桥　　　　　c. 第 2 层交换机　　d. 路由器
26. 网关又称为（　　）。
　　　a. 协议转换器　　b. 第 3 层交换机　c. 第 4 层交换机　　d. 第 2 层交换机
27. Internet 网关又称为（　　）。
　　　a. 交换机　　　　b. 网桥　　　　　c. 路由器　　　　　d. 集线器
28. 下面关于交换机的说法中，正确的是（　　）。

a. 以太网交换机可以连接运行不同网络层协议的网络
b. 从工作原理上讲，以太网交换机是一种多端口网桥
c. 集线器是一种特殊的交换机
d. 通过交换机连接的一组工作站形成一个冲突域

【提示】本题考查网络交换设备的基础知识。

集线器也是一种物理层设备，虽然它还具有检测冲突的作用，但这些操作都属于物理层功能的范围。

网桥是一种数据链路层设备，它处理的对象是数据链路层的协议数据单元——帧，其功能包括检查帧的格式、进行差错校验、识别目标地址、选择路由并实现帧的转发等。更准确地说，网桥涉及物理层和数据链路层两个功能层次，所以在以太网中网桥也能起到延长传输距离的作用。

在现代以太网中，更多地使用交换机代替网桥，只有在简单的小型网络中才用微型计算机软件实现网桥的功能。以太网交换机也是一种数据链路层设备，除具有传统网桥的功能之外，交换机把共享介质变成了专用链路，使得网络的有效数据速率大大提高。

虽然交换机与集线器在外部结构上相似，它们连接的网络拓扑结构也相同，但它们是不同的设备。通过集线器连接的一组工作站形成一个冲突域，其中只能有一个设备发送数据，其他设备只能接收数据或处于等待状态；而用交换机连接的一组工作站可以允许多个设备同时发送数据，只要目标站不冲突就可以。用集线器连接的工作站和用交换机连接的工作站都处于同一广播域中，即网上的所有工作站都能收到广播信息。

参考答案是选项 b。

第三章　使用网络互连设备构建网络

随着通信网络的发展和社会需求的不断增长，网络与网络之间的连接显得越来越重要。为了实现网络互连，需要引入相应的互连设备，以便在更大的范围内实现跨网络的数据传输和资源共享等问题。

在进行网络互连时，必须解决如下问题：在物理上如何把两种网络连接起来；一种网络如何与另一种网络实现互访与通信，如何解决它们之间协议方面的差别；如何处理速率与带宽的差别。解决这些问题所需的关键网络互连设备，主要有集线器、网桥、交换机、路由器和网关等。这些网络互连设备通过存储转发的信息传输方式或转换协议的信息传输方式来完成网络之间的信息传送，一方面可以将相同的网络或不同的网络连接在一起而形成一个范围更大的网络，另一方面又可以为了增加网络性能和易于管理而将一个原来很大的网络划分为几个子网或网段。

由于网络的用途和范围不同，网络的结构也不同，所需的网络互连设备也就多种多样。在构建某个具体功能的通信网络时，为了更好地实现网络设计的预定功能，应根据实际情况，并且兼顾未来的发展需要，适当地选择网络互连设备，以便以最优的组网方式和最低的成本来达到最大的效益。

本章讨论如何选用网络互连设备构建网络，并研究网络互连设备在网络中协同工作的情况，同时介绍为解决一般的网络问题所广泛使用的解决方法。但是，本章并不提供各种具体问题的现成解决方案，因为每个网络都有相对于每天都在改变的复杂问题的不同解决方案。

第一节　对网络互连设备的要求

位于一栋独立的建筑物中的小型网络，可以使用简单的集线器来为用户提供连接。但是，这种简单的设计对于中型网络来说通常是不够的。智能集线器、交换机、网桥、路由器和网关之类的设备通常用来构建连接成百上千用户的网络。这些网络的一个重要方面就是管理相关的流量和带宽需求。本节介绍使用网络互连设备时要考虑的一些重要因素，特别是关于流量的需求。

学习目标

- ▶ 了解局域网分段的优点；
- ▶ 掌握冲突域和广播域的区别；
- ▶ 掌握构建局域网和广域网时的网络互连方法，以及提供 Internet 访问时应该考虑的基本问题。

关键知识点

- ▶ 网络互连设备可以用来在企业网络中减少一些通信负担和更好地利用带宽。

局域网分段

局域网应用广泛,可用于任何规模的企业。由于数据流模式的不断变化,并受多介质和图像应用程序所驱动,带宽需求不断增长,使得控制局域网流量变得越来越重要。为了解决这一问题,局域网分段策略被用来重新配置网络拓扑,以便为用户提供更多的有效带宽。

局域网分段通过将流量限制在工作组网段内来增加有效的网络带宽。目前,有多种不同的网络互连设备可以用于局域网分段,但其实现方法各不相同。例如,一些设备创建分离的冲突域,而其他一些设备则创建分离的广播域。

通过中继器或集线器来连接的局域网可以被定义为一个冲突域,因为所有的站点竞争对其共享介质的访问。这种单独的冲突域也是单独的广播域,因为集线器和中继器将广播数据流发送给网络中的所有结点。图 3.1 示出了一个由传统的集线器组成的网络(未分段),其中包含 1 个冲突域和 1 个广播域。

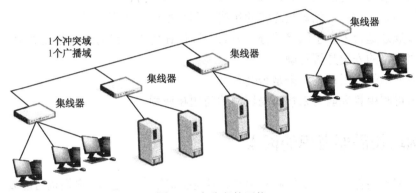

图 3.1　未分段的网络

交换机或网桥可以将较大的局域网冲突域分成多个小一些的冲突域,这将会使网络性能增强,因为第 2 层分段减少了竞争介质访问的站点数量。图 3.2 示出了一个交换机如何将一个大的冲突域分段成多个较小的冲突域,其中每个冲突域代表一个单独的 10 Mb/s 带宽。在安装交换机之前,局域网冲突域中的所有站点共享 10 Mb/s 的带宽;安装交换机之后,通过将 10 Mb/s 分配给所有的工作组,极大地提高了网络性能,同时网络的整体有效累积带宽也增加了。然而,由交换机产生的分散的冲突域仍然在相同的广播域中存在,因为交换机会将广播数据流传输到所有的端口。这意味着一个冲突域中产生的广播数据流仍然要发送到其他所有的冲突域中。

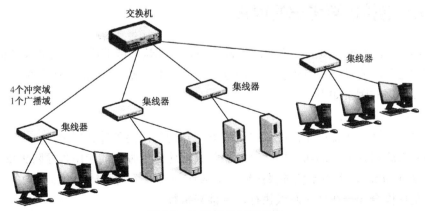

图 3.2　交换机分段的网络

要建立隔离的广播域,就要将网络在第 3 层上分段。路由器(或第 3 层交换机),负责引导网络分段之间的数据流。这种方法可有效地将通常的网络数据流和广播数据流限制在每个网段中,所以能够提高整个网络的有效吞吐量。

局域网增长需要考虑的因素

局域网具有令人惊异的增长方式,从而在规模和应用上远远超出了最初的设计。网络管理员常常需要不断地购买集线器来扩充网络连接。通常这也是网络扩展的实际情况。网络规划通常只在局域网初装之前进行。实际上,在扩展之前进行规划也是很重要的,需要考虑的因素如下:

- 当前的流量参数怎样,6 个月或 1 年以后它们又会怎样;
- 网络的增长是内部的还是外部的,或者二者的组合;
- 当前的拓扑结构(如星状连接的集线器和交换机)是否容易扩展;
- 扩展规划是否考虑了网络的分段方式,以便在将来达到有效的带宽利用;
- 线缆线路的安装是否正确;
- 现在使用的专用设备将来是否会普及;
- 是否可利用管理能力来解决局域网的问题和瓶颈。

广域网增长需要考虑的因素

虽然广域网不会像局域网那样随意增长,但是在初始安装之后,它们也可能要承载从未预料到的流量。幸运的是,用来获得高速链路的代价和引导时间,几乎不会使得广域网实施计划有多大的变化。一些要考虑的重要因素如下:

- 当前和可预见的吞吐量的需求是什么;
- 如何在其变得无法控制之前解决对广域网流量的需求;
- 如何使得备用线路成为整体广域网策略的一部分,备用线路是否真的必要;
- 单位是否有足够的带宽容量来为每个用户提供对 Internet 站点的访问;
- 是否利用了管理能力来监视流量的变化趋势。

Internet 连接需要考虑的因素

许多经历过 Internet 连接的"第一次困窘"的人,都认同能够简单地连接上 Internet 是最重要的;在此之后,才考虑站点的安全性问题。当规划 Internet 连接或评估系统安全策略的稳定性时,需要考虑的因素如下:

- 带内/带外流量的需求怎样;
- 单位是否计划实施电子商务或电子政务,开始阶段要到什么程度;
- 将要实施何种类型的防火墙(路由器防火墙还是更强大的应用程序防火墙);
- 如果 Internet 连接对于任务很挑剔,那么计划使用(或需要)什么样的备用连接;
- 安全性检查安排在什么时候执行,由谁来执行。

练习

1. 术语（　　）是指频繁地发送自己的服务广告的网络结点。
2. （　　）是指一个设备（如路由器），代表远程主机响应本地主机。
3. 允许用通常的网络路径之外的方法来访问网络设备的网络管理机制称为（　　）。
4. 小于正常 64 字节的帧称为（　　）帧。
5. 扩散到网络中的广播帧甚至能使整个网络崩溃，这被称为（　　）。
6. 为什么将局域网分段能为用户提供更多的有效带宽？
7. 广播域和冲突域有什么区别？
8. 当所规划的网络发生规模增长时，列出至少两条扩展局域网和广域网应考虑的因素。

补充练习

分成 2～3 人的讨论组，画一个连接了 5 个集线器的网络（使用集线器的上行链路端口来进行连接）。在组内讨论如何使用交换机更好地管理冲突域。（假设每个集线器连接大约 8 个结点，但不用将每个结点都画出来。）

第二节　各种设备功能比较

在开始讨论网络互连设备如何在一个典型的网络解决方案中交互作用之前，先简要回顾已经讨论过的各种网络互连设备；然后总结集线器、网桥、交换机和路由器的最重要的一些特点（包括优点和缺点），同时也对网关（协议转换器）进行总结。

学习目标

▶ 了解每种设备适合在 OSI 参考模型的哪一层工作；
▶ 掌握集线器、网桥、交换机、路由器和网关的功能。

关键知识点

▶ 集线器、交换机和路由器等网络互连设备，为网络设计人员提供了多种关于企业网连接和流量管理的方法。

集线器

集线器属于物理层设备，它主要可为在双绞线上使用多个中继器提供一种简便的方式。

集线器的优点

集线器很便宜，广泛适用于单个设备的连接。集线器创建了简单的星状拓扑结构，在该结构中所有的线缆都接入集线器。由于所有问题都可以在配线室中得到解决，因此可以节省沿线路查找问题的时间。

网络中所有的流量都通过一个或多个集线器，从而能够更容易地管理通信流量，避免瓶颈，并提供安全性。

能够被高性能的集线器采用的技术几乎是无限的。虽然好像使得问题复杂化了，但大多数网络管理员仍然愿意在一个设备里管理多种技术，而不希望看到一个非集成性的网络。

当网络不断增长时，新增的结点和服务器对集线器端口的需求也会越来越大，而添加额外集线器是很简单的。许多集线器允许其端口连接一个设备或另一个集线器。一般情况下，交换机通过连接在上行链路端口上来提供设备连接或集线器连接，如图3.3所示。

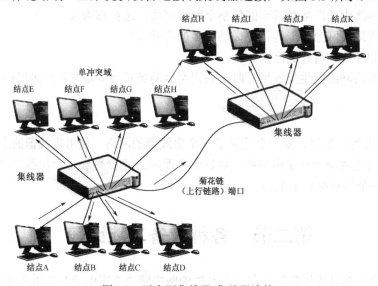

图 3.3　以太网集线器-集线器连接

在图 3.3 中，原来连接结点 H 的集线器端口现在连接到了一个新的集线器上，而结点 H 连在第二个集线器上。新的配置仍然是一个单独的冲突域。如果结点 A 发出一帧到集线器上，集线器会将该帧复制到所有的结点，包括连接第一个和第二个集线器的上行端口。第二个集线器接收该帧并将其复制到自己的所有端口。这是广播网的基本操作。

集线器的缺点

作为星状拓扑的中心，一个有缺陷的中心集线器可能会导致整个网络出现故障，或者将网络破坏成隔绝的片段。这种错误在集线器的电源掉电时也会发生。

以太网要求信号不能通过多于 4 个中继器进行再生。集线器是中继器的一种，因此它也被算作一次再生。这对于大的拓扑结构是一种限制。

通过简单集线器连接的网络是一个大的冲突域。由于有更多的用户共享相同的冲突域，其性能会逐渐下降，直到变得不能接受。换句话说，在一个广播网络中由设备共享的带宽将会变得不够用。当这种情况发生时，通常使用以太网交换机来提高性能。

何时选用集线器

集线器可以用于多种情况，例如：

▶ 楼层级使用——一个简单地用于线路集中的集线器，对于连接散布在一个办公楼层里的局域网设备来说是一个不错的选择。这种简单类型的集线器在功能上与基本的中继器或多站接入单元（MAU）类似。

▶ 建筑物级使用——集线器可以将数层楼里的工作组局域网连接在一起，并将这些局域网连接到高速光纤主干上。这些集线器能够提供网桥和光纤内置模块，并提供扩展空间。

网桥

网桥工作在 OSI 参考模型的数据链路层的介质访问控制（MAC）子层。它侦听自身连接的网段上的所有流量，检查每帧的网卡地址，并使用一个内部表来决定是否将该帧发往网络的其余部分。

网桥的优点

网桥易于安装，只需很少的配置就能使用先进的桥接特性，如用户过滤器。

网桥一旦安装好就对用户是透明的，同时可以自动适应网络的变化。通过桥接互连的网络可以很容易地被改变和重新配置。

网桥可以连接运行不同高层协议的网络，而不需要额外的软件。由于它工作在 OSI 参考模型的数据链路层，这就使得网络管理员不需要预先知道将使用什么样的高层协议。而一些不可路由的协议，如 DEC 的 LAT 终端通信协议，必须被桥接。

网桥构成了逻辑上单独的网络，所有互连的网段具有相同的网络标识，因此在移动站点时不需要为这些站点重新配置网络地址。

当局域网流量开始导致性能问题时，网桥可以通过将网络分段来减少每个冲突域中的结点数目；网桥也可用于在网段和网络主干之间控制流量。

网桥的缺点

桥接的网络在规模上有所限制。每当一帧数据通过网桥时，由于网桥软件要读入源地址和检查目的地址，并决定是否将该帧转发到每个端口，因而会产生一定的延迟。如果数据帧通过许多的网桥，帧延迟可能会使目的站点认为传输超时并请求重传，而这会导致帧传输的不必要重复。随着网络的增大，网桥的地址表也会增大，而这也将导致数据帧通过网桥的延迟增加。

网桥允许广播帧扩散到网络中。当试图去解析未知的目的地址时，网桥自身也会产生可以造成网络拥塞的广播流量。

网桥不能同时使用网络中冗余的路径所带来的便利，它不能在网段中实现负载分割。

当特定的广播协议使得数据帧溢流到所有端口而产生广播风暴时，网桥并不能将其阻止。如果存在故障或错误的配置参数，这些流量上的隐患足以使得整个网络崩溃。

网桥并不提供对错误隔离或其他分布式网络管理的能力。当网络的规模和复杂性增加时，它会变得难于管理和维护。因为网桥组成了一个逻辑上独立的网络，所以在一个很大的桥接网络中对于错误的隔离将变得很难。通过桥接互连的网络需要网络管理员格外地关注网络上正在传输什么，以及要传输到哪儿。

使用网桥通过广域网链路连接网络时也会出现问题，这是因为：如果广域网的链路速度太慢（如 56 kb/s），终端站点上的应用程序就会认为传输超时，并引发不必要的帧重传。此外，如果广域网中存在活动环路，那么网桥的生成树算法会使一条或多条广域网链路停止使用。

何时选用网桥

网桥可用于控制网段或工作组对主干网的访问,因为过载的主干网会将整个单位的通信置于危险中。如果只将网络互连设备和少数的大型服务器直接连接到主干网上,将会减少应用程序、硬件和错误的数量,从而减少对主干网的影响。

交换机

与网桥一样,交换机使用包含在所有帧中的目的 MAC 地址来做出相对简单的转发决定。交换机在做转发决定时并不考虑封装在帧中的其他信息。和网桥不一样,交换机更多地使用高速硬件来完成其功能,这使得网络性能比使用网桥的局域网更接近于单独的局域网的性能。

交换机的优点

交换机可将网络分成较小的冲突域,为每个终端站点提供更多的共享可用带宽。交换机的协议透明性使得它可以用于使用多种网络协议的网络而只需进行很少的或根本不需要进行软件配置。

管理性的额外花销对交换机来说很小,从而简化了设备的添加、移动和改变。交换机对于终端站点来说完全透明,可使用现有的线缆、中继器/集线器和终端站点适配器,而不需要昂贵的硬件升级。

由于使用了 ASIC 技术,所以交换机与传统的网桥相比,能够提供更高的性能和更低的端口成本。交换机可以同时在多个端口对之间以线缆的速率转发帧。例如,一个单独的以太网接口能够支持最高可达 14 880 FPS(帧每秒)的速率(对于 64 字节的最小帧长而言)。这意味着,一个有 12 个端口的"缆线速率"交换机能够支持 6 个这样的数据流,理论上的总吞吐量可达 89 280 FPS(6×14 880 FPS)。

14 880 FPS 的速率是这样计算出来的:局域网带宽(10 Mb/s)首先要除以 8,以得到每秒发送的字符(字节)数。这样 10 000 000 b/s÷8=1 250 000 B/s。因为最小的以太网帧大小是 64 B,还有"前导"的 8 个字符及"等待时间"的 12 个字符,这样就是 84 B;1 250 000 除以 84 得到 14 880.95,约为 14 880。使用 12 个字符的"等待时间"是因为 CSMA/CD 中的载波侦听。也就是说,一帧在 12 个字符的"等待时间"过去之前是不能够传输的,这期间要侦听是否有其他结点在发送,即 12 个字符代表侦听的时间。

交换技术不论在共享型的局域网网段中还是专用级的局域网网段中都能扩展带宽,并可以减轻局域网之间的流量瓶颈压力。交换设备适用于以太网、快速以太网、FDDI、令牌环网和 ATM 技术。

与路由器相比,交换机可提供更低的每端口成本和更高的性能。通常,路由器的每端口成本比交换机高 10 倍。

交换机比路由器更易于配置、管理和故障排除,因为很多交换机的功能都固化在硬件里。

交换机的缺点

与网桥类似,交换机允许广播帧溢流到整个网络。另外,交换机在解析未知的目的地址时也会产生广播流量。

何时选用交换机

交换机是一种特殊用途的设备,主要用来解决带宽短缺和网络瓶颈之类的局域网性能问题。交换机能很经济地将网络分成更小的冲突域(在以太网中),从而为每个端站提供更高的带宽使用率。

然而,最初设计交换机的目的并不是用它来对网络进行控制的。交换机应该看作带宽提供者,而不是安全性的提供者。同时,交换机也不提供冗余度、控制和网络管理资源。

路由器

路由器是一种通用设备,可以将网络分成独立的广播域,从而在单个的广播域之间提供安全性、控制和冗余度。路由器工作于 OSI 参考模型的网络层,可区分网络层协议并更具智能地做出数据包转发决定。路由器也可以提供防火墙服务,减少广域网访问量。

路由器本质上是一种软件设备,它使用强大的处理器和内存,处理复杂的协议组。高端路由器价格昂贵,不适用于连接单个设备。也就是说,高端路由器主要用作主干网设备和交互连接的设备。

路由器的优点

与交换机一样,路由器可为用户提供在单个局域网网段之间的无缝通信。与交换机不同的是,路由器定出了网段组之间的逻辑边界。路由器可提供防火墙功能,因为它只对那些要送往特定地址的流量进行转发。这既消除了广播风暴的扩大,也消除了来自不支持协议的数据的传输,并且通过路由器送往未知网络地址的传输也被禁止。路由器将潜在的灾难性事件局限在发生地,防止它们扩散到整个网络中。

路由器增强的智能性使得它能够支持冗余的网络路径,并可以依据目的 MAC 地址之外的许多因素来选择最佳的转发路径。这些增强的智能性也加强了数据的安全性,提高了带宽的利用率,并对网络操作提供了更多的控制。

路由器是可以提供有效广域网访问的网络互连设备。它不但不转发广播流量,而且可以帮助控制带宽较窄、价格昂贵的广域网链路上的流量。路由器可以提供对于使用多种技术的广域网的访问,允许网络管理员为他们的网络需求选择最经济的参数。基于路由器的技术(如数据压缩、业务优先级和数据包哄骗)都有助于更有效地使用广域网带宽。

路由器不仅可以灵活地整合各种不同的数据链路层技术,如以太网、快速以太网、令牌环网和 ATM 等,还可以通过使用数据链路交换(DLSw)将古老的 IBM 大型主机网络和基于 PC 的网络整合在一起。

路由器的缺点

路由器中由软件完成的额外处理会增加数据包的延迟,以致与交换机体系相比路由器的性能降低了。

何时选用路由器

网络应用程序在需要限制广播流量、支持冗余路径、智能数据包转发及广域网访问时需要使用路由器。如果应用程序只需要增加带宽来缓解流量瓶颈，交换机是一种更好的选择。

路由器的一个主要功能是可提供对于流量的隔离，以有利于对问题的诊断。由于路由器的每个端口都是一个独立的子网，所以广播流量不会通过路由器转发。网络边界的明确性使得网络管理员能够更轻松地为导致诸如广播风暴、失配和设备故障之类的问题提供冗余和隔离。

路由器的另一个重要好处，是对提供活动冗余路径的网状网拓扑结构的支持。它不像交换机和网桥那样要求没有环路的拓扑结构，路由协议对于网络拓扑没有任何限制，即使是那些网络中包含冗余路径和活动环路的网络拓扑。路由器保证可用的带宽不会处于生成树算法中的备用状态。也就是说，可以在并行的相同成本的路径上实现负载平衡，从而实现对于可用带宽的最佳利用。

路由器还允许创建网络分层设计，通过授权，它有助于对独立的 Internet 域进行本地管理。尤其在将专用网络连接到 Internet 时，路由器是必需的。

网关

网关又称为协议转换器，它可以在两种不同类型的协议体系中转换数据。通常，网关工作在 OSI 参考模型的较高层。

网关的优点

网关是唯一一种能够将网络传输类型从一种体系结构转换到另外一种体系结构的网络互连设备。例如，网关能够将 TCP/IP 网络和 SNA 网络连接在一起。

网关在高于数据链路层的所有协议层进行操作，它对于所有的终端和连接都是透明的。

网关的缺点

网关从一种通信体系结构接收数据帧，通过为协议栈中的每层创建新的数据包头来将其转换到另外一种通信体系结构中。而协议转换是一个工作量很大的软件过程（速度慢），且随协议栈的不同而不同。

何时选用网关

当要连接两种使用不同通信体系结构的网络时，网关是必需的。例如，当电子邮件在 SNA 和 TCP/IP 环境中传输时，必须使用网关来转换它。

练习

1. 在表 3.1 中添上缺少的信息，包括中继器、集线器、交换机、网桥、路由器和网关。
2. 列出集线器的至少一条优点和一条缺点，并说明什么时候适合使用集线器。
3. 列出网桥的至少两条优点和两条缺点，并说明什么时候适合使用网桥。
4. 列出交换机的至少两条优点和两条缺点，并说明什么时候适合使用交换机。
5. 列出路由器的至少两条优点和两条缺点，并说明什么时候适合使用路由器。
6. 列出网关的至少两条优点和两条缺点，并说明什么时候适合使用网关。

表 3.1 OSI 参考模型小结

OSI 层	功　　能	信息单元	地址类型	网络互连设备
应用层	提供用户功能	程序		
表示层	提供字符表示，数据压缩和安全性	字符和单词		
会话层	建立、执行和结束会话			
传输层	在应用程序进程之间传递消息	消息	应用程序进程地址（端口）	
网络层	通过网络发送单个数据帧	数据包（数据报）	网络地址	
数据链路层	将数据帧发往目的结点	帧	网卡地址（硬件地址）	
物理层	通过物理介质发送信号	比特		

补充练习

分成 3~5 人的讨论组，每组在纸上设计 3 个网络。

1. 第一个网络有一个 12 端口的集线器，连接了 9 个 PC 结点和 2 台服务器。讨论将集线器换成交换机，网络的性能会如何提高，并写出讨论结果。

2. 第二个网络包含 3 个 24 端口的交换机，该网络中包含需要经常移动又必须连接到其相应工作组局域网进行访问的用户。讨论什么特性或改变能够使得局域网管理员执行更为无缝的操作来重新配置该网络，并写出讨论结果。

3. 第三个网络包含由广域网网桥连接的多个局域网（7 个网段）。广播流量已经成为影响网络的问题（使用的协议是 NetBIOS 和 NetEUI），例如频繁地遭遇网络风暴，严重地影响了网络性能。讨论如何解决该问题，并写出讨论的结果。

第三节　选择集线器

本节介绍如何在网络中使用集线器，并讨论购置集线器时应该考虑的性能。

学习目标

▶ 了解在什么情况下使用集线器是一种最佳选择；
▶ 了解对集线器特性的需求；
▶ 掌握集线器上行端口的作用。

关键知识点

▶ 简单的集线器就是一个多端口的中继器；同时，多种不同的网络互连特性可以集成到一个智能集线器中。

集线器的选配

星状配置的以太网是如今最流行的以太网组网方式。图 3.4 示出了一个包含以太网集线器的星状配置（10Base-T），使用非屏蔽双绞线连接了 8 个工作站。集线器又叫线路集中器。线缆两端使用 RJ-45 连接头，一端直接连接设备的网卡，另一端连接集线器的端口。

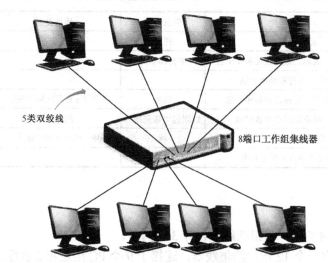

图 3.4 100Base-T 以太网配置

这类网络通常使用 5 类双绞线连接。与使用 10Base-2（细缆以太网同轴电缆）或 10Base-5（粗缆以太网同轴电缆）总线拓扑的网络相比，100Base-T 星状连接的网络具有如下优点：
- 容易在网络中添加和移除结点；
- 由于有问题的结点可以很容易地从网络中移除，所以网络问题更容易得到解决。

集线器的特性

在选定特定产品之前，应先对如何使用集线器有所考虑。最好选择一款可以适应所在机构发展的产品，但也不要比计划的用途强太多或价格太贵。在考虑不同集线器产品所提供的特性之前，可以通过以下问题来明确自己的需求：
- 对吞吐量的需求是什么样的；
- 网络是否会显著增长；
- 每个局域网网段需要连接多少台设备；
- 哪些介质类型（如非屏蔽双绞线、同轴电缆和光纤）是必须包括的；
- 集线器是否支持所需的介质访问控制方法；
- 集线器是否需要具有网络管理功能。

可扩展性

确保集线器有足够的端口容量，就能有效地降低未来添加端口时的花销。可堆叠式集线器和中小型网络集线器可能没有足够多的端口进行大规模的安装。

如果网络在未来将有显著增长或改变，可以考虑带有内置模块扩展插槽的集线器。一定要确保所提供的模块中包括自己最有可能需要的性能。例如，如果要购买一个带有以太网模块的集线器并计划将其用在 ATM 主干网上，就应该确认该集线器有可用的 ATM 模块。记住，模块是专用的，不能将一个厂商的模块插入到另外一个厂商的集线器中。

可靠性

集线器故障会带来灾难性的后果。冗余性比可靠性更重要。集线器内的冗余电源可以在电源出现故障时保护集线器不受影响。负载平衡是备用电源的可选替代方案。在一个负载平衡的方案里，集线器中的两个电源总是同时进行电源供给的。

当其中一个电源出现故障时，另一个电源立即接管全部的负载，这样就不会因电源故障使集线器受到影响，也不会使正在传输的帧丢失。

集线器中的中继器逻辑也是可能出现故障的地方。一些厂商在每个模块中放置一个中继器，因此如果一个模块中的中继器出现故障，只有该模块上的端口受影响。如果整个集线器中只有一个中继器，那么当它出现故障时，网络的其他部分将不能访问连接到该集线器的网段。

需要注意的其他冗余性还有网桥模块、管理模块以及提供良好散热功能的风扇等。

尽量避免在结构上过于依赖背板和模块集线器。可以使用固化在半导体硬件中执行的交换技术和替代功能，这种功能由于没有可移动的部分而更可靠。

另外，可以使用有热插拔模块的集线器，这种集线器可以在交换机运行时插入和移走模块而不会破坏模块中的电路。若没有这种功能，更换模块时则必须关掉集线器，这时集线器上所有的设备在集线器重新打开之前都将失去其连接。

对不同带宽和安全性需求的支持

假设现在需要连接以下类型的用户：
▶ 需要高带宽的计算机辅助设计（CAD）/计算机辅助制造（CAM）工作站用户；
▶ 需要严格安全性的财务部门；
▶ 需要安全性，并计划使用高速技术（如千兆以太网）的研发部门。

那么应该考虑：集线器是否足够灵活，以满足具有不同带宽局域网的要求；是否具有一个高速背板；是否具有安全性，以便满足封闭的用户组保护敏感信息，而在怀疑某一分支的安全性时是否可以关闭该端口。

练习

1. 集线器的上行链路端口是用来做什么的？
2. 有时在集线器上，如一个 5 端口集线器，在第 5 个端口和上行链路端口之间写有"或者"字样。这指什么？
3. 在决定某机构网络中使用的集线器产品时，需要问的 4 个问题是什么？
4. 在查看集线器时，应该考虑的两个特点是什么？这两个特点为什么重要？

补充练习

1. 使用自己喜欢的搜索引擎，查找两个集线器生产商，列出其产品的一些技术细节。
2. 使用 12 端口集线器，画一个包含 60 台计算机的以太网，用小圆圈表示每台计算机。

第四节 选择网桥

由于交换机的引入和广泛使用，网桥已经不像从前那样常用了。但是，某些情形下仍需要网桥（或网桥功能）。网桥现在仍可以单独购买，但也常常将网桥做在路由器等设备中。本节介绍如何在网络中使用网桥，并讨论购买网桥时需要考虑的特性。

学习目标

- 掌握 4 种网桥拓扑结构；
- 了解购置网桥时需要考虑的 4 个特性；
- 了解为什么网桥常常用于广域网连接。

关键知识点

- 网桥功能是必需的，但通常将网桥做在路由器等其他设备中。

网桥的选配

网桥可以用来建立几乎任何拓扑结构的互联网络。这些拓扑结构有 4 种基本类型：
- 级联拓扑；
- 主干拓扑；
- 星状拓扑；
- 园区网拓扑。

级联拓扑结构

级联拓扑结构如图 3.5 所示，它经常存在于已经连接的现有网络中。通过使用网桥，这种拓扑结构给出了一种延长网络作用距离的简单方法。

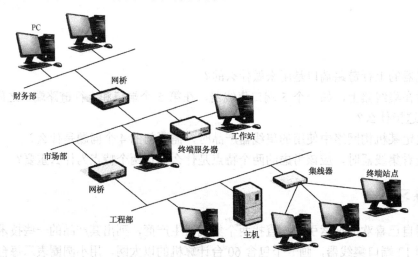

图 3.5 级联拓扑结构

注意，图 3.5 中网桥用于连接网段。每个网段都由个人计算机（PC）和工作站组及其相应的终端服务器和其他服务构成。级联网络互连的一条线上最多不要超过 5 个或 6 个网段；当多于这个数字时，多个网桥造成的延迟对一些高层协议来说就可能太长了。

主干拓扑结构

当要连接许多网段时，主干拓扑结构是一种很好的选择，如图 3.6 所示。这种结构的一个优点是允许网络呈系统级地增长；另一个优点是性能的提高，因为网段间的流量在从源网段到目的网段的过程中只需通过一个中间网段。相反，在级联拓扑结构中流量必须经过所有的中间网段。

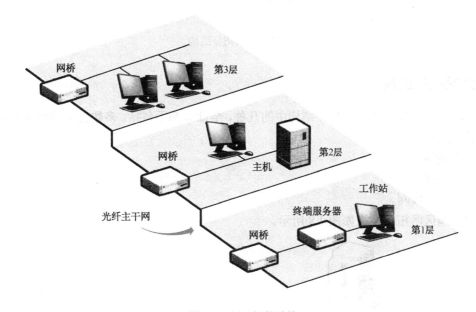

图 3.6　主干拓扑结构

主干拓扑结构尤其适合多层的办公大楼。光纤以太主干网负担了整个建筑的流量。光纤提供了很大的带宽（如 100 Mb/s 的 FDDI），而且不受电磁与广播频率的干扰（这些干扰常见于配线管道和电梯竖井里）。以太网"肋骨"从主干伸展到多个楼层，网桥则隔离各层之间的流量，优化各网段的性能。

主干拓扑结构可以被改成在大楼的另一侧增加另外一条"脊椎"。当要求很高的容错性能时，这种双主干拓扑结构是一种必需的选择。

星状拓扑结构

星状拓扑结构如图 3.7 所示，它允许距离很远的站点通过最少的中间网段互相连接，并且没有回路。

这种拓扑结构的理想应用是有许多本地站点和远程站点需要连接的大公司。其中，本地站点直接连接。有高速带宽要求的远程站点则采用长距离线路，如 56 kb/s 或 T1 线路连接；而性能要求不高的远程站点则采用较慢、较便宜的长距离线路连接。

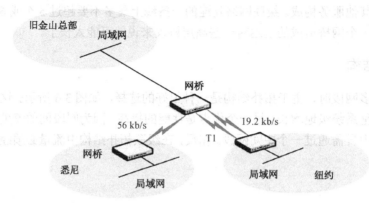

图 3.7 星状拓扑结构

园区网拓扑结构

园区网方案可以包括上述拓扑结构中的几种、全部或都不包括。多数公司的园区网环境由以下 3 层组成：

- 广域网；
- 主干网；
- 部门局域网。

典型的园区网拓扑结构如图 3.8 所示。

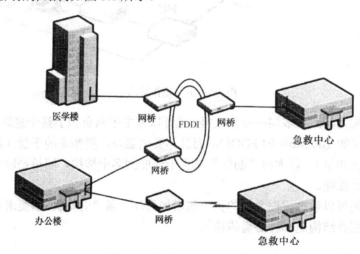

图 3.8 典型园区网拓扑结构

在图 3.8 中，3 个网桥连接一所医学院的 3 座建筑中的局域网和 FDDI 主干，另一个网桥通过广域线路连接办公楼与城镇对面的急救中心。

使用前面讨论的级联、星状或主干拓扑结构，网桥还可以用来在每个建筑中将局域网分段。集线器可以用来连接一个楼层中的工作站，它也可以包含一个网桥模块以提升该楼层的网段流量。

本地网桥和广域网桥

网桥除了可以按照其使用的网桥算法分类，还可以按照其网络连接方式分类，一般有以下两种基本类型：
- 本地网桥；
- 广域网桥（远程网桥），也称为半网桥。

这两种网桥的区别在于它们的端口。

本地网桥的端口允许连接局域传输介质，尤其是网络主干。其典型介质包括同轴电缆、光纤和双绞线。

广域网桥的端口适合远程传输介质。这些网桥通常有两个或更多的长距离端口和至少一个本地端口，能够连接穿过城镇或整个世界的网络。这种网桥还在使用，尤其在不支持唯一的网络层地址的网络中。然而，通常可以在一些路由器中发现这种功能，这些路由器有时称为网桥/路由器或桥式路由器。

网桥支持两种基本类型的长距离技术：点对点连接和网络云技术。

点对点连接

专用的点对点连接通常从电话公司或其他通信公司租借。点对点线路的速率，从普通老式电话业务（POTS）线路的 19.2 kb/s 到 T1 线路的 1.544 Mb/s（或 E1 线路的 2.048 Mb/s）各不相同。

网络云技术

交换系统在高速网络上以对用户完全透明的方式路由数据。网络云看上去像一个点对点连接，即使信息在网络云网络中可能经过几个不同的通信线路。常用的网络云系统接口有：
- X.25 接口；
- 帧中继接口。

网桥的特性

在确定网桥是所需的互连设备后，可以通过下列问题来确定其特性：
- 是需要单独的网桥，还是将其功能做在已有的设备（如路由器）中；
- 是否有数据支持网桥的可靠性；
- 需要多少配置，用户接口有多复杂；
- 网桥是否支持需要连接的所有线路类型，包括一些可能在今后使用的连接。

为帮助解决这些问题，可以先画出网络流量图，查看谁在与谁通信以及谁使用什么资源；再向图中增加需要的网段；切实可行地将大量的流量限制在一个网段中，并且保证其他网段避免接收不必要的流量。

网段的划分采用"80/20"原则，即 80%的网络流量应该是局部的，只留下 20%通过网桥。每个网段的设计都采用这一原则。如果网桥有广域连接，则这个原则会更加苛刻；因为广域连接比局部连接更慢、更贵。

当对分段计划满意时，就可以考虑下面描述的几个网桥特性了。

支持网络管理

网桥能够在管理资源和利用复杂网络方面扮演重要的角色。因为它接收每个与其连接的网络的所有流量,所以网桥是收集网络统计信息的理想地点,这些信息包括:
- 一段时间内的网络利用率;
- 传输的帧数;
- 冲突或物理层错误数。

其他管理任务包括:
- 捕捉、解码和生成网络帧来模拟网桥的负载和过滤;
- 接收和记录重要时间,以便为增长计划和增长尺度做详细分析;
- 系统级和端口级的监视性能。

网桥所捕获的信息能立即被局部连接的终端显示,网桥还可以作为一个网络管理代理。作为代理,网桥必须运行网络管理协议,如 SNMP 的代理软件。作为一个 SNMP 代理,网桥会将所收集到的信息转发给中央 SNMP 网络管理站点。

安全性

除了支持和监视网络性能,网桥在网络安全管理方面也占一席之地。一些网桥提供高级特性,允许将个别设备或网段与特定的源地址、目的地址或特定的帧类型分隔开。例如,可以阻塞源路由探测帧,同时允许普通数据帧通过。

网桥可以实现下面 4 种安全机制中的任何一种:
- 源显式转发(SEF)——转发从特定源地址发来的帧,但屏蔽其他的帧。这种网桥只转发在网桥表中由静态路由标识出的工作站发出的帧,而端口上的其他帧都被抛弃。
- 源显式屏蔽(SEB)——屏蔽从特定源地址发来的帧,但转发其他的帧。
- 目的显式转发(DEF)——转发去往特定目的地址的帧,但屏蔽所有其他帧。这种网桥只转发去往网桥表中静态路由标识出的工作站的帧,而其他所有收到的帧被抛弃。
- 目的显式屏蔽(DEB)——屏蔽去往特定目的地址的帧,但转发所有其他的帧。

其中,SEF 和 SEB 这两个功能允许网络管理员选择转发或屏蔽动作,要求在路由表中输入最少数量的源地址;DEF 和 DEB 这两个功能允许网络管理员选择转发或屏蔽动作,要求在路由表中输入最少数量的源地址。

定制过滤

定制过滤器根据协议、源/目的地址、帧类型、内容或长度处理数据帧。它允许分割网络以增加效率,或将请求限制在指定的服务上,如远程初始化或电子邮件。

例如,使用定制过滤器可以指定哪个用户或资源可以访问一个网络段或主干网。使用定制过滤器,还可以设置网桥按照预先的设定来监视网络流量,转发或屏蔽特定的帧。图 3.9 示出了如何过滤来自端口 2 的帧并且转发其他所有的帧。(注意,该图显示的是上层协议,而不是帧类型。)过滤可以增强网络响应以及当一帧数据出现在它不应该出现的网段上时解决应用程序冲突的能力。定制过滤器也可以用于访问管理,如控制访问。

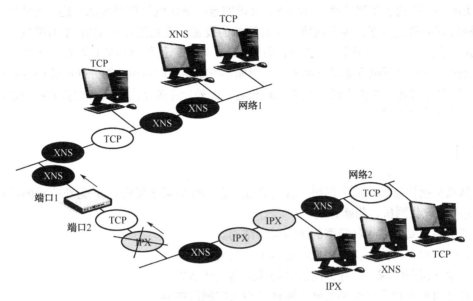

图 3.9　网桥定制过滤

广域网支持

如果广域网很重要，就要使用有利于优化广域网通信功能的网桥。例如，并行线路可以使用所有可用的带宽来优化吞吐量，同时仍然可以保证正确的帧顺序。然而，这仅适用于 SRT 网桥。

数据压缩

利用数据压缩技术可以缩减消息的数据量，它将数据转换成另一种格式，比原来的消息具有更少的比特数。因为要传输的比特少，所以传输消息所需的时间就会减少。数据压缩技术能够：

- ▶ 提高广域网连接的吞吐量；
- ▶ 提供更短的响应时间；
- ▶ 更好地使用低速线路。

支持拨号上网

由于拨号广域网连接只在有数据等待传输时才使用，所以与昂贵的租用线路相比，拨号上网节省了不需要广域网连接时的费用。下面 3 种拨号技术能帮助网桥更有效地使用拨号网络连接：

- ▶ 拨号备份，可以让网桥在主线路失效时使用备份线路。
- ▶ 拥塞时拨号，可在主线路严重阻塞或错误率无法忍受时增加第二条线路。
- ▶ 需要时拨号，在有数据要传输给指定的目标但是却没有物理连接可用时使用。虽然物理连接可能启动或停止，但对最终用户来说物理连接始终是建立好的。该功能在 LAN-WAN 环境中比较关键。

综上所述，在竞争激烈的商业环境下，公司的数据通信网络需要可靠互连。网桥是这种连接的一种较好的解决方案。因为网桥是相对简单的设备，而且运行在 OSI 参考模型数据链路层的 MAC 子层，它只看到网络上各个设备的 MAC 地址。虽然这种简单性在很多情况下具有优势，但在某些情况下也可能是一种局限。例如，当需要控制流量、细分网络或进行其他高层任务时，路由器将是一种更合适的网络互连设备。此外，许多路由器具有内置的网桥功能，因此也不再需要单独的网桥。

练习

1. 虽然交换机能够完成和网桥一样的功能（它们都是第 2 层设备），但在广域网环境中交换机还是不能取代网桥。判断正误。
2. 列出并简要描述 4 种类型的网桥拓扑结构。
3. 为什么对于某些协议在广域网连接上必须使用桥接？
4. 本地网桥和广域（远程）网桥之间的区别是什么？
5. 列出用来连接广域网桥的至少两种类型的广域网链路。
6. 列出并简要描述与网桥相关的两个特性。

补充练习

1. 使用搜索引擎查找生产网桥的两个厂商，列出其产品的过滤速率和转发速率。
2. 分成 3~5 人的小组，讨论与网桥相关的一些安全特性。注意，说明在什么时候会使用并且为什么使用这些特性。使用 Internet 作为调查研究的工具，并总结这些发现。

第五节　选择交换机

目前，交换机已经成为网络中最常见的网络互连设备。交换机通常工作在数据链路层，并在网段之间提供交换服务。交换机能够提高网络的整体带宽，因为它在局域网网段和单个的站点之间为每帧都创建虚拟电路连接。由于能够提供更高的性能和具有更多的先进特性，交换机在许多局域网中都已经取代了网桥。本节介绍如何在网络中使用交换机，并讨论选择交换机时应该考虑的因素。

学习目标

- ▶ 了解网段交换与设备交换之间的区别；
- ▶ 掌握交换机使用的两种帧转发方式；
- ▶ 了解为什么交换机能够提高网络的性能和有效带宽。

关键知识点

- ▶ 与使用集线器的方案相比，交换机可以通过重新构造冲突域来为用户提供更大的有效带宽。

交换机的选配

交换机可用于多种不同的配置，从小型的连接 PC 结点的 12 端口 10 Mb/s 交换机，到用于集中式主干网的 1 Gb/s 交换机。其基本的配置选项包括：
- 简单的交换式集线器；
- 交换式工作组；
- 交换式主干。

交换机转发模式

交换机转发流量基于下列两种帧转发模式。

直通式交换

直通式交换是在整个帧被完全接收之前就开始其转发过程。因为交换机在开始转发帧之前只需读取目的 MAC 地址，这样帧无论长短，处理都更快，延迟也更小。纯直通式交换机的主要缺点是不处理受损的帧，如一个侏儒帧及一个帧检测序列有错误的帧，也会被交换机转发。

直通式交换技术在有相同局域网速率的端口之间进行交换时能够提供最大便利。相反，在一个 100 Mb/s 的端口和一个 10 Mb/s 的端口传输的帧将使用缓冲区。直通式交换又称为纵横式交换。

存储转发交换

存储转发交换是在转发之前读取整个帧并校验它。这使得交换机可以丢弃受损的帧并允许网络管理员定义帧过滤规则，以控制通过交换机的数据。存储转发交换的不利之处在于，延迟将随着帧的长度的增加而增大。

选择主干交换机时应考虑的因素

在选择主干交换机时所要考虑的因素如下。

端口数目

一个以太网交换机应该包括大约 100 个端口（每个端口一个设备或一个网段）。一个令牌环网交换机应该包含大约 50 个端口（一个端口一个环网）。容量不够的交换机将不能在网络中心担当重要的角色，也不能作为配线室里放置的有效设备。

对于混合数据链路协议的支持

考虑这一特性的目的是为了在任何地点都能实现数据交换，以使路由器在异常情况下也能工作。这意味着工作站和服务器（通常在以太网和令牌环网环境下）可以与以太网、令牌环网或快速以太网上的服务器交换数据。

虚拟局域网支持

若不使用虚拟局域网（VLAN）技术，便很难创建大型的交互式网络。由于某种原因，广播流量需要被限制在大小适中的区域里，而这正是 VLAN 所支持的。如今，几乎所有的交换机、集线器和路由器都支持 VLAN。VLAN 需要易于定义，能够通过网络主干进行操作，并且是可管理的。

在 VLAN 交换机中，路由功能应该是必需的，因为 VLAN 和路由需要组合在一起应用。在一个交互式的网络中，如果每个 VLAN 都是一个广播域，那么路由就是使数据在它们之间传输的方法。当然，交换机并不能真的在内部实现路由功能。不过，交换式网络作为一个用户的"微型网段"，最终会有相当多数目的 VLAN。如果通过高速总线和软件将它们传输到路由处理进程中，而不是通过一个物理局域网或 ATM 接口，那么在它们之间使用路由的方式要容易得多。

冗余和可靠性

如果交换机放置在网络中心，它将需要冗余逻辑、冗余电源以及软件和配置的备份存储等。即使有多个交换机连接至配线室，情况也是如此。如果某一段设备的故障会导致整个部门的网络瘫痪，则大多数的网络管理员都希望该设备具有抗故障性能。

网络管理

如今，众所周知，不能得到有效管理的网络是无效的。对于交换机这一点则更为明显。众多的 SNMP 代理、管理软件、远程监视（RMON）及端口镜像都是必需的。而且，VLAN 也需要不同于 IP 路由器网络管理方式的、强大的、有创造力的管理工具。

目前，交换机已成为主要的物理互连设备，它在很多企业的众多领域中已取代了集线器。交换机能够向用户提供更大的带宽，还能通过使用 VLAN 技术实现广播抑制。随着完整的 IEEE 802.1q 标准的推广，VLAN 的专用特性也得到了解决，这为使用该技术的机构提供了多厂商的广泛选择机会。

练习

1. 交换机是如何增加网络的有效带宽的？
2. 列出至少 3 个你认为重要的主干交换机的特性。
3. 简述直通式交换（又称纵横式交换）与存储转发交换之间的区别。
4. 直通式交换机比存储转发交换机的延迟更大。判断正误。
5. 简述使用交换式主干解决方案时两个需考虑的因素，并说明为什么你认为这两个因素是重要的。

补充练习

1. 利用搜索引擎查看第 3 层交换技术。查找该技术的应用及其优点，并总结自己的发现。
2. 使用搜索引擎，查找第 4 层交换技术，并给出一个关于该技术的总结性定义。

第六节 选择路由器

路由器组成了连接全球网络骨架的"关节"。它们使用广域网互连技术来连接局域网，以创建高速的互联网络。选择路由器或路由器家族可能是一件让人畏惧的任务，因为可供选择的特性和功能非常多。此外，在选择路由器平台时也要考虑未来的网络流量增长情况。本节介绍如何在网络中使用路由器，并讨论在选用路由器时应考虑的重要特性。

学习目标

- 了解路由器最普通的用途；
- 了解路由器是如何创建独立的广播域的；
- 掌握路由器所支持的常用局域网和广域网协议；
- 掌握路由器支持的常用网络协议；
- 掌握路由器支持的常用路由协议。

关键知识点

- 路由器不但具有丰富的硬件接口特性，还具有丰富的软件和协议选项。在选择路由器时通常需要仔细地考虑这些特性。

路由器的选配

路由器用于网络的建立和互连，以组成局域网、城域网和广域网的拓扑结构。在特定的路由器技术中还会发现有无线接口。路由器可用于从简单到非常复杂的网络配置之中，其典型的拓扑结构包括：

- 简单 Internet 网关拓扑结构；
- 多局域网拓扑结构；
- 多广域网拓扑结构；
- 混合局域网/广域网拓扑结构；
- 子网分段拓扑结构。

简单的 Internet 网关拓扑结构

路由器最常见的用途是将公司的以太网和 Internet 相连。这是一种很直接的选择，路由器通常与从 ISP 那里订购的服务捆绑在一起。ISP 通常为每种类型的服务（如通过 T1 的帧中继和通过 DSL 的 PPP）选择适合的路由器。在这种情况下，用户通常不用关心如何选择特定路由器的具体细节。图 3.10 示出了这种基本的路由器（网

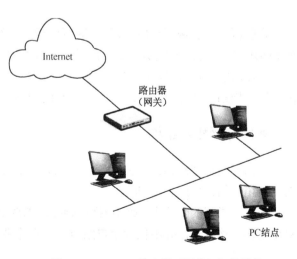

图 3.10　Internet 路由器（网关）拓扑结构

关）配置的拓扑结构。随着用户机构的不断发展，可能会需要增加某些安全特性，如通过配置防火墙功能而实现数据包过滤功能。

多局域网拓扑结构

在由多个部门工作组构成的非常大的企业中，可以使用路由器来连接局域网网段，以增加有效带宽。图 3.11 示出了这种路由器配置的拓扑结构。与 Internet 网关不同，这些公司局域网中通常运行着多种协议。

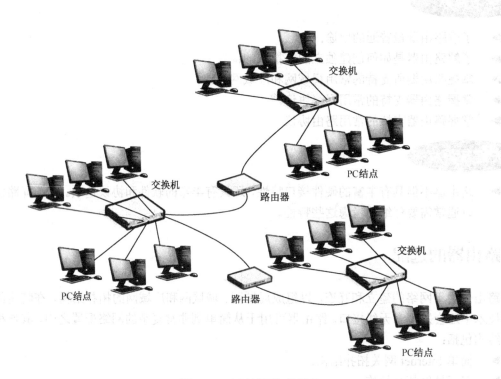

图 3.11　多局域网拓扑结构

在园区网或城域网环境中，路由器可以通过光纤链路连接在一起，但仍然使用局域网协议，如 FDDI 和千兆以太网协议。重要的是，在这些类型的网络配置中通常包括一些与路由解决方案一起使用的其他技术，如交换技术和 VLAN。"只要可能就进行交换，必须路由时才进行路由"这一规则虽然有些过时，但在创建互联网络时仍然有效。

多广域网拓扑结构

当需要将低速线路连接到高速线路时，一组主要在广域网中配置的路由器可能会比较有效，其拓扑结构如图 3.12 所示。

在这一类型的配置中，路由器可以通过 FDDI 或千兆以太网进行连接。所不同的是局域网只用来连接路由器，并不包含用户结点；而在企业网络中通常是包含用户结点的。

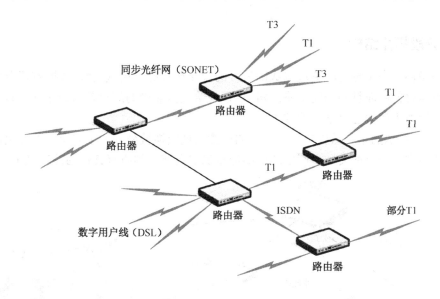

图 3.12　多广域网拓扑结构

混合局域网/广域网拓扑结构

这种配置的拓扑结构在任何规模的网络中都是最常见的。图 3.13 示出了一个典型的混合局域网/广域网拓扑结构。对于一个大型的互联网络，这种拓扑结构的复杂程度是显而易见的。它可能是散布在不同地理位置的一种结构，用户使用 FDDI 或千兆以太网主干连接到以太局域网，而各办公室则通过路由器技术连接在一起。

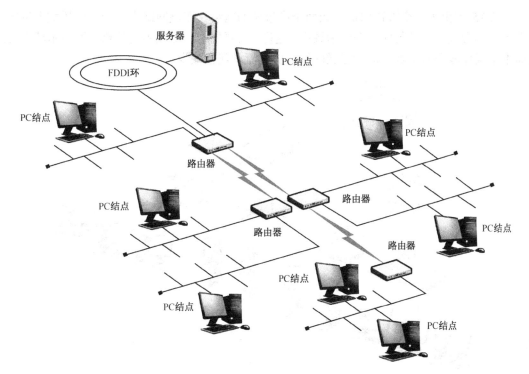

图 3.13　典型的混合局域网/广域网拓扑结构

子网分段拓扑结构

子网是指由多个单独的冲突域构成的桥接的或交换式的广播域。将局域网网段分成单独的广播域不但需要使用而且必须使用路由器,以便使给定网段中的结点数量最小化,并将 Internet 网络地址分给多个在地理上分离的结点。

在图 3.14 所示的拓扑结构中,一个大的广播域被交换机分隔成了多个小的冲突域。在这种交换式环境中,一个冲突域中产生的广播流量仍然会转发到所有其他的冲突域中。

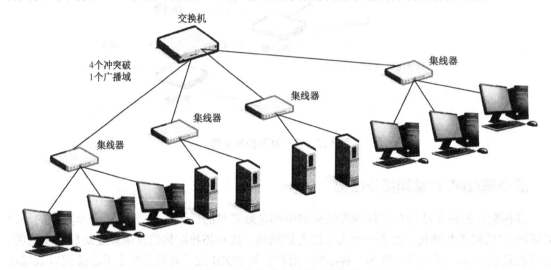

图 3.14 交换式广播域拓扑结构

图 3.15 示出了一个被路由器分成两个广播域的网络。在该网络中,一个广播域中生成的广播流量不会被传输到另外一个广播域中。这样,只要每个广播域中的结点主要与本域中的结点而不是其他域中的结点通信,互联网络上的总流量就会减少。

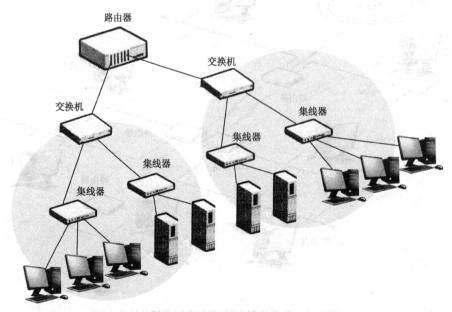

图 3.15 路由器分段拓扑结构

路由器的特性

路由器特性的选择取决于路由器必须做的工作。路由器在网络规划中的角色将决定它所支持的网络体系结构、所需的端口数目,以及必须处理和必须连接的通信线路种类等。

路由器的特性通常可以划分为以下几类:
- LAN/MAN 接口;
- 广域网接口;
- 网络协议;
- 路由协议;
- 管理功能;
- 其他路由器选项。

LAN/MAN 接口

路由器接口不仅支持标准的局域网(LAN),还支持高性能的高速主干网技术,用户可以根据自己的需要对这些接口进行选择。LAN/MAN 接口的选择包括:
- 以太网——标准的 10 Mb/s;
- 快速以太网——100 Mb/s;
- 令牌环网——4 Mb/s 或 16 Mb/s;
- FDDI——100 Mb/s;
- 交换式多兆位数据服务(SMDS);
- 千兆以太网——1 Gb/s(1 000 Mb/s);
- 万兆以及网——10 Gb/s。

广域网接口

广域网接口通常包括两个主要因素:速率(载体)和协议。由此,路由器对于广域网接口的选择基于两个决定:载体的类型和在载体上操作的协议类型。

这些决定受到连接选项、性能需求、网络拓扑(网状的还是交换式的)及成本(当然要考虑)等因素的影响。下面介绍广域网接口的选择。

网络载体:
- 公用交换电话网(PSTN)调制解调器(56 kb/s);
- xDSL 技术,包括非对称数字用户线(ADSL)和对称数字用户线(SDSL),以及相应的各种不同速率;
- E1/T1;
- 部分 T1;
- E3/T3;
- 部分 T3;
- 同步光纤网/同步数字系列(SONET/SDH)。

网络通信协议:
- PPP;

- 帧中继；
- 通过帧中继的 PPP；
- 同步数据链路控制（SDLC）；
- X.25；
- 其他高速服务/协议选项，如 POS 等。

上面的广域网选项还能被分为点对点服务（租用/专用线路）和交换式服务（帧中继、ATM）。

在选择广域网接口和服务时评估流量是很重要的，因为服务费将和吞吐量一起增长。所以应该估计网络流量底线，仔细评估流量的增长。

注意： 路由器的吞吐量通常用 FPS 表示，在这种方式中数据包长度通常以 64B 进行计算。

其他一些因素较为繁杂，但也很重要。例如，选择正确的电缆类型和连接头类型，如 EIA/TIA-449、X.21、EIA-530 或者 V.35 等，都是选择和实施过程的一部分。出于对灵活性、备份和增长的考虑，可以考虑租用两个部分 T1 线路来取代一个完整的 T1 线路。这种方法提供了备份功能和一条简易的增长路径，线路速度可以通过购买现存线路的额外服务来实现。

网络协议

即使是低端路由器也提供了多种协议选择，这需要企业网络设计者在仔细考虑当前的需求和未来的增长后予以决定。标准的协议（如 IP 和 IPX 协议）应该是必然要出现在购买列表中的，而其他的代表早期标准的协议也应该选择。通常可以使用的网络通信协议包括：

- TCP/IP；
- IPv6（支持扩展了的地址）；
- IPX（在 Novell 和 Microsoft 网络中使用）；
- AppleTalk [数据报传输协议（DDP）]；
- DECnet（Phases IV 和 V）；
- APPN（和 SNA 一起使用）；
- DLSw（和 SNA 一起使用）；
- OSI 无连接网络协议（CLNP）；
- VIP（Banyan VINES）；
- X.25（一种第 2 层和第 3 层协议）。

路由器网络协议的选择取决于单位网络中所采用的网络体系结构，同时也取决于其他一些使得用户可以和外界网络互相通信的协议。还有一些协议需要用来为远程通信和远程访问服务提供安全性，如虚拟专用网（VPN）协议。用于这些功能的常用协议如下：

- 点对点隧道协议（PPTP，Microsoft）；
- L2TP（IETF 制定的协议，其中涵盖 Cisco 的 L2F 和 Microsoft 的 PPTP 的最佳特性，并被其他网络厂商所支持，如 3Com。

路由协议

路由协议虽然工作于后台，但是对于网络互联非常重要。路由协议的选择通常与网络协议的选择息息相关。事实上，特定的网络协议和与其相关的路由协议之间通常有着一一对应的关系，如：IPX 和 NLSP，AppleTalk 和 AURP。但也并不总是这样。有些协议在一开始虽然是特定厂商所专用的，但目前已被广泛使用，如内部网关路由协议（IGRP）和增强型内部网关路由协议（EIGRP）。常用的路由协议包括：
- RIP（在小型网络中使用，不可扩展）；
- RIPv2——增强的 RIP（仍不可扩展，增加了一些安全特性，子网长度可变）；
- OSPF 协议；
- IGRP（Cisco）；
- EIGRP；
- 中间系统到中间系统（IS-IS）；
- 域际路由协议（IDRP）；
- NLSP；
- AURP；
- BGP-4（在自治系统间使用，如 ISP 之间）。

其中，RIP 是一种仍在使用的较早的协议，它将网络跳步的最大值限制为 15。相反，OSPF 协议是一种高度可扩展的路由协议，由 IETF 工作组开发，主要为 TCP/IP 环境设计。通常，在企业网主干中使用 OSPF，而在其边缘使用 RIP。

管理功能

网络管理是如今复杂的互联网络中的一个重要部分。智能化设计的网络中所包含的管理能力将降低网络的整体费用。诸如"多少资源、什么样的资源可以被分配给管理和监视功能"这样的问题有助于其网络功能的设计。RMON 能力（如绑定到局域网的 RMON 探针）使得网络管理人员能够收集数据和解决故障。网络管理特性包括：
- 监视流量（在预置了上下限的条件下）。
- 自动通知资源停止运转（SNMP 陷阱）。
- 收集统计数据，如路由器丢弃的 IP 帧的数量。
- 网络资源的动态配置。
- 基于策略的管理（PBM）功能，使用能协同操作的基于开放标准的连网设备使得企业可以使用 PBM 来建立网络。该网络可以智能地强化由用户、工作组、部门、数据、时间和网络拥塞级别动态制定的规则。

其他路由器选项

路由器提供了许多"不可缺少"的增值特性：
- 网络地址翻译，使用少数"外部地址"连接 Internet，使用内部地址（如 10.0.0.0）作为内部通信之用。
- 对多播协议的支持使得视频流和音频流在所有交换机和路由器上可以得到特殊的处理。例如，对延迟敏感的活动（如视频会议和培训）被预先处理为更少交互的进程（像文件传输）。这种方法使用了由 IEEE 802.1p/q 工作组制定的局域网优先级机制标准。
- IP 电话技术为统一网络提供了支持。IP 电话是一种通过 Internet 传输语音的技术。随着 QoS 技术能够提供至少像用户所习惯的电话那样的服务，IP 技术将能够在很大程度上满足用户的需求。新出现的"点击说话"功能将使用户可以在 Web 站点上通过点击按钮来向商业化的呼叫中心发出 IP 电话呼叫。这种类型的应用服务可以通过集成 PSTN 和 IP 网络的语音和数据服务来实现。

练习

1. 列出路由器使用的 3 种配置。
2. 路由器可以用来创建广播域。判断正误。
3. 列出 3 种路由器支持的普通局域网接口。
4. 列出 3 种路由器支持的普通广域网接口，包括载体和协议。
5. 列出在选择广域网服务时应该考虑的两个因素。
6. 列出路由器支持的至少 5 种网络协议。
7. 简要比较 RIP 和 OSPF 协议。
8. 列出路由器管理所提供的两个特性。
9. 网络地址转换（NAT）选项提供了什么？
10. 路由器的吞吐量用什么表示？

补充练习

1. 使用自己喜欢的浏览器，访问至少两个著名的路由器生产厂家（如华为、Cisco）的网站，并列出一些与本节内容有关的（局域网接口、广域网接口、网络协议和路由协议）产品细节。总结自己的发现。
2. 查找一些本节没有列出的路由器增值产品的特性，并讨论其增值应用。

第七节 集线器、交换机和路由器的综合使用

数据通信网对于商业组织，就像血液循环系统对于人一样重要。若设计得不好，网络就会阻碍商业的成功。网络设计包括从个人连接到全球网络管理通信系统的所有方面。

解决网络互联问题的最佳方法是，首先查看公司的业务需求，然后使用既能满足这些需求，又经济又易于管理的技术。其解决方案不但必须考虑应用的需要、流量的模式和工作组的组成等，还必须考虑和现有网络的兼容性、安全性、可扩展性、易用性和网络管理性能。

本节将用一系列的示例来说明网络互连设备在成功的设计方案中如何一起协同工作，还将讨论在工作组、主干网和广域网环境下使用集线器、交换机和路由器的优缺点。

每个网络在设计目标和操作需求上都各不相同，因此所给出的示例并不是对某个特殊问题推荐的解决方案。网络设计人员必须自己决定所有因素的轻重缓急，并使用适当的技术来完成具体的设计目标。

学习目标

▶ 了解路由器和交换机是如何一起将网络分段的；
▶ 掌握常用的网络主干类型；
▶ 了解物理网络分段和逻辑网络分段的区别。

关键知识点

▶ 在设计网络之前，必须详细地分析机构的业务需求。

路由器与交换机的比较

路由器和交换机是一对互补设备，它们一起使用可使网络的规模大大超过只使用其中一种设备的网络。网络设计者可以将这两种技术组合起来创建高性能的可扩展网络。

在过去几年中，局域网交换机在互联网产业中掀起了一场风暴。局域网交换带来的冲击是戏剧性的，它使得网络设计者开始重新考虑网络设计的基本规则，并导致了对于交换机和路由器的功能和位置的混淆。

因为交换机只读取 MAC（帧）地址，它可以连接标准的集线器、网桥和路由器，或者取代它们。例如，假设一个网桥/路由器环境能够完成近 15 000 FPS（帧每秒）的吞吐量，那么相比之下，同样条件下的交换方法可以传输 50 000 FPS 或更多的吞吐量。这意味着标准分段的工作组可以被更高性能的采用交换技术的"无网段"工作组所取代，如图 3.16 所示。

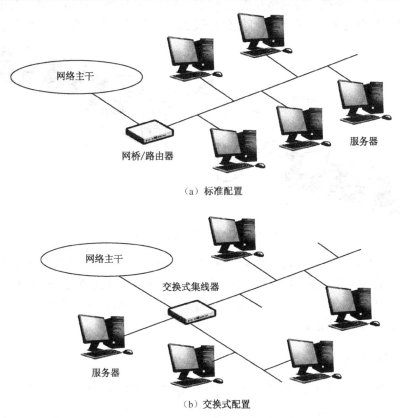

图 3.16 标准配置和交换式配置

注意：尽管交换机是第 2 层设备，它依据 MAC 地址来转发帧，但厂商还是常用 FPS 来表示交换速度。

使用交换的方法通常也比使用网桥/路由器的方法更经济，因为它需要的设备更少。为了避免在网桥/路由器网络中可能产生的冲突现象，通常只能分配很少的工作站给每个网桥/路由器端口。这样，管理员就要创建更多的子网，子网反过来又需要更多的网桥/路由器端口。而交换方法消除了这种对于更多网桥/路由器的需求，有效地节省了费用。该方法还提供了更大的配置灵活性，且极大地简化了网络管理。

用交换机和路由器进行分段

交换机和路由器具有相似的将网络分段的能力。因为交换机和路由器分别工作于 OSI 参考模型的不同层，所以它们可以基于不同目的完成独特类型的网络分段：
- ▶ 交换机（第 2 层）将网络分段，其目的是提供更大的带宽；
- ▶ 路由器（第 3 层）将网络分段，其目的是限制广播流量并提供安全性、控制性和单个广播域之间的冗余。

工作组环境

工作组是指共享计算技术资源的终端用户的集合。工作组可大可小，或位于同一建筑物内，或在同一园区中；它可以是永久性的，也可以是仅基于项目的成员组。

图 3.17 示出了一个在安装网络互连设备之前的典型集线器工作组环境。其中仅画出了 2 台标准集线器，但事实上，工作组中可能包含供 200 多个用户使用的 10～20 台集线器。

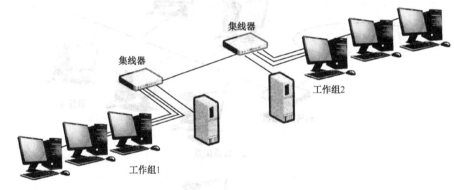

图 3.17 典型的集线器工作组环境

在图 3.17 示例中，在共享 100 Mb/s 的存取访问速率下，管理员需要将服务器的可用带宽最大化，并将各自独立的客户 PC 分成更小的冲突域。只有少数大型用户需要专用的 100 Mb/s 带宽来运行其应用程序。为此，网络管理员需要在安装交换机和路由器之间权衡并做出选择，以消除不断增加的服务器瓶颈。

路由器解决方案

在图 3.18 所示的工作组拓扑环境中，采用的是路由器解决方案。实际上很少有网络管理员会决定在该应用中使用路由器，但在此还是对这个可能的解决方案加以论述，以说明安装交换机与路由器的区别。

路由器通常配有供服务器使用的专用接口和连至每个中继集线器和大型用户的众多标准以太网接口。通过安装路由器，网络管理员将大的广播/冲突域分成几个较小的广播/冲突域，从而提高结点间流量的性能。

在实际应用中，这种选择并不是最经济、最具技术性的解决方案。首先，从成本角度考虑，路由器在每个端口的资金成本相对较高，长期管理的费用比交换机也会高出许多；其次，从技术角度考虑，路由器比交换机所提供的分组吞吐量通常要低一些；最后，由于将工作组分成子网，产生了独立的广播域，各种级别的广播流量有可能无法调整这些独立广播域的额外复杂性。

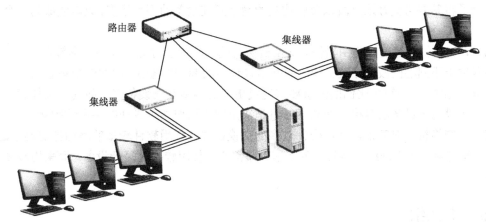

图 3.18　路由器解决方案

交换机解决方案

图 3.19 示出了配置局域网交换机后的工作组。在交换式环境中，广播域分成了 4 个独立的 100 Mb/s 冲突域。对服务器和超级用户的专用 100 Mb/s 访问消除了对这些结点的介质访问竞争。超级用户可以直接连接到服务器。

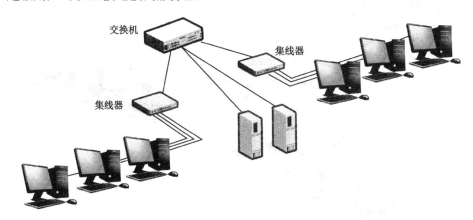

图 3.19　交换式工作组解决方案

高速服务器接口可为本地局域网消除潜在的瓶颈。这种交换机上高速端口的使用，确保了当来自几个端口的流量送往同一个目的端口时，不会由于缓冲区的限制而造成分组的延迟和丢失。例如，在以太网环境中，每个 100 Mb/s 的交换机端口，都接收到以 4 000 FPS（帧每秒）速率送往服务器的 64 个 8 位字节分组，则服务器端口的总负载就会达到 20 000 FPS，远远超过了以太网 64 个 8 位字节帧的 14 880 FPS 的限制。

假设工作组需要访问位于数据中心的集中式主干设备，则需要给交换机增加另外的高速组件。在主干网与数据中心，高速技术为第一大影响因素，工作组交换机必须能够提供这些技术，以向用户提供平稳的迁移路径，使用户能够伸缩和扩充自己的网络。

至于在工作组内提供原始带宽的情况，采用交换机明显优越于路由器。对于此类应用，相对路由器而言，交换机具有以下 3 个优点。

第一，交换机成本低。交换机所提供的高性能的每端口成本要比路由器低很多。随着网络管理员为了将其网络更好地分段以及所购买的网络互连设备的不断增多，成本便成为一个重要的因素。

第二，交换机的速度比路由器快。交换机所有端口均可全时提供线路速率转发。由于客户与服务器位于不同的网段，打破了传统的网络设计中的 80/20 规则，中间网络设备的性能因此非常关键。同时，由于较大比例的流量要求通过更多的网络互连设备来访问同等实体和中心服务器群，所以每个设备的等待时间和吞吐量是决定网络操作能否成功的决定性因素。

第三，交换机相对简单，使用硬件较多的交换机要比使用软件较多的路由器更易于配置、管理和故障排除。由于网络互连设备的增多，通常希望使用较少的复杂设备，而采用较多的简单设备。

部门工作组

部门工作组是由多个小工作组构成的较大工作组，一个典型的部门工作组解决方案如图 3.20 所示。

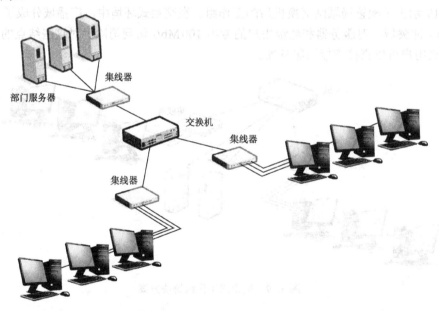

图 3.20 典型部门工作组解决方案

每个小的交换式工作组被分成若干独立的冲突域，为本地服务器提供专用的高速接口。如果用户需要更大的带宽，可以用低成本的 100 Mb/s 交换机替代已安装的中继集线器。

高速接口（如快速以太网、FDDI 等）的模块化部门交换机，可将独立的工作组合并成一个较大的工作组。通过部门交换机和共享高速接口，可以为所有用户提供访问部门服务器的路径。高端工作组交换机和个人工作组交换机完成的功能一样，不过，前者提供了最前沿的交换技术，具有更丰富的特性和模块的多样性，以及向更高速技术的可移植性。总体而言，部门交换机是一种适用于在一栋建筑的一整层中使用的工作组设备，有时也适合在一整栋建筑物中使用。

对广播流量的考虑

尽管交换机可以提供高性能，但有些机构可能会需要交换式环境中的高级广播和多播通信。有些协议（如 IP）产生的广播流量很小，其他协议（如 IPX）则为 RIP 和 SAP 等使用了大量的广播流量。

为了减轻用户在这方面的顾虑，一些交换机商家已经采用软件"广播调速"特性，用以限制通过交换机转发的广播分组数量。该软件对在某个特定时间间隔内接收到的广播帧和多播帧进行计数，一旦达到阈值，就不再转发其他的广播和多播数据流，直至下一个间隔开始。在大型交换式环境中，在高级广播流量可能影响某些网络设备性能的情况下，该功能非常重要。

随着工作组内用户的增多和广播域的增大，最终必然会引起对下列问题的关注：

- 网络性能；
- 问题隔离；
- 广播辐射效应对终端站点 CPU 性能的影响；
- 网络安全性。

安装路由器可以避免这些潜在的问题。通常，包括 100～200 个用户的交换式工作组内的广播流量并不是一个严重的问题，除非有误使用的或误操作的协议。对于较大的工作组，主要的风险因素为安全性和处理广播风暴的成本，或引起整个网络性能下降的其他行为。

物理分段

物理分段示例如图 3.21 所示，其中示出了路由器如何将一个网络在物理上分成若干广播域。在该示例中，为了预防引起整个网络性能下降的广播事件效应，网络管理员采用了路由器。这种物理分段提高了性能，但同时增加了管理工作量。所以，较小的部门工作组比大结构的组织容易管理。

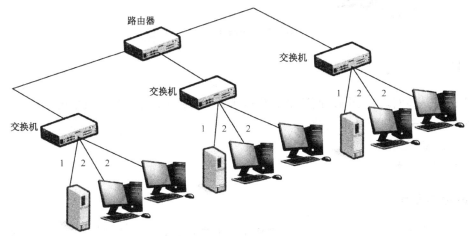

图 3.21 物理分段示例

路由器到每个部门或工作组都有一个专用接口，这为路由器提供了一个专用冲突域，将其与每个工作组内的客户机/服务器的流量隔离开。如果理解了流量模式，且网络设计得合理，则交换机能完成客户机与服务器之间的所有转发。只有需要在广播域之间传输或需要通过广域网的数据流才能到达路由器。

由于只有有限的流量通过路由器，路由器较慢的吞吐能力就变得不那么重要了。在这种情况下，路由器的性能仍然是瓶颈。第 3 层交换机可以以接近于线路的速率来传输数据帧，但是第 3 层交换机不能提供路由器所能提供的安全性和网络管理功能。

逻辑分段

用路由器和交换机将各个独立的 VLAN 连接起来，能以更灵活的方式将网络分为多个广播域 VLAN。在其最简单的形式下，允许在交换式环境中产生虚拟广播域，而与物理基础部件无关。在 VLAN 中，网络管理员可以定义基于各独立工作站的逻辑分组而不是基于网络的物理网络连接。在 VLAN 的各成员中，VLAN 内的流量以线路的速率交换。路由器在各个不同的 VLAN 间转发流量。

如图 3.22 所示，将每个交换机的端口配置成一个 VLAN 的成员，如果终端站点发送广播或多播数据流，则数据流会被转发至源站 VLAN 内的所有端口，而需要在两个 VLAN 之间流动的数据流由路由器转发，这就提供了安全性和对流量的管理。在图 3.22 中，使用了一个专用的路由器，而一个交换机与路由器结合的设备也能完成上述功能。

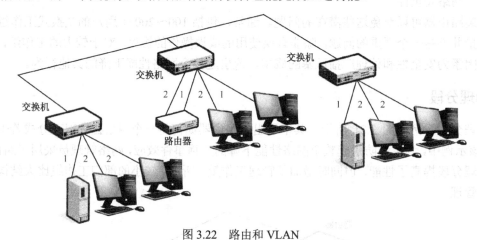

图 3.22　路由和 VLAN

主干

主干通常是指网段和子网之间通信的数据通道。网络就好像一个公路系统，主干就像是国家高速公路。主干有以下基本类型：

▶ 多路复用主干；
▶ 集中式主干。

多路复用主干

多路复用器（MUX）是主干解决方案中首先要考虑的设备，主要用于大型主机环境中，但许多多路复用器也能用于转发局域网通信。

时分复用（TDM）是将多个信道组合到一个高速链路中，然后依次以固定的时间间隔发送每个信道中的一部分流量。其中数据被专有的带宽分段传输，可保证吞吐量，并且不会有帧丢失。TDM 主干如图 3.23 所示，位于不同楼层的以太网或令牌环局域网 PC 工作站和大型主机终端，通过 TDM 连接到位于地下室的大型主机上。

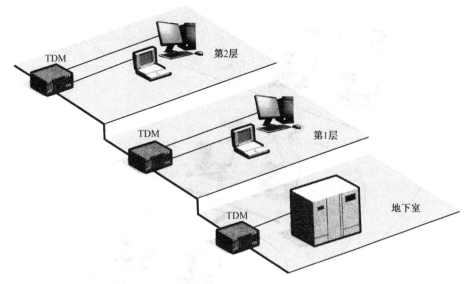

图 3.23 TDM 主干

统计多路复用器也可以将高速链路分成独立的信道，但它使用比 TDM 更为灵活的方式。TDM 将固定数量的时间片分配给每个信道，不管信道中是否有数据发送，这意味着有时 TDM 时间片会是空的。相比之下，统计多路复用器通过分析传输样板来预测一个信道中流量的"空隙"，使得该空隙可以暂时填充其他信道的部分流量。

集中式主干

在集中式主干环境中，大量数据通过一个位于中心的高性能主干设备的背板进行传输。完成集中式主干功能的设备可以是交换机，也可以是路由器。

在集中式主干中，交换机或路由器通过集线器或交换机的星状配置连接多个局域网网段。主干设备在局域网网段之间完成高速网络互联。路由器还具有处理复杂的协议转换和路由寻径功能。图 3.24 示出了一个典型的集中式主干结构。

集中式主干包括位于建筑物或园区中心的交换机或路由器，位于不同配线室的集线器直接连接到其上。这与环网（如 FDDI 环网）不同；在环网中，主干遍布整个建筑和园区。集中式主干的本质特征是其星状拓扑结构。就算一个主干包括数个连接到 FDDI 环网的路由器，它也只是数个星状网（集线器连接到路由器）通过环网的互连。

与传统的分布式主干结构相比，集中式主干具有许多优点。集中式主干设计可将复杂性集中化，提高了性能，降低了成本，并支持服务器群模式。但是，这种方法也有其局限性，集中式主干设备可能成为潜在的瓶颈并可能出现单点故障。

任何厂商的交换机和路由器都能在集中式主干中组合，因为这种拓扑结构对于两种设备都是透明的。如果主干设备的主要功能是纯性能方面的，那么选择交换机；如果目标是完成安全性，那么选择路由器。

路由器比交换机更复杂也更昂贵，但是它可以提供控制性、安全性和冗余性。今天的高性能路由器的背板可以以 Gb/s 级的速率工作。路由器也提供易用的广域网链接，并允许将介质局域网混合在一起，如令牌环网、以太网和 FDDI 等。路由器也能为内部网络用户提供很高的安全保证。

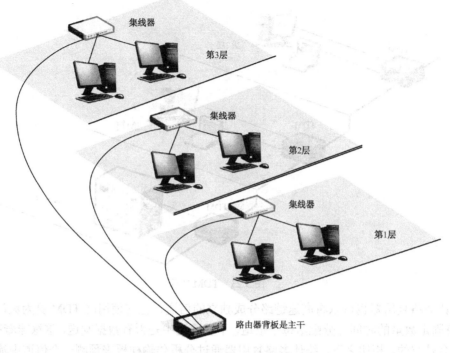

图 3.24 典型的集中式主干结构

网络实例分析

某一技术咨询公司最近决定将所有其下属的部门级的工作组局域网互联。最初，每个部门都负责自身的工作组局域网（LAN），包括购买设备、布线和管理等。一些部门选用以太网，而其他一些部门则选用了令牌环网。在研究布线和局域网类型之后，提出了图 3.25 所示的解决方案。

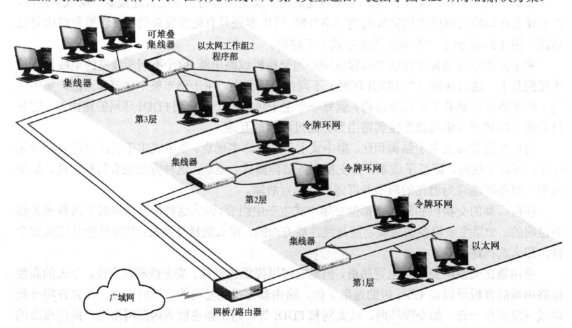

图 3.25 集线器和工作组连接的解决方案

使用网桥/路由器的集中式主干结构构成了该网络的基础。令牌环网和以太网站点被连接到每层的中心集线器上。由于程序部计划招收大量的新雇员从事一个长期项目，所以在该工作组中添加了一个额外的可堆叠集线器以支持扩展和进一步的分段。

第 1 层的集线器包括两个背板：一个为以太网工作组，另一个为令牌环网工作组。第 2 层的集线器包含一个令牌环网背板。第 3 层的集线器包含一个以太网背板。此外，网桥/路由器被连接到广域网上以允许公司与其主要客户进行通信。

练习

1. 当设计网络时，所提出的解决方案必须考虑与公司整体业务需求相关的数个因素。列出至少 5 个这样的因素。

2. 路由器和交换机分别工作于 OSI 参考模型的第 3 层和第 2 层。在不考虑第 3 层交换技术的情况下，列出这两种设备操作的地址类型（假设在 IP 网络和以太局域网中）。

3. 为了能够执行路由操作，信息单元（第 2 层的帧）必须从协议栈（OSI 层）的数据链路层"上传"到网络层。在网络层中，信息单元称为数据包。简要叙述这种需求对数据包延迟的影响。

4. 当网络设计人员使用交换机将网络分段时，其目的是什么？

5. 当网络设计人员使用路由器将网络分段时，其目的是什么？

6. 画一幅图，一个工作组有 12 个用户和 3 个服务器被均分到 3 个独立的相互连接的集线器上（每个集线器有 4 个结点和 1 个服务器）。

7. 接着画第 6 题的图，用交换机将 3 个集线器连接在一起，简要描述在冲突域方面的新变化。

8. 接着画第 7 题的图，用路由器取代交换机，简要描述在广播域方面的新变化。

9. 配置一台交换机通常比配置一台路由器要困难。判断正误。

10. 64 B 的帧被用来计算以太网交换机的吞吐量（FPS），这是因为以太网的最小帧大小是 64 B。判断正误。

补充练习

在教师指导下，分成 3～5 人的小组，做出给定网络实例的解决方案。

本 章 小 结

复杂的网络是由相对简单的设备组成的，这些设备具有依据广泛接受的标准所定义的功能。厂商可以选择在单个设备中实施某种功能，也可以选择在较复杂的设备中组合多种功能。

OSI 参考模型为这些基本的网络功能提供了一个概念框架，如"中继""桥接""交换"和"路由"等。该模型的 7 层显示了每种功能如何与其他功能以可预见的有序方式相关联。这些普通的概念和原理有助于理解和比较来自相互竞争的厂商的不断变换的产品系列。

高效的网络同时也是以简单的但很有用的思想为基础的。一个好的网络，更多的是依靠聪明的设计而不是华而不实的设计和尖端的设备。而聪明的设计则基于丰富的知识、高效的计划、如实的评估、精确的测量和仔细的实施等基本原则。

小测验

1. 网络设备频繁地发出关于自己的服务广告，这被称为（　　）。
   a. 唠叨（Chatty）　　b. 网络互连　　c. 广播　　d. 故障
2. 路由器取代通过广域网链路发送信息来响应本地主机，这被称为（　　）。
   a. 多路复用　　b. 镜像　　c. 哄骗（Spoof）　　d. 监视
3. 将复制信息发送到指定端口的能力称为（　　）。
   a. 多路复用　　b. 镜像　　c. 哄骗（Spoof）　　d. 监视
4. 在冲突域中，（　　）。
   a. 所有的设备看见每一个发送的帧　　b. 所有的设备看见所有的广播帧
   c. 所有的设备看见所有的冲突的帧　　d. 以上所有
5. 在广播域中，（　　）。
   a. 所有的设备看见每一个发送的帧　　b. 所有的设备看见所有的广播帧
   c. 所有的设备看见所有的冲突的帧　　d. 以上所有
6. 下面哪种设备提供最多的功能和最大的延迟？（　　）
   a. 网桥　　b. 中继器　　c. 路由器　　d. 网关
7. 交换机相对于集线器而言，其优点是（　　）。
   a. 比特速率　　b. 带宽的改进　　c. 可管理性　　d. 可达性
8. 集线器的上行链路接口用来（　　）。
   a. 连接一个设备　　b. 连接到另外一个集线器或交换机
   c. 连接到 SNMP 站点　　d. 连接到卫星
9. 哪种主干配置可提供最高的带宽？（　　）
   a. 10Base-T 集线器　　b. 100 Mb/s 交换机
   c. 100 Mb/s 集线器　　d. 100 Mb/s 网桥
10. 下面哪个标准解决 VLAN 的专有特性？（　　）
    a. RFC 2000　　b. 802.1q 标准
    c. 802.2 标准　　d. 以上都不是
11. 当子网化的网络用来提供广域网和局域网连接时，下面哪种设备最可能被采用？（　　）
    a. 中继器　　b. 网桥　　c. 交换机　　d. 路由器
12. 下面哪个选项不是选择路由器时应该考虑的因素？（　　）
    a. 局域网协议　　b. 广域网协议　　c. 网络层协议　　d. 传输层协议
13. 与路由器的广域网物理接口无关的是（　　）。
    a. T3　　b. 以太网　　c. SONET　　d. T1

第四章 交换机的配置

交换机是网络的核心设备之一，也是在任何一个网络中使用最多的互连设备。交换机由交换机硬件系统和交换机操作系统组成。交换机硬件系统包括中央处理器、随机存储器、只读存储器、可读写存储器和外部接口等。交换机的操作系统与具体产品有关，如 Cisco Catalyst 交换机采用的操作系统是 Cisco IOS，而华为所有基于 IP/ATM 构架的数据通信产品操作系统平台则是 VRP（Versatile Routing Platform）。可管理的交换机作为一台专用的计算机，需要配备专用的操作系统才能工作。要使一个复杂的网络正常、高效地运行，就需要对交换机进行正确、合理的配置。对交换机的管理和配置，其实质就是调用其操作系统软件，一般通过命令行或图形界面进行。

人们经常会问：应该怎样配置交换机？交换机的类型是否与网络的规模有关？第 3 层交换机应如何配置和使用？要保证可靠性就需要对交换机进行冗余配置，但怎样解决交换机的环路问题呢？

配置、使用第 2 层以太网交换机是构建局域网的重要内容之一。交换机能够提高局域网的带宽利用率，提供支持虚拟局域网（VLAN）、端口聚合等有用功能，以及生成树协议（STP）和网络管理等功能。通过生成树协议可以解决环路问题。根据网络应用需求，从划分 VLAN 到访问控制列表（ACL）等方面进行合理、正确、有效、安全的配置，就可以使网络正常、高效、可靠、安全地运行。

第 3 层交换机带有路由功能，通过给一个接口指定一个网络地址，就能够在路由表中为该网络建立一条静态路由。这种指向一个接口的静态路由被认为是一种直接连接方式。当接口处于更新状态时，其路由会自动添加到路由表中，用户不需要进行手工配置。

交换机的管理方式分为两种：一种是带外管理，另一种是带内管理。带外管理是通过控制线连接交换机和 PC 的，不占用网络带宽；带内管理有多种方式，如利用 Telnet 远程登录程序管理、Web 页面管理、基于 SNMP 协议的管理等，这些管理方式都会占用网络带宽。

由于交换机的详细配置过程比较复杂，而且具体的配置方法会因不同品牌、不同系列的交换机而有所不同，所以交换机的配置一直以来对于普通用户来说都是非常神秘的。本章以目前应用较普遍的 Cisco Catalyst 交换机等主流交换设备为例，讨论和介绍交换机的基本配置、交换机命令行操作模式的转换、改变交换机设备名称、查看配置交换机的提示信息、配置交换机的参数、VLAN 配置、VTP 配置、Trunk 配置、第 3 层交换机配置等。

第一节 交换机的配置方法

对于一般的小型局域网而言，为了实现端口的扩充，采用不可网管的交换机即可满足需求，此类设备无须配置即可使用。对于一些在性能、安全方面要满足一定要求的大型网络而言，必须采用可配置和管理的智能型交换机，而且需要对这些可网管的交换设备进行相应的配置。

Cisco 系列交换机所使用的操作系统一般是互联网操作系统（IOS）和 COS（Catalyst Operating System），其中 IOS 使用较为广泛。通常网管型交换机可以通过两种方法进行配置：一种是本地配置，另一种是远程网络配置。其中后一种配置方法只有在前一种配置成功后才能进行，即首次配置交换机，必须采用本地配置方式。

学习目标

- ▶ 熟悉搭建交换机的配置环境；
- ▶ 掌握以太网交换机的基本配置方法。

关键知识点

- ▶ 交换机有多种配置方式，常用的方式主要有本地配置和远程网络配置两种。

基于 Console 端口的本地配置

在进行本地配置前，首先要将交换机与本地计算机进行物理连接，连接成功后才可进行软件配置。在此以常见的思科"Catalyst 2950"交换机为例介绍软件的配置方法。利用 Console 端口进行本地配置的操作步骤如下。

物理连接

交换机的本地配置通过计算机与交换机的 Console 端口直接连接的方式进行。不同类型的交换机，其 Console 端口所处的位置不同，有的位于前面板（如 Catalyst 3200 和 Catalyst 4006），有的则位于后面板（如 Catalyst 1900 和 Catalyst 2900XL）。

图 4.1　Console 端口

通常模块化交换机的 Console 端口大多位于前面板，如图 4.1 所示。固定配置交换机的端口大多位于后面板。一般在该端口的上方或侧方都会有类似"CON"或"Console"字样的标志。除位置不同之外，Console 端口的类型也有所不同，大多数交换机（如 Catalyst 1900 和 Catalyst 4006）都采用 RJ-45 端口，但也有少数交换机采用 DB-9 串行端口（如 Catalyst 3200）或 DB-25 串行端口（如 Catalyst 2900）。

无论交换机采用 DB-9 或 DB-25 串行端口，还是采用 RJ-45 端口，都需要通过专门的 Console 线连接至配置用计算机（通常称为终端）的串口（串行端口）。与交换机不同的 Console 端口相对应，Console 线也分为两种：一种是串行线，即两端均为串行端口（两端均为母头），两端可以分别插入计算机的串口和交换机的 Console 端口；另一种是两端均为 RJ-45 端口（RJ-45 to RJ-45）的扁平线。由于扁平线两端均为 RJ-45 端口，无法直接与计算机串口进行连接，因此，还必须同时使用一条图 4.2 所示的 RJ-45 to DB-9（或 RJ-45 to DB-25）配置线缆，或者使用图 4.3 所示的适配器。

通常情况下，在交换机的包装箱内都会随机赠送上面所述的配置线缆和相应的 DB-9 或 DB-25 适配器。

图 4.2　配置线缆　　　　　　　　　　　　图 4.3　适配器

在对交换机进行配置之前，首先应通过计算机登录连接交换机，交换机的本地配置就是通过计算机与交换机的 Console 端口直接进行连接，然后在此方式下实现计算机与交换机的通信、配置，其连接方式如图 4.4 所示。

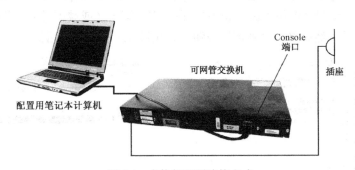

图 4.4　交换机配置连接方式

软件配置

完成物理连接后，打开计算机和交换机电源进行软件配置。在正式进入配置之前需要先在计算机上进行相应的设置，其步骤如下：

（1）打开与交换机相连的计算机的电源，进入 Windows 2003 或 Windows XP 等操作系统。（注意：在 Windows 7 或 Windows 2016 默认状态下，没有安装 Telnet 服务。这主要出于安全性考虑，因 Telnet 的数据是以明文传输的。在 Windows 7 下安装 Telnet 的方法是：依次单击"开始"→"控制面板"→"程序"选项，在"程序和功能"选项卡中找到并单击"打开或关闭 Windows 功能"选择进入"Windows 功能"设置对话框；找到并勾选"Telnet 客户端"和"Telnet 服务器"复选框后，开启 Telnet 服务即可。）

（2）检查是否已经安装"超级终端"（Hyper Terminal）组件。如果在"附件"（Accessories）中没有找到该组件，可单击"添加 / 删除程序"（Add / Remove Program）→"添加 / 删除 Windows 组件"→"附件和工具"选项，单击"详细信息"后勾选"通讯"选项；再单击"详细信息"，勾选"超级终端"选项，添加该 Windows 组件，如图 4.5 所示。

"超级终端"安装好之后，必须对超级终端进行必要的设置（在物理线路已经连接并打开了交换机电源的情况下），其步骤如下：

（1）单击"开始"按钮，在"程序"选单的"附件"→"通讯"选项卡中单击"超级终端"选项；若为首次运行超级终端，则会弹出图 4.6 所示的对话框，用以建立一个新的超级终端连接项。

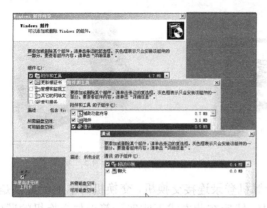

图 4.5　添加超级终端　　　　　　　图 4.6　"默认 Telnet 程序？"对话框

（2）单击"是"按钮，进入"位置信息"对话框，如图 4.7 所示。从"目前所在的国家（地区）"下拉列表框中选择"中华人民共和国"，在"您的区号（或城市号）是什么？"文本框内输入中国区号"86"；然后单击"确定"按钮，弹出图 4.8 所示的对话框。

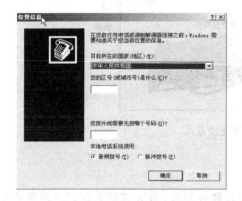
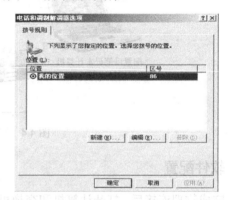

图 4.7　"位置信息"对话框　　　　　图 4.8　"电话和调制解调器选项"对话框

（3）不用进行任何设置，直接单击"确定"按钮，弹出"连接描述"对话框，如图 4.9 所示。

图 4.9　"连接描述"对话框

(4)在"名称"文本框中输入需要新建的超级终端连接设备的名称,这样做的目的主要是为了便于识别,在这里输入"bsszwlzx",如图 4.10 所示。如果想为"bsszwlzx"这个连接项选择一个图标,可以在图 4.10 中的图标框中选择一个;然后单击"确定"按钮,则弹出"连接到"对话框,如图 4.11 所示。

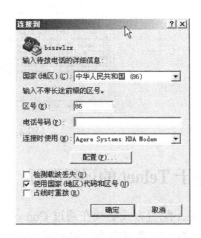

图 4.10　输入超级终端名称　　　　　　　图 4.11　"连接到"对话框

(5)在"连接时使用"下拉列表框中选择与交换机相连的计算机串口或其他连接方式,如图 4.12 所示。在此,配置线缆连接的是计算机的 COM3 端口,故选择"COM3"。

(6)单击"确定"按钮,弹出图 4.13 所示的对话框。在"每秒位数"(或称波特率)下拉列表框中选择"9600",其他各选项全部采用默认值。

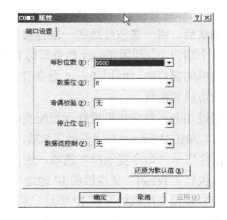

图 4.12　端口选择　　　　　　　　　　　图 4.13　端口设置

(7)单击"确定"按钮,如果通信正常即可弹出图 4.14 所示的界面,并会在这个窗口中显示交换机的初始配置情况。

Catalyst 2950 交换机在配置前的默认配置为:端口无端口名;端口的优先级为 Normal 方式;所有 10/100(Mb/s)以太网端口设为 Auto 方式;所有 10/100(Mb/s)以太网端口设为 Auto 方式;未配置 VLAN。

图 4.14 交换机初始配置界面

基于 Telnet 的远程配置

Telnet 配置方式必须在通过 Console 端口基本配置之后才能进行。也就是说，当首次利用 Console 端口完成对交换机的配置，并设置了交换机的管理 IP 地址和登录密码后，就可以通过 Telnet 会话来远程登录交换机，对交换机进行远程配置与管理了。

在使用 Telnet 会话连接至交换机前，应确认已经做好以下准备工作：

▶ 在用于管理的计算机中安装了 TCP/IP，并已配置好 IP 地址。
▶ 在被管理的交换机上已经配置好 IP 地址；如果尚未配置，则必须通过 Console 端口进行设置（参见本章第二节中的"基于命令行的基本配置"相关内容）。
▶ 在被管理的交换机上建立了具有管理员权限的用户账户；如果没有建立新的账户，则 Cisco 交换机默认的管理员账户为 Admin。

确认后，将一条双绞线的一端连接到计算机网卡上，另一端连接到交换机 VLAN 1 中的任意一个端口上，利用 Telnet 命令即可直接登录交换机；也可在另一台已经进入配置管理模式的交换机的窗口中，利用 Telnet 命令登录至这台配置了管理 IP 地址的交换机，实现对这台交换机的访问和配置。

通过 Telnet 对交换机进行远程配置的操作步骤如下：

（1）单击 Windows 的"开始"选项，在"运行"文本框中输入"cmd"命令，或单击"程序"→"附件"→"命令提示符"选项，进入 Windows 的"命令提示符"方式；然后在 MS-DOS 方式下执行"Telnet 交换机的 IP 地址"命令，登录到远程交换机。

（2）假设交换机的管理 IP 地址已设为 10.1.16.1，则利用双绞线将交换机接入网络，然后在 DOS 命令行后输入"telnet 10.1.16.1"，并按 Enter 键。连接到交换机后，会要求用户认证，即弹出图 4.15 所示的窗口。

（3）在图 4.15 所示的窗口中输入用户登录密码（输入的密码不会显示出来）。密码校验通过后，即登录进入了交换机，这时会出现交换机的命令提示符"Switch>"，如图 4.16 所示。通过 Telnet 连接到交换机后，就可以像在本地一样对交换机进行配置操作了。

（4）若要退出对交换机的登录连接，输入 exit 命令即可。这时窗口中提示"失去了跟主机的连接"，即表示断开成功，如图 4.17 所示。

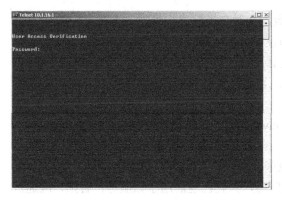 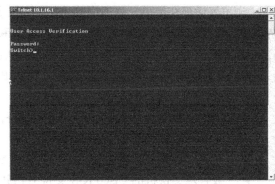

图 4.15　提示登录密码　　　　　　　图 4.16　交换机命令提示符

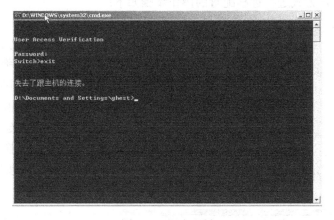

图 4.17　退出配置

此外，利用超级终端登录到另一台交换机后，通过执行"telnet 10.1.16.1"命令，也可登录和访问这台管理 IP 地址为 10.1.16.1 的交换机，如图 4.18 所示。

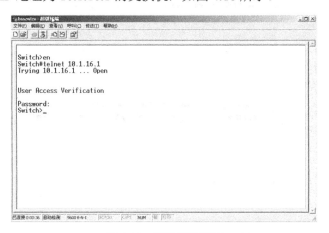

图 4.18　超级终端登录

基于 Web 浏览器的配置

当利用 Console 端口为交换机设置好 IP 地址并启用 HTTP 服务后，即可通过支持 Java 的

Web 浏览器访问交换机,修改交换机的各种参数,并对交换机进行管理。事实上,通过 Web 界面,可以对交换机的许多重要参数进行修改和设置,并可实时查看交换机的运行状态。不过在利用 Web 浏览器访问交换机之前,应当确认已经做好以下预备工作:

- ▶ 在用于管理的计算机中安装了 TCP/IP,且在计算机和被管理的交换机上都已经配置好了 IP 地址。
- ▶ 用于管理的计算机中已经安装了支持 Java 的 Web 浏览器,如 Internet Explorer、Netscape 或 OPRea with Java。
- ▶ 在被管理的交换机上建立了拥有管理权限的用户账户和密码。
- ▶ 被管理交换机的 Cisco IOS 支持 HTTP 服务,并且已经启用了该服务;否则,应通过 Console 端口升级 Cisco IOS 或启用 HTTP 服务。

通过 Web 浏览器方式进行远程配置的操作步骤如下:

图 4.19 输入用户名和密码

(1)把计算机连接在交换机的一个普通端口上,在 Web 浏览器的地址栏输入被管理交换机的 IP 地址(如"61.159.62.182")或为其指定的名称,单击 Enter 键,则弹出图 4.19 所示的对话框。分别在"用户名"和"密码"文本框中,输入拥有管理权限的用户名和密码。

(2)单击"确定"按钮,即可建立与被管理交换机的连接,在 Web 浏览器中显示交换机的管理界面。例如,与 Cisco Catalyst 1900 建立连接后,显示在 Web 浏览器中的配置界面如图 4.20 所示。

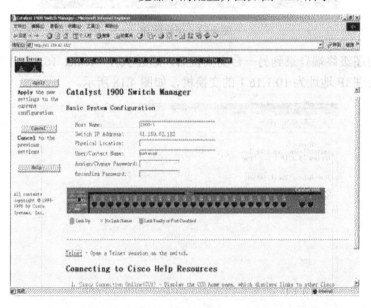

图 4.20 Web 浏览器中的配置界面

(3)按照 Web 界面中的提示,查看交换机的各种参数和运行状态,并可根据需要对交换机的某些参数进行修改。

交换机的加电启动

普通交换机一般不带电源开关,在使用之前应从电源插座上拔掉电源线插头,或者断开电源插座开关。然后用控制线连接计算机的 COM1 端口和交换机的 Console 端口,在计算机上进入"超级终端"环境。

连接交换机电源,交换机启动自检过程,即交换机一旦加电,首先运行只读存储器(ROM)中的自检程序,对系统进行自检;然后引导运行 Flash(闪存)中的 IOS,并在非易失性随机访问存储器(NVRAM)中查找交换机的原有配置,找到后将其载入动态随机存储器(DRAM)中运行。启动后,在装载了"超级终端"程序的计算机屏幕上将显示图 4.21 所示的内容。

```
C2950 Boot Loader (C2950-HBOOT-M) Version 12.1 (11r) EA1, RELEASE SOFTWARE (fc1) Compiled
Mon 22-Jul-02 17:18 by antonino
WS-C2950-24 starting...
Base ethernet MAC Address: 00:0d:ed:af:ea:40
Xmodem file system is available.
Initializing Flash...
……
Press RETURN to get started!
```

图 4.21　交换机启动后的显示

若交换机是第一次加电启动,则会询问是否进行初始化配置。此时可输入"yes"进行配置,而输入"no"则表示不配置,如图 4.22 所示。在配置过程中按 Ctrl+C 组合键可终止配置。

```
         --- System Configuration Dialog ---
Would you like to enter the initial configuration dialog? [yes/no]:
00:00:14: %SPANTREE-5-EXTENDED_SYSID: Extended SysId enabled for type vlan
00:00:17: %SYS-5-RESTART: System restarted --
```

图 4.22　系统配置对话

输入"yes"后会自动进入初始化配置环境,即可根据人机会话过程提示,设置交换机名称、各个密码及 VLAN1 的 IP 地址,确认交换机各个端口的信息。初始化信息配置完成后,根据提示,即可把配置信息存入 NVRAM 中。

练习

1. 交换机有哪几种配置方式?各有什么特点?
2. 交换机一般不带电源开关,在使用时需要注意哪些问题?
3. 新交换机出厂时的默认配置是（　　）。
   a. 预配置为 VLAN 1,VTP 模式为服务器
   b. 预配置为 VLAN 1,VTP 模式为客户机
   c. 预配置为 VLAN 0,VTP 模式为服务器
   d. 预配置为 VLAN 0,VTP 模式为客户机

4. 交换机如何知道将帧转发到哪个端口？（   ）
    a. 利用 MAC 地址表　　　　　　b. 利用 ARP 地址表
    c. 读取源 ARP 地址　　　　　　d. 读取源 MAC 地址

5. 在交换机上同时配置了使能口令（Enable Password）和使能密码（Enable Secret），起作用的是（   ）。
    a. 使能口令　　b. 使能密码　　c. 两者都不是　　d. 两者都可以

【提示】在交换机上可以配置使能口令和使能密码，一般配置一个就可以了。如果两者同时配置，则使能密码起作用。参考答案是选项 b。

补充练习

练习访问交换机的各种方法，注意总结相关经验。

第二节　交换机的基本配置

交换机的基本配置包括设置主机名和管理 IP 地址等项目。交换机的基本配置方式分为命令方式和会话方式。Cisco IOS 命令需要在对应的模式下才能执行，如果执行某个命令，必须先进入相应的配置模式。

学习目标

▶ 了解交换机的配置模式；
▶ 掌握以太网交换机的基本配置方法和命令。

关键知识点

▶ 交换机的命令行操作模式与配置模式转换是实现配置的基础。

交换机的配置模式

Cisco IOS 提供了用户模式和特许模式两种基本的命令执行级别，同时还提供了全局配置、端口配置、子端口配置和 VLAN 数据库配置等多种配置模式，以方便用户对交换机的资源进行配置和管理。

用户模式（User EXEC）

用户模式主要用于显示交换机的基本信息。在用户模式下，只能执行有限的几条命令，这些命令通常用于查看系统信息、改变终端设置和执行一些最基本的测试。从配置端口进入交换机时，首先进入的就是用户模式。用户模式下默认的交换机提示符为"switch>"，其中"switch"为交换机名称。退出用户模式的命令为 logout。

当用户通过交换机的控制端口或 Telnet 会话连接并登录到交换机时，此时所处的命令执行模式就是用户模式。用户模式的命令状态行如图 4.23 所示。

对于 Cisco 交换机，若尚未配置交换机名称，那么默认主机名为"Switch"。为了便于识别交换机，用户可对交换机名称进行配置。Cisco 交换机的命名格式如下：

Catalyst NNXX [-C] [-M] [-A/-EN]

其中：NN 是交换机的系列号；XX 对于固定配置的交换机来说是端口数，对于模块化交换机来说是插槽数；-C 表示带有光纤端口，-M 表示模块化，-A 和-EN 分别表示交换机软件是标准版的和企业版的。

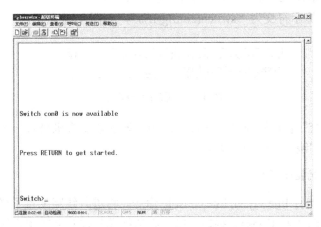

图 4.23 用户模式的命令状态行

特许模式（Privileged EXEC）

在特许模式下，用户能够执行 IOS 提供的所有命令。特许模式用于查看交换机的各种状态，其中包括配置、管理和调试。从配置端口进入交换机时，默认的特许提示符为"switch#"，其中"switch"为交换机名称，例如：bsxywlzx。退出特许模式返回到用户模式的命令为 exit 或 disable。

要进入特许模式，可在用户模式下的提示符后输入"enable"。命令提示符即由原来的用户模式提示符">"变为图 4.24 所示的特许模式提示符"#"。

```
bsxywlzx>
bsxywlzx>enable
bsxywlzx#_
```

图 4.24 特许模式

注：当初次使用 enable 命令进入交换机特许模式时，不要求输入口令（password），因为还没有对交换机的口令进行设置。

全局配置模式

在全局配置模式下可以配置全局性参数。而要进入全局配置模式，则必须先进入特许模式。进入全局配置模式后，提示符变为"switch(config)#"，其中"switch"为交换机名称。可使用 exit 或 end 命令，或按 Ctrl+Z 组合键退出特许模式。在特许模式提示符后输入"config terminal"命令，进入全局配置模式，如图 4.25 所示。

```
bsxywlzx#
bsxywlzx#config terminal
Enter configuration commands, one per line.  End with CNTL/Z.
bsxywlzx(config)#_
```

图 4.25 全局配置模式

在全局配置模式下可进入各种配置子模式，如端口配置子模式等。当然，首先必须进入全局配置模式，然后才可进入配置子模式。

1. 端口配置子模式

在交换机、路由器的配置中，往往有"ethernet 0/1"或者"ethernet 1/1"的字样出现，有的甚至是"ethernet 1/0/1"，这其实是网络设备端口或接口的表示方式。进入端口或接口的方法是：在全局配置模式下使用 interface 命令，其命令格式为：

switch(config)#interface 端口的类型 模块编号 端口号

进入端口配置模式后提示符变为"switch(config-if)#"，如图 4.26 所示。

```
bsxywlzx(config)#interface f 0/10
bsxywlzx(config-if)#_
```

图 4.26　端口配置模式

在图 4.26 中，"f"表示快速以太网接口；"0"表示该交换机只有一个模块，且模块编号为 0；"10"表示该交换机的第 10 号端口。

2. 线路（line）配置子模式

在全局模式下，执行 line vty 或 line console 命令，将进入线路配置子模式。该模式主要用于设置虚拟终端（VTY）和 Console 端口，以及虚拟终端和控制台的用户级登录密码。具体地说，line con 0 进入控制台端口 0 的线路配置子模式，line vty 0 4 进入 VTP 线路 0~4 的线路配置子模式，login 在线路配置子模式中允许登录到某个线路，password 在线路配置子模式中设置线路登录口令。命令格式为"line con 端口号"或"line vty 端口号"，提示符将变为"switch(config-line)#"，如图 4.27 和图 4.28 所示。

```
bsxywlzx(config)#line con 0
bsxywlzx(config-line)#_
```

图 4.27　线路配置子模式一

```
bsxywlzx(config)#line vty 0 4
bsxywlzx(config-line)#
```

图 4.28　线路配置子模式二

3. VLAN 配置模式

对于 VLAN 参数的配置，一般交换机在建立和删除 VLAN 时会在两种模式下提供配置方式：在全局配置模式下进行配置和在 VLAN 数据库模式下进行配置。命令为：在全局模式下输入命令"vlan"及虚拟局域网编号，如图 4.29 所示；或者在特许模式下输入命令"vlan data"，提示符变为"switch(config-vlan)#"，如图 4.30 所示。

```
bsxywlzx(config)#vlan 1
bsxywlzx(config-vlan)#_
```

图 4.29　VLAN 配置模式一

```
bsxywlzx#
bsxywlzx#vlan data
% Warning: It is recommended to configure VLAN from config mode,
    as VLAN database mode is being deprecated. Please consult user
    documentation for configuring VTP/VLAN in config mode.

bsxywlzx(vlan)#_
```

图 4.30　VLAN 配置模式二

注意：上述所有命令不区分大小写，在不引起混淆的情况下，支持命令简写，如："enable"可简写为"en"，"config terminal"可简写为"conf t"，"interface"可简写为"int"等。在任何一种模式下输入"？"，即可获得允许执行的命令的帮助信息，如图 4.31 所示。

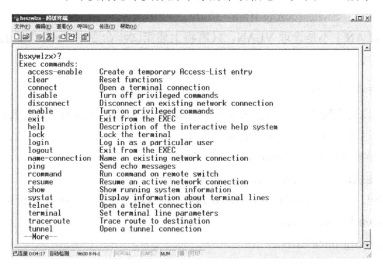

图 4.31　配置命令帮助信息

若要获得对某命令用法的进一步帮助，可在命令之后加"？"。例如，在各种模式下输入"show ？"，可得到 show 命令用法的帮助提示。当显示的内容较多时，系统会自动分屏，此时显示"—More—"提示信息；若要显示下一屏，按空格键即可。

基于命令行的基本配置

若希望交换机能够使用 Telnet 命令进行远程网管，首先必须给交换机设置主机名，并配置一个管理 IP 地址。在此仍然利用"超级终端"程序进入交换机的配置方式。为便于区别，用斜体加粗字符表示用户输入的命令。

1. 设置主机名

在通常情况下，交换机的主机名默认为"Switch"。当网络中使用了多个交换机时，为了以示区别，通常应根据交换机的应用场地为其设置一个具体的主机名。设置交换机的主机名可在全局模式中通过 hostname 配置命令来实现，其步骤如下：

①Switch#*enable*
②Switch#*configure terminal*
③Switch(config)#*hostname bsszwlzx*
④bsszwlzx(config)#*end*
⑤bsszwlzx#*wr*

2. 管理 IP 地址的设置

在默认情况下，Cisco 交换机的 VLAN 1 为管理 VLAN，因此只要为其设置相应的 IP 地址，交换机就可以被远程网管了。设置交换机的管理 IP 地址和登录密码的步骤如下：

① 进入全局模式：Switch#*configure terminal*；

② 进入 VLAN 1 接口模式：Switch(config)#*interface vlan 1*；

③ 配置管理 IP 地址为 10.1.16.1：Switch(config-if)# *ip address 10.1.16.1 255.255.255.0*；

④ 启用该端口：Switch(config-if)#*no shut*。

如果当前 VLAN 1 不是管理 VLAN，只需将上述第②步命令中"vlan"后的数字换成管理 VLAN 的数字即可。

3. Telnet 登录密码的设置

配置密码可以提高交换机管理的安全性。另外，Telnet 登录交换机时，要求必须输入 Telnet 管理密码。配置远程 Telnet 登录密码的命令如下：

① 进入全局模式：Switch#*configure terminal*；

② 配置终端线路参数：Switch(config)#*line vty 0 4*；

③ 设置密码：Switch(config-line)#*password 515123* （注：515123 为密码）；

④ Switch(config-line)#*login*；

⑤ Switch(config-line)#*exit*。

show 命令的基本使用

可使用 show 命令查看交换机信息，通常主要查看以下几方面的信息：

- 查看 IOS 版本，其命令为：show version。
- 查看交换机配置信息，此时需要在特许模式中执行 show running-config 命令。该命令可显示保存在 NVRAM 中的启动配置。
- 查看某一端口的工作状态和配置参数，可使用 show interface 命令来实现，其用法为：show interface type mod/port。其中，type 代表端口类型，mod/port 代表端口所在的模块和在此模块中的编号。
- 查看历史信息，其命令为"show history"，可以列出截至当前所输入过的所有字符。另外，用户也可以使用快捷键实现输入命令的重新自动输入或者浏览和执行等。
- 查看交换机的 MAC 地址表，其命令格式为：show mac-address-table [dynamic|static] [vlan vlan-id]。若指定 dynamic，则显示动态学习到的 MAC 地址；若指定 static，则显示静态指定的 MAC 地址表；若未指定，则显示全部 MAC 地址。

练习

1. 写出交换机的命名格式，并解释各部分的含义。

2. 以太网交换机依据 __(1)__ 转发数据包。访问交换机的方式有许多种，配置一台新的交换机时可以 __(2)__ 进行访问。在输入交换机命令时可使用其缩写形式，在 switch#模式下，如果输入"con"则表示 __(3)__ 。

（1）a. IP 地址　　　　b. MAC 地址　　　　c. LLC 地址　　　　d. PORT 地址

（2）a. 通过计算机的串口连接交换机的 Console 端口

b. 通过 Telnet 程序远程访问交换机
c. 通过浏览器访问指定 IP 地址的交换机
d. 通过运行 SNMP 的网管软件访问交换机
（3）a. connect　　　　　b. control　　　　c. configure　　　d. confirm
3. 在交换机的特许模式下输入（　　）命令进入交换机的 VLAN 数据库模式。
    a. vlan database　　　　　b. database vlan
    c. login database　　　　　d. database login
4. 退出全局模式的命令和组合键不包括（　　）。
    a. end　　　　b. exit　　　　c. Ctrl+Z　　　　d. logout
5. 采用"show run"命令查看明文显示的密码是（　　）。
    a. Password　　　　　　b. Secret
    c. Console database　　　d. 虚拟终端密码
6. （　　）命令用于显示当前模式下的所有支持命令。
    a. ?　　　　　b. help　　　　c. display　　　　d. list
7. 在特许模式中执行（　　）命令，用于显示保存在 NVRAM 中的启动配置。
    a. show start　　b. show run　　c. show restart　　d. show reload
8. 交换机命令"switch＞enable"的作用是（　　）。
    a. 配置访问口令　　b. 进入配置模式　　c. 进入特许模式　　d. 显示当前模式

【提示】"switch＞"进入用户执行模式，"switch＞enable"进入特许模式，在特许模式下由"switch#config terminal"命令进入配置模式，在配置模式下由"Switch(config)# enable password"命令设置访问口令。参考答案是选项 c。

9. 如果要设置交换机的 IP 地址，则命令提示符应为（　　）。
    a. Switch＞　　　b. Switch#　　　c. Switch(config)#　　　d. Switch (config-if)#

【提示】交换机的基础配置主要包括口令与主机名设置、IP 地址与网关设置、端口参数设置和其他常用命令。其中设置交换机的 IP 地址需要进入全局配置模式，如：Switch(config)# ip address 192.168.0.1 255.255.255.0。参考答案是选项 c。

补充练习

练习各种配置模式下配置命令的使用，注意总结相关经验。

第三节　交换机的端口配置

随着网络技术的不断发展，需要通过网络互联来处理的事务越来越多。为了适应网络发展的需求，以太网技术也完成了一代又一代的技术更新。为了兼容不同的网络标准，端口技术变得尤为重要。端口技术主要包括端口自协商、网络智能识别、流量控制、端口聚合及端口镜像等，它们很好地解决了各种以太网在互联互通时出现的问题。

学习目标

▶ 掌握以太网交换机物理端口常见命令及配置方法，包括端口聚合和端口镜像等；

▶ 熟悉第 3 层交换机端口的配置方法及端口聚合方法。

关键知识点

▶ 以太网主要有经典以太网、快速以太网和千兆以太网 3 种，它们分别有不同的端口速度和工作模式。

以太网交换机的端口配置

端口是信息的入口和出口，正确配置端口是交换机配置的首要任务。

端口选择

1. 选择一个端口

在对一个端口进行配置之前，应先进入该端口，其命令为：

Interface type mod/port

其中：type 表示交换机的端口类型，端口（port）通道也称为接口（interface），一个完整的端口由端口的类型、模块号和端口号共同标志，如 "interface f0/1"。

例如：Cisco Catalyst 2950-24 交换机只有一个模块，模块编号为 0，该模块有 24 个快速以太网端口。若选择第 5 号端口进行配置，则配置命令为：

SW#*conf t*
SW(config)#*interface f 0/5*
SW(config-if)#

2. 选择多个端口

对于 Cisco 2900、Cisco 2950、Cisco 3550 及更高档次的交换机，支持使用 "range" 关键字来指定一个端口范围，从而可实现同时选择多个端口，并对这些端口进行统一配置。

同时选择多个交换机端口的配置命令为：

Interface range type mod/startport - endport

其中：startport 表示起始端口号，endport 表示结束端口号；用于代表起始端口范围的连字符 "-" 的两端，应注意其前后各留一个空格，否则命令将无法识别。

例如，若要选择交换机的快速以太网端口的第 1 至第 12 端口，则配置命令为：

SW#*conf t*
SW(config)#*interface range fa0/1 - 12*
SW(config-if-range)#

对于不支持一次选择多个端口的交换机，在配置端口时，若一个一个地进行，那将是一件费时费力的事情，此时可采用以下方法来配置。

先把对某个端口的配置命令复制后粘贴到计算机的记事本中，若需要对 10 个端口进行配置，就在记事本中再粘贴 9 次，总共形成 10 个端口的配置命令；然后针对相应端口号进行修改，从而获得对要配置的所有端口的一个完整的配置命令清单；最后将这些配置命令全部选中后复制并粘贴到超级终端中。此时，交换机就会自动逐条地执行这些配置命令，从而实现对多个端口的相同配置。

配置以太网端口

对于以太网端口的配置，其命令均需在端口配置模式下运行。

1. 为端口指定相应的描述性文字

在实际配置中，可以对某端口添加相应的描述性说明文字，如说明端口的功能和用途等，以起到备忘作用，便于后期管理。其配置命令为：

SW(config-if)#Description port-description

如果描述文字中包含空格，则要用引号（""）将描述文字标注起来。

若交换机的快速以太网端口 1 为 Trunk 链路端口，且需要给该端口添加备注说明文字，则配置命令为：

SW#*conf t*
SW(config)#*interface fa 0/1*
SW(config-if)#*description "——————trunk port——————"*

2. 设置端口通信速率

设置端口通信速率即设置端口的传输速率。默认情况下，Cisco 交换机端口的传输速率为自适应（auto-speed 也称自动协商）模式，链路的两个端点将交流有关各自传输能力的信息，从而选择一个双方都能支持的最大速率及单工或全双工通信模式。若链路一端的端口禁用了自动协商功能，则另一端就只能通过电气信号来探测链路的速率，因为此时无法确定单工或双工通信模式，所以使用默认的通信模式。

若将交换机设置为 auto 以外的具体速率，则应注意保证通信的双方也要设置相同的值。当交换机连接到另一个类似的交换机端口，或连接到服务器、路由器或防火墙等设备上时，通常应设置具体的通信速率和单双工工作模式，一般不要使用默认的"auto-speed"设置，以防止因自动协商而降低通信速率。

设置端口传输速率的配置命令为：

Speed [10|100|1000|auto]

例如，要将交换机 SW 的 2 号端口的通信速率设置为 100 Mb/s，其配置命令为：

SW(config)#*interface f 0/2*
SW(config-if)#*speed 100*

注意：由于 10Base-T、100FX 和 GBIC 端口的通信速率是固定的，因此不能用上述命令进行设置。

3. 设置端口的单双工模式

在配置交换机时，应注意端口单双工模式的匹配。如果链路的一端设置的是全双工模式，另一端设置的是半双工模式，则会造成响应差、丢包现象严重等情况，从而导致高出错率。通常可将端口均设置为自动协商或设置为相同的单双工模式。

配置命令为：

SW(config-if)#*Duplex [full|half|auto]*

其中：full 表示全双工；half 表示半双工；auto 表示自动协商单双工模式。

例如，要将 SW 交换机的 1 号端口设置为全双工通信模式，则其配置命令为：

SW(config)#*interface f0/1*
SW(config-if)#*duplex full*

4. 控制端口协商

启动链路协商的配置命令为：

Negotiation auto

禁用链路协商的配置命令为：

No negotiation auto

当 Cisco 交换机与 H3C 交换机进行级联时，应关闭端口的自动协商功能，否则端口将无法激活（up）。例如，一台 Cisco3550 交换机，通过光纤与远程的 H3C E352 通过千兆光纤端口相连时，必须分别在 Cisco3550 和 H3C E352 的千兆光纤端口上禁用端口自动协商功能。对于 Cisco3550 交换机，其配置命令为：

C3550#*config t*
C3550(config)#*interface g0/1*
C3550(config-if)#*no negotiation auto*
C3550(config-if)#*exit*
C3550#

5. 配置 MTU

最大传输单元（MTU）是指能够交换的最大帧的大小。MTU 的默认值为 1500 B。要允许交换更大的帧，可通过 mtu 命令进行设置，IOS 交换机允许的 MTU 范围为 1500～9216 B。

例如，要设置第 24 号端口允许的最大帧大小为 7000 B，则配置命令为：

SW(config)#*interface f 0/24*
SW(config-if)#*mtu 7000*

6. 优化端口

当确定某一端口仅用于连接主机，而不用于连接其他交换机端口时，可对该端口进行优化，以减小因 STP（生成树协议）或 Trunk 协商而导致的端口启动延迟。其优化配置命令为：

SW(config-if)#*Spanning-tree portfast*
SW(config-if)#*Switchport mode access*
SW(config-if)#*No channel-group*

以上配置命令全部都是在端口配置模式下运行的，其实质是通过启用 STP portfast 模式、禁用 Trunk 模式和 EtherChannel（端口聚合）功能来实现对端口的优化，加快连接速度的。

其中，Spanning-tree portfast 配置命令指定端口为 portfast 模式，在该模式下将不运行 STP，以加快建立连接的速度。

例如，要将 SW 交换机的 1～24 号端口初始化为访问连接端口，禁用生成树协议和端口聚合，以优化和加快端口建立连接的速度，则配置命令为：

SW#*config t*
SW(config)#*interface range fa0/1 - 24*
SW(config-if-range)#*switchport mode access*
SW(config-if-range)#*spanning-tree portfast*
SW(config-if-range)#*no channel-group*

STP 可保证交换机在冗余连接的同时，避免网络环路的出现，使两个终端间只有一条最佳的有效路径。

STP 通过在交换机之间传递网桥协议数据单元（Bridge Protocol Data Unit，BPDU）来互相告之交换机的桥 ID、链路性质、根桥（Root Bridge）ID 等信息，以便确定根桥，从而决定哪些端口处于转发状态及哪些端口处于阻止状态，以避免出现网络环路。

STP 操作对于终端而言是透明的，利用 STP 提供的路径冗余可实现网络通信的高可靠性。

7. 启用或禁用端口

对于没有线缆连接的端口，其状态始终是处于禁用（shutdown）的。对于正在工作的端口，也可根据需要，进行启用或禁用。例如，如果发现连接在交换机某一端口上的一台计算机，因感染病毒正不断地大量向外发送广播包，此时网络管理员就可禁用该端口，以禁止该主机连接网络。

例如，要禁用第 4 号端口，其配置命令为：

SW(config)#*int f0/4*
SW(config-if)#*shutdown*
00:00:18: %LINK-5-CHANGED: Interface FastEthernet0/4，changed state to administratively down
00:00:20: %LINEPROTO-5-UPDOWN: Line protocol on Interface FastEthernet0/4，changed state to down

若要重新启用该端口，其配置命令为：

SW(config-if)#*no shutdown*

系统界面出现如图 4.32 所示的内容，表示成功激活该端口。

```
00:01:04: %LINEPROTO-5-UPDOWN: Line protocol on Interface FastEthernet0/4, chang
ed state to down
00:01:06: %LINEPROTO-5-UPDOWN: Line protocol on Interface FastEthernet0/4, chang
ed state to up
```

图 4.32　开启端口

例如，一台 Cisco Catalyst 2950-24 交换机的 2 号端口用于连接单位的 Web 服务器，为提高该端口的访问速度，设置该端口为 100 Mb/s 的全双工通信模式，并对端口进行优化。其参数配置命令如图 4.33 所示。

```
SW>en
SW#conf t
Enter configuration commands, one per line.  End with CNTL/Z.
SW(config)#inter fa 0/2
SW(config-if)#speed 100
SW(config-if)#duplex full
SW(config-if)#spanning-tree portfast
SW(config-if)#switchport mode access
SW(config-if)#no channel-group
SW(config-if)#no shut
SW(config-if)#end
SW#wr
```

图 4.33　参数配置命令

端口聚合

交换机允许将多个端口聚合成一个逻辑端口（EtherChannel）。通过端口聚合，可大大提高端口间的通信速度。当用 2 个 100 Mb/s 的端口进行聚合时，所形成的逻辑端口的通信速度即为 200 Mb/s；若用 4 个则可达到 400 Mb/s。同时，当 EtherChannel 内的某条链路出现故障时，该链路的流量将自动转移到其余链路上。

对端口聚合的配置既可采用手工方式，也可使用动态协议。PagP 是 Cisco 专用的端口聚合协议，而链路聚合控制协议（Link Aggregation Control Protocol，LACP）则是一种标准的端口聚合协议。

在进行端口聚合配置之后，数据帧通过使用一种散列算法，将其分布到构成一条 EtherChannel 的各个端口上。该算法使用源 IP 地址、目的 IP 地址、源和目的 IP 地址相结合、源和目的 MAC 地址相结合、TCP/UDP 端口号等方式在被聚合的端口上分布流量，从而实现端口的负载均衡。

参与聚合的端口必须具备相同的属性，如相同的速度、单双工模式、Trunk 模式、Trunk 封装方式等。

1. 聚合端口

聚合端口配置命令格式为：

SW(config-if)#channel-group number mode [on | auto | desirable [non-silient]]

其中，on 表示使用 EtherChannel，不发送 PagP 分组；auto 表示交换机被动形成一个 EtherChannel，不发送 PagP 分组，为默认值；desirable 表示交换机主动形成一个 EtherChannel，并发送 PagP 分组；non-silient 表示在激活 EtherChannel 之前先进行 PagP 协商。

对于 Cisco Catalyst 2900 或 3500XL 交换机，不支持 PagP，此时若要建立端口聚合，应使用 on 方式，不进行协商。其配置命令为：

SW(config)#*interface f0/1*
SW(config-if)#*channel-group 100 mode on*
SW(config-if)#*exit*
SW(config)#*interface f0/2*
SW(config-if)#*channel-group 100 mode on*
SW(config-if)#*exit*

注意：应分别在链路两端的交换机上，进行同样的配置。

2. 设置端口负载均衡算法

设置端口负载均衡算法的配置命令格式为：

port-channel load-balance method

其中 method 的可选值及其含义如表 4.1 所示。

表 4.1　method 的可选值及其含义

可选值	含　义	可选值	含　义	可选值	含　义
src-ip	源 IP 地址	dst-ip	目的 IP 地址	src-dst-ip	源和目的 IP 地址
src-mac	源 MAC 地址	dst-mac	目的 MAC 地址	src-dst-mac	源和目的 MAC 地址
src-port	源端口号	dst-port	目的端口号	src-dst-port	源和目的端口号

例如，根据源 IP 地址和目的 IP 地址在被聚合的端口上的分布流量进行负载均衡控制，其配置命令为：

SW#*port-channel load-balance src-dst-ip*

端口镜像

交换机的端口镜像，通常也称为端口监听器或交换端口分析器（Switch Port Analyzer，SPAN）。利用端口镜像，可将被监听的一个或多个端口的数据流量完全复制到另外一个目的端口进行实时分析，而且不会影响被镜像端口的工作。镜像端口通常用于连接网络分析设备，如运行 Sniffer（一种协议分析软件）的主机。网络分析设备通过捕获镜像端口上的数据包，可实现对网络运行情况的监控。

在同一个交换机上，可以同时创建多个端口镜像，以实现对不同 VLAN 的端口进行监听。监听口（镜像端口）与被监听口必须处于同一个 VLAN 中，处于被监听状态的端口，不允许变更为监听口。另外，监听口也不能是干线链路或汇聚链路（Trunk）端口。

例如，要将 Cisco 3500xL-24 交换机的第 1 端口和第 2 端口镜像到属于同一个 VLAN 的第 3 号端口，其配置方法如下。

首先，选择用作镜像的端口。在本例中，用作镜像的端口为第 3 号端口，它将监听交换机的第 1 端口和第 2 端口的所有流入和流出的数据包。其配置命令为：

SW#*conf　t*
SW(config)#*inter　fa0/3*

然后，使用"port monitor"配置命令指定要镜像或要被监听的端口。其配置命令为：

SW(config-if)#*port monitor fa0/1*
SW(config-if)#*port monitor fa0/2*

再将交换机的管理接口配置成被监听模式。其配置命令为：

SW(config-if)#*port monitor vlan 1*

其中的 vlan 1 表示交换机的管理接口，以上命令并不表示监听整个 vlan 1 中的主机。

最后，使用查看端口镜像命令查看配置信息是否成功。其配置命令为：

SW#*show port monitor*

例如，将 Cisco 2950 的第 1 号端口镜像到第 2 号端口，其配置步骤和方法如下。

首先，配置源端口，即被监听的端口。其配置命令为：

SW(config)#monitor session 1 source interface fa0/1

其次，配置目的端口，即镜像端口或监听口，该端口通常用于连接网络分析设备。其配置命令为：

SW(config)#monitor session 1 destination interface fa0/2

最后，使用查看镜像配置命令查看是否成功。其配置命令为：

SW#*show monitor session 1*

```
SW#show monitor session 1
Session 1
---------
Type              : Local Session
Source Ports      :
    Both          : Fa0/1
Destination Ports : Fa0/2
    Encapsulation : Native
          Ingress: Disabled
```

图 4.34 显示端口信息

配置完成后的界面显示如图 4.34 所示。

第 3 层交换机的端口配置

第 3 层交换机是指具备网络层路由功能的交换机，其端口（接口）可以实现基于三层寻址的分组转发，每个三层端口都定义一个单独的广播域。在为端口配置好 IP（即设置 IP 地址）后，该端口就成为连接与该端口位于同一个广播域内的其他设备和主机的网关。

第 3 层交换机与第 2 层交换机明显不同，第 2 层交换机使用的是基于 MAC 地址的交换表，而第 3 层交换机使用的是基于 IP 地址的交换表。

为了执行三层交换，交换机必须具有三层交换处理器，并运行三层 IOS 操作系统。交换机的三层交换处理器，可以是一个独立的模块，也可以直接集成到交换机的硬件中。高档交换机一般采用模块或卡式结构，如路由交换模块（RSM）、路由交换特性卡（RSFC）、多层交换模块（MSM）及 3 层服务模块等。

为了完成三层交换，交换机可在全局配置模式下使用相应的配置命令来启动指定协议的路由功能。其配置命令为：

SW(config)#*protocol routing*

其中，protocol 表示要启动路由功能的协议，其取值可以是"appletalk""ip"和"ipx"。对于 IP，交换机默认启用；对于 AppleTalk 和 IPX 协议，交换机默认禁用。对于使用 TCP/IP 通信的网络，启用 IP 的路由选择功能即可。因此，通常不需要运行该配置命令。

配置三层端口

三层端口是一种可以直接路由的端口，专门用于对进出端口的分组进行三层处理。在对端口进行配置之前，应先选择要配置的端口。

1. 选择物理端口

与配置第 2 层交换机端口相同，配置命令为：

interface type mod/port

Cisco Catalyst 3550 交换机端口的模块号为 0，表示只有一个模块插槽。可选的光纤模块，其模块号也为 0。

2. 端口的二层与三层归属选择

第 3 层交换机的端口，既可用作二层的交换端口，也可用作三层的路由端口。为了配置成三层端口，必须使用"no switchport"命令禁止二层操作，启用三层操作。

例如，将端口配置为三层路由端口，其配置命令为：

no switchport

将端口配置为二层交换端口，其配置命令为：

switchport

执行该命令时，端口需要先被禁用，然后再重新启用。对于运行 Supervisor IOS 的 4000 和 6000 系列的交换机，其端口默认为运行在三层路由模式；而对于 Cisco Catalyst 3550 等交换机，其端口则默认为运行在二层交换端口模式。

3. 为三层端口配置 IP 地址

对于 IP 网络，必须为三层端口指定 IP 地址，该地址将成为所连接广播域内其他二层接入交换机和客户机的网关地址。

配置端口 IP 地址的命令为：

ip address address netmask   如 ip add 192.168.1.1 255.255.255.0

删除端口 IP 地址的配置命令为：

no ip address

例如，将 Cisco Catalyst 3550 交换机的快速以太网端口 F0/1 的 IP 地址设置为 192.168.1.1，作为 192.168.1.0/24 网段的网关；快速以太网端口 F0/3 的 IP 地址设置为 192.168.2.1，作为 192.168.2.0/24 网段的网关。网络拓扑结构如图 4.35 所示。

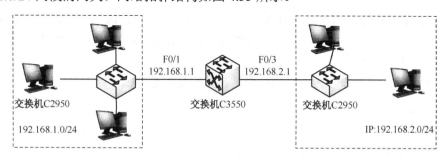

图 4.35　交换机网络拓扑结构

至于具体配置步骤，在 Cisco 3550 交换机中的配置如下：

Switch>*en*   //进入配置模式

Switch#*conf t*   //进入特许配置模式

```
Switch(config)#hostname SW-3C                           //命名交换机名称为 SW-3C
SW-3C(config)#interface f0/1                            //选择要配置的端口 f0/1
SW-3C(config-if)#no switchport                          //设置为三层端口
SW-3C(config-if)#ip address 192.168.1.1 255.255.255.0   //设置该端口 IP 地址为 192.168.1.1
SW-3C(config-if)#no shutdown                            //启用该端口
SW-3C(config-if)#interface f0/3                         //选择要配置的端口 f0/3
SW-3C(config-if)#no switchport                          //设置为三层端口
SW-3C(config-if)#ip address 192.168.2.1 255.255.255.0   //设置该端口 IP 地址为 192.168.2.1
SW-3C(config-if)#no shutdown                            //启用该端口
SW-3C(config-if)#end                                    //退出端口配置模式，返回特许模式
SW-3C#write                                             //保存配置
SW-3C#exit                                              //退出配置
SW-3C>
```

三层端口默认状态一般为 shutdown，所以配置好后，应执行"no shutdown"命令，启用该端口。在端口上配置好 IP 地址后，可以查看、核实配置是否成功，其命令为：

show ip interface type mod/port

例如，若要查看 1 号端口的配置信息，其命令为：

SW-3C#*show ip interface f0/1*

三层端口聚合

交换机的三层端口也可以绑定聚合在一起，形成一条逻辑连接通道，该通道又称为端口通道；在为其配置好 IP 地址后，端口通道在逻辑上也就成为一个聚合的三层端口。

利用端口聚合，可以成倍或数倍地提高端口间的通信速度和端口的吞吐能力。三层端口聚合的配置步骤如下。

创建逻辑端口通道，其配置命令为：

interface port-channel number

其中 number 的值为指定要创建的通道接口号，以后加入该通道的成员，都要配置成该接口号。

该命令在全局配置模式下运行，用于创建端口通道的逻辑接口。该接口将作为所有通道成员的三层端口，实现三层通信。

例如，要创建一个接口号为 1 的端口通道，其配置命令为：

SW(config)#*interface port-channel 1*
SW(config-if)#

为端口通道配置 IP 地址，其配置命令为：

ip address address netmask

例如，要给该端口通道接口配置 IP 地址为 192.168.2.1，子网掩码为 255.255.255.0，其配置命令为：

SW(config-if)#*ip address 192.168.2.1 255.255.255.0*

SW(config-if)#

将物理三层端口指派给端口通道。参与端口聚合的端口必须具有相同的属性。要将一个物理三层端口绑定聚合到端口通道中，应遵循以下配置步骤：

第 1 步，选择要参与聚合的端口，其配置命令为：

interface type mod/port

第 2 步，删除该端口上的 IP 地址，其配置命令为：

no ip address

第 3 步，将端口指派给端口通道，其配置命令为：

channel-group number mode [auto | desirable | on]

其中：number 的值应设置为前面创建的端口通道的逻辑接口号；mode 指定了端口通道如何与链路的另一端进行通信协商，其选项含义与前面相同，通常情况下，选择 on。

第 4 步，启用该端口，其配置命令为：

no shutdown

至此，即实现了将一个物理的三层端口加入端口通道中；重复上述步骤，即可实现将要聚合的多个端口加入端口通道中。被聚合的多个端口，在逻辑上被视为一个端口，具有相同的 IP 地址。

例如，为了提高 Cisco 3550 与接入层 Cisco 2950 交换机之间的通信速度，需要将 Cisco 3550 的第 1 个和第 2 个快速以太网端口进行聚合，聚合后的逻辑端口 IP 地址为 192.168.1.1；同时，Cisco 2950 也采用第 1 个和第 2 个端口进行聚合。端口聚合网络拓扑结构如图 4.36 所示。

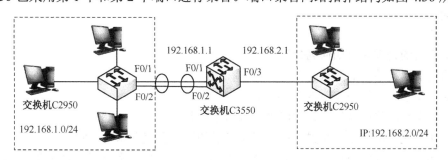

图 4.36　端口聚合网络拓扑结构

端口聚合配置步骤及相关配置命令如下。

（1）在 Cisco 3550 交换机中，对端口 1 和端口 2 进行三层端口聚合，其配置命令为：

Switch>*enable*
Switch#*config t*
Switch(config)#*host SW-3C*
SW-3C(config)#*interface f 0/1*
SW-3C(config-if)#*no ip address*
SW-3C(config-if)#*interface port-channel 1*
SW-3C(config-if)#*ip address 192.168.1.1 255.255.255.0*
SW-3C(config-if)#*interface f 0/1*

SW-3C(config-if)#*no switchport*
SW-3C(config-if)#*no ip address*
SW-3C(config-if)#*channel-group 1 mode on*
SW-3C(config-if)#*no shutdown*
SW-3C(config-if)#*interface f 0/2*
SW-3C(config-if)#*no switchport*
SW-3C(config-if)#*no ip address*
SW-3C(config-if)#*channel-group l mode on*
SW-3C(config-if)#*no shutdown*
SW-3C(config-if)#*end*
SW-3C#*write*
SW-3C#*exit*
SW-3C>

（2）在接入层 Cisco 2950 交换机上进行相应的配置，其配置命令为：

Switch>*enable*
Switch#*config t*
Switch(config)#*host SW-2C*
SW-2C(config)#*interface f 0/1*
SW-2C(config-if)#*port group 1*
SW-2C(config-if)#*interface f 0/2*
SW-2C(config-if)#*port group 1*
SW-2C(config-if)#*end*
SW-2C#*write*

练习

1．交换机的物理端口如何划分？
2．简述交换机端口的默认配置。
3．简述基于端口划分 VLAN 的方法。
4．端口聚合的作用是什么？如何进行端口聚合？
5．第 3 层交换机的端口配置与第 2 层交换机的端口配置有哪些不同？
6．交换机允许将多个端口聚合成一个连接接口。通过端口聚合可大大提高端口间的通信速度。当用 4 个 100 Mb/s 端口进行聚合时，所形成的连接端口的通信速度为（　　）。
　　　a．200 Mb/s　　　b．400 Mb/s　　　c．600 Mb/s　　　d．800 Mb/s

补充练习

采用两台交换机组网，两台交换机用一根双绞线互连，组网拓扑结构如图 4.37 所示。

图 4.37　以太网交换机组网拓扑结构

请进行如下配置实验：
（1）使用 duplex 对端口的工作模式进行设置。
（2）使用 speed 设置端口的工作速率，注意，需要将两端设为一致。
（3）使用 flow-control 命令启动或关闭以太网端口的流量控制功能。
（4）使用"display interface"命令显示当前接口的配置信息，找出刚才你配置的结果。同时，讨论回答如下问题：
- 简述以太网的 3 种以太网标准，并指出它们分别支持的端口速度；
- 简述单工、半双工和全双工的区别；

第四节　交换机的 VLAN 配置

虚拟局域网（VLAN）技术是指网络中的站点不拘泥于所处的物理位置，可以根据需要灵活地加入到不同逻辑子网中的一种网络技术。在交换式以太网中，各站点可以分别属于不同的虚拟局域网，它们既可以在同一个交换机中，也可以在不同的交换机中。虚拟局域网技术使得网络的拓扑结构变得非常灵活。例如，位于不同楼层的用户或者不同部门的用户，可以根据需要加入不同的虚拟局域网。

在进行 VLAN 配置时，首先应根据应用需求规划和设计网络拓扑结构，然后做好 VLAN 划分和 IP 地址分配规划，最后进行 VLAN 的创建、配置和调试。本节主要介绍在同一交换机上创建 VLAN 和跨越交换机创建 VLAN 的配置方法，以及利用单臂路由技术实现 VLAN 之间路由的步骤和方法。

学习目标

- 掌握在同一个交换机上创建 VLAN 的方法和步骤；
- 掌握在多台交换机上实现 VLAN 的方法和步骤；
- 了解三层路由的配置。

关键知识点

- VLAN 之间的路由配置与通信状况的测试。

在同一个交换机上创建 VLAN

在同一个交换机上实现 VLAN 是一种最基本的 VLAN 配置方式。通过控制线将一台计算机与交换机的 Console 端口相连，再用直通线将另一台计算机与交换机的另一端口相连，然后打开交换机电源，通过计算机的超级终端即可配置交换机。

假设有一台交换机用于某单位，连接着该单位各个办公室内的计算机，现要求连接在交换机第 5 端口上的财务处 PC1 不能与连接在这台交换机上的其他计算机实现数据互访，即要求实现该单位内某些部门之间的端口隔离。此时可通过划分 Port VLAN 实现交换机端口隔离，网络拓扑结构如图 4.38 所示。

图 4.38　VLAN 网络拓扑结构

步骤 1：在未划分 VLAN 前，两台 PC 互相 ping 是可以通的。假设 PC1 的 IP 地址为 192.168.0.1，PC2 的 IP 地址为 192.168.0.2。在 PC1 上使用命令 ping PC2，此时两台 PC 是连通的，如图 4.39 所示。

```
C:\>ping 192.168.0.2
Pinging 192.168.0.2 with 32 bytes of data:

Reply from 192.168.0.2: bytes=32 time=60ms TTL=241
Reply from 192.168.0.2: bytes=32 time=60ms TTL=241
Reply from 192.168.0.2: bytes=32 time=60ms TTL=241
Reply from 192.168.0.2: bytes=32 time=60ms TTL=241
Reply from 192.168.0.2: bytes=32 time=60ms TTL=241

Ping statistics for 192.168.0.2:     Packets: Sent = 5, Received = 5, Lost = 0 (
0% loss),
Approximate round trip times in milli-seconds:
    Minimum = 50ms, Maximum = 60ms, Average = 55ms
```

图 4.39　测试 PC

下面在交换机上创建 VLAN，其配置命令如图 4.40 所示。

```
Switch>en
Switch#vlan data
Switch(vlan)#vlan 100 name bsxywlzx100
VLAN 100 added:
    Name:bsxywlzx100
Switch(vlan)#vlan 200 name bsxywlzx200
VLAN 200 added:
    Name:bsxywlzx200
```

图 4.40　创建 VLAN

查看 VLAN 是否建立成功，如图 4.41 所示。

```
Switch#show vlan

VLAN Name                             Status    Ports
---- -------------------------------- --------- -------------------------------
1    default                          active    Fa0/1, Fa0/2, Fa0/3, Fa0/4
                                                Fa0/5, Fa0/6, Fa0/7, Fa0/8
                                                Fa0/9, Fa0/10, Fa0/11, Fa0/12
100  bsxywlzx100                      active
200  bsxywlzx200                      active
1002 fddi-default                     active
1003 token-ring-default               active
1004 fddinet-default                  active
1005 trnet-default                    active

VLAN Type  SAID       MTU   Parent RingNo BridgeNo Stp  BrdgMode Trans1 Trans2
---- ----- ---------- ----- ------ ------ -------- ---- -------- ------ ------
1    enet  100001     1500  -      -      -        -    -        0      0
100  enet  100100     1500  -      -      -        -    -        0      0
200  enet  100200     1500  -      -      -        -    -        0      0
1002 fddi  101002     1500  -      -      -        -    -        0      0
1003 tr    101003     1500  -      -      -        -    -        0      0
1004 fdnet 101004     1500  -      -      -        ieee -        0      0
1005 trnet 101005     1500  -      -      -        ibm  -        0      0
```

图 4.41　查看 VLAN

步骤 2：将交换机的 F0/1 端口分配到 VLAN100，将 F0/2 端口分配到 VLAN200，其配置命令如图 4.42 所示。

```
Switch#conf t
Enter configuration commands, one per line. End with CNTL/Z.
Switch(config)#int fa 0/1
Switch(config-if)#switchport access vlan 100
Switch(config-if)#exit
Switch(config)#int fa 0/2
Switch(config-if)#switchport access vlan 200
```

图 4.42　划分端口到 VLAN

查看端口分配情况，如图 4.43 所示。

```
Switch#show vlan

VLAN Name                    Status    Ports
---- ------------------------ --------- -------------------------------
1    default                  active    Fa0/3, Fa0/4, Fa0/5, Fa0/6
                                        Fa0/7, Fa0/8, Fa0/9, Fa0/10
                                        Fa0/11, Fa0/12
100  bsxywlzx100              active    Fa0/1

200  bsxywlzx200              active    Fa0/2
1002 fddi-default             active
1003 token-ring-default       active
1004 fddinet-default          active
1005 trnet-default            active
```

图 4.43　查看 VLAN 分配端口

步骤 3：再在 PC1 上 ping PC2，此时已经不通，如图 4.44 所示。同理，在 PC2 上 ping PC1，也已经不通。

```
C:\>ping 192.168.0.2
Pinging 192.168.0.2 with 32 bytes of data:

Request timed out.
Request timed out.
Request timed out.
Request timed out.
Request timed out.

Ping statistics for 192.168.0.2:
    Packets: Sent = 5, Received = 0, Lost = 5 (100% loss),
Approximate round trip times in milli-seconds:
    Minimum = 0ms, Maximum = 0ms, Average = 0ms
```

图 4.44　测试 PC

这说明两台计算机已处于不同的 VLAN 中，即使连接在同一台交换机上，也不能进行通信，就好比是被连接到了两台交换机中。

注意：

① 交换机所有的端口在默认情况下均属于 access 端口，可直接将端口加入某一 VLAN。利用"switchport mode access/trunk"命令可以更改端口的 VLAN 模式。

② VLAN 1 属于系统的默认 VLAN，不可以被删除。

③ 要删除某个 VLAN，使用 no 命令。例如命令：Switch(config)#no vlan 100。

④ 当删除某个 VLAN 时，应先将属于该 VLAN 的端口加到别的 VLAN，然后删除它。

创建跨越交换机的 VLAN

随着网络规模的扩展，单一交换机可能不能满足网络实际增长的需要，这时就可能涉及跨越多台交换机的 VLAN 配置。假设某企业有两个主要部门——销售部和技术部，其中销售部的个人计算机系统分散连接，但它们之间需要相互进行通信。为了数据安全，销售部和技术部则需要进行相互隔离：在交换机上通过适当配置可实现这一目标，即使在同一个 VLAN 里的计算机系统能跨交换机进行相互通信，而在不同 VLAN 里的计算机系统不能进行相互通信。

在图 4.45 所示的网络配置环境中，PC1、PC3 属销售部，PC2 属技术部。通过分别在交换机 S1 和 S2 上创建 VLAN，将相应的交换机端口配置到相应的 VLAN 中。

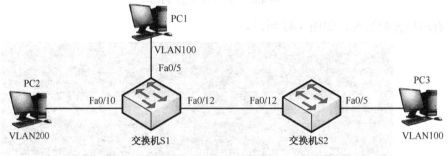

图 4.45　跨交换机 VLAN

步骤 1：设置 VLAN 名称。在交换机 S1 上创建 VLAN100，用于销售部计算机的接入；创建 VLAN200，用于技术部计算机的接入，如图 4.46 所示。

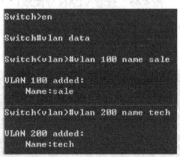

图 4.46　在 S1 上创建 VLAN

步骤 2：分配端口到 VLAN。在交换机 S1 上将 0/5 端口分配到 VLAN100 中，将 0/10 端口分配到 VLAN200 中，如图 4.47 所示。查看端口分配情况，如图 4.48 所示。

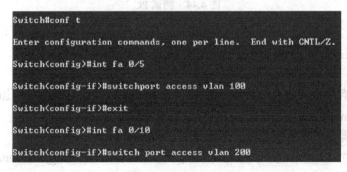

图 4.47　分配端口

```
Switch#show vlan

VLAN Name                             Status    Ports
---- -------------------------------- --------- -------------------------------
1    default                          active    Fa0/1, Fa0/2, Fa0/3, Fa0/4
                                                Fa0/6, Fa0/7, Fa0/8, Fa0/9
                                                Fa0/11, Fa0/12
100  sale                             active    Fa0/5

200  tech                             active    Fa0/10
1002 fddi-default                     active
1003 token-ring-default               active
1004 fddinet-default                  active
1005 trnet-default                    active
```

图 4.48　查看 VLAN 分配端口

步骤 3：配置 Trunk 端口。把交换机 S1 与交换机 S2 相连的端口（0/12 端口）定义为 Trunk 模式（Tag VLAN 模式），如图 4.49 所示。查看端口是否被设置为 Trunk 模式，如图 4.50 所示。

```
Switch#conf t
Enter configuration commands, one per line.  End with CNTL/Z.
Switch(config)#host S1
S1(config)#int fa 0/12
S1(config-if)#switchport mode trunk
```

图 4.49　将 S1 的 0/12 端口设置为 Trunk 模式

```
S1#show int fa 0/12 switchport
Name: Fa0/12
Switchport:            Enabled
Administrative mode: trunk
Operational mode: trunk
Administrative Trunking Encapsulation: dot1q
Negotiation of Trunking: On
Access Mode VLAN: 1 (default)
Trunking Native Mode VLAN: 1 (default)
Trunking VLANs Enabled: ALL
Pruning VLANs Enabled: 2-1001
```

图 4.50　查看端口模式

步骤 4：在 S2 交换机上创建 VLAN100，用于销售部计算机的接入，并将 0/5 端口划分到 VLAN100 中，如图 4.51 所示。

```
S2#vlan data
S2(vlan)#vlan 100 name sale
VLAN 100 added:
    Name:sale
S2(vlan)#exit
APPLY completed.
Exiting....
S2#conf t
Enter configuration commands, one per line.  End with CNTL/Z.
S2(config)#int fa 0/5
S2(config-if)#switchport access vlan 100
```

图 4.51　在 S2 上创建 VLAN

步骤 5：把交换机 S2 与交换机 S1 相连的端口（假设为 0/12 端口）也定义为 Trunk 模式，并查看是否设置成功，如图 4.52 所示。

图 4.52　将 S2 的 0/12 端口设置为 Trunk 模式

步骤 6：在 PC1 上验证 PC1 与 PC2 不能互相通信，但与 PC3 能互相通信，如图 4.53 所示（假设 PC1 的 IP 地址为 192.168.0.1，PC2 的 IP 地址为 192.168.0.2，PC3 的 IP 地址为 192.168.0.3）。

图 4.53　验证 PC 之间的通信

注意：①两台交换机之间相连的端口均应该设置为 Tag VLAN 模式；②Trunk 端口在默认情况下支持所有 VLAN 的传输。

配置 VTP 和 Trunk

VLAN 中继协议（VLAN Trunking Protocol，VTP），也称为虚拟局域网干道协议，它属于 Cisco 公司特有的私有协议。通常情况下，在整个网络内的一组交换机中要始终保持 VLAN 数据库的同步，以保证所有交换机都能从数据帧中读取相关的 VLAN 信息并进行正确的数据转发。对于大型网络而言，可能有成百上千台交换机，而每一台交换机上都可能存在几十乃至数百个 VLAN，所以如果仅靠手工配置那将是非常大的工作量，并且也不利于日后维护。因此，在存在多台交换机的网络拓扑结构中，可以使用 VTP，把一台交换机配置成 VTP Server，其余交换机配置成 VTP Client，Client 端的交换机可以自动学习到 Server 端上的 VLAN 信息。例如，某网络拓扑结构如图 4.54 所示。

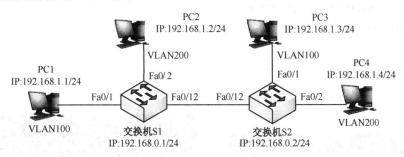

图 4.54　网络拓扑结构

对交换机 S1、S2 分别配置基本参数

对交换机 S1 的配置命令为：

Switch>en
Switch#conf t
Switch(config)#host S1
S1(config)#ena se 123456
S1(config)#line vty 0 15
S1(config-line)#pass 123456
S1(config-line)#int fa 0/1
S1(config-if)#switchport mode access
S1(config-if)#int fa 0/2
S1(config-if)#switchport mode access
S1(config-if)#int vlan 1
S1(config-if)#ip add 192.168.0.1 255.255.255.0
S1(config-if)#no shut
S1(config-if)#end
S1#copy run start

对交换机 S1 的配置命令及显示结果如图 4.55 所示。

对交换机 S2 的配置命令为：

Switch>en
Switch#conf t
Switch(config)#host S2
S2(config)#ena se 123456
S2(config)#line vty 0 15
S2(config-line)#pass 123456
S2(config-line)#int fa 0/1

```
S2(config-if)#switchport mode access
S2(config-if)#int fa 0/2
S2(config-if)#switchport mode access
S2(config-if)#int vlan 1
S2(config-if)#ip add 192.168.0.2 255.255.255.0
S2(config-if)#no shut
S2(config-if)#end
S2#copy run start
```

对交换机 S2 的配置命令及显示结果如图 4.56 所示。

图 4.55　交换机 S1 的配置命令及显示结果

图 4.56　交换机 S2 的配置命令及显示结果

配置和测试 PC 的基本参数

分别在 PC1、PC2、PC3 和 PC4 这 4 台计算机本地连接上设置 IP 地址为 192.168.0.11、192.168.0.22、192.168.0.33 和 192.168.0.44，子网掩码均为 255.255.255.0。

在 PC1 的命令提示符后输入"ping 192.168.0.1"，测试到交换机 S1 的连接是否畅通。测试结果如图 4.57 所示。

图 4.57　ping 测试结果（交换机 S1）

在 PC1 的命令提示符后输入“ping 192.168.0.2”，测试到交换机 S2 的连接是否畅通。测试结果如图 4.58 所示。

```
C:>ping 192.168.0.2
Pinging 192.168.0.2 with 32 bytes of data:

Reply from 192.168.0.2: bytes=32 time=60ms TTL=241
Reply from 192.168.0.2: bytes=32 time=60ms TTL=241
Reply from 192.168.0.2: bytes=32 time=60ms TTL=241
Reply from 192.168.0.2: bytes=32 time=60ms TTL=241
Reply from 192.168.0.2: bytes=32 time=60ms TTL=241

Ping statistics for 192.168.0.2:     Packets: Sent = 5, Received = 5, Lost = 0 (
0% loss),
Approximate round trip times in milli-seconds:
    Minimum = 50ms, Maximum =  60ms, Average =  55ms
```

图 4.58　ping 测试结果（交换机 S2）

在 PC1 的命令提示符后输入“ping 192.168.0.22”，测试到 PC2 是否畅通。测试结果如图 4.59 所示。

```
C:>ping 192.168.0.22
Pinging 192.168.0.22 with 32 bytes of data:

Reply from 192.168.0.22: bytes=32 time=60ms TTL=241
Reply from 192.168.0.22: bytes=32 time=60ms TTL=241
Reply from 192.168.0.22: bytes=32 time=60ms TTL=241
Reply from 192.168.0.22: bytes=32 time=60ms TTL=241
Reply from 192.168.0.22: bytes=32 time=60ms TTL=241

Ping statistics for 192.168.0.22:     Packets: Sent = 5, Received = 5, Lost = 0
(0% loss),
Approximate round trip times in milli-seconds:
    Minimum = 50ms, Maximum =  60ms, Average =  55ms
```

图 4.59　ping 测试结果（PC2）

在 PC1 的命令提示符后输入“ping 192.168.0.33”，测试到 PC3 是否畅通。测试结果如图 4.60 所示。

```
C:>ping 192.168.0.33
Pinging 192.168.0.33 with 32 bytes of data:

Reply from 192.168.0.33: bytes=32 time=60ms TTL=241
Reply from 192.168.0.33: bytes=32 time=60ms TTL=241
Reply from 192.168.0.33: bytes=32 time=60ms TTL=241
Reply from 192.168.0.33: bytes=32 time=60ms TTL=241
Reply from 192.168.0.33: bytes=32 time=60ms TTL=241

Ping statistics for 192.168.0.33:     Packets: Sent = 5, Received = 5, Lost = 0
(0% loss),
Approximate round trip times in milli-seconds:
    Minimum = 50ms, Maximum =  60ms, Average =  55ms
```

图 4.60　ping 测试结果（PC3）

在 PC1 的命令提示符后输入“ping 192.168.0.44”，测试到 PC4 是否畅通。测试结果如图 4.61 所示。

```
C:>ping 192.168.0.44
Pinging 192.168.0.44 with 32 bytes of data:

Reply from 192.168.0.44: bytes=32 time=60ms TTL=241
Reply from 192.168.0.44: bytes=32 time=60ms TTL=241
Reply from 192.168.0.44: bytes=32 time=60ms TTL=241
Reply from 192.168.0.44: bytes=32 time=60ms TTL=241
Reply from 192.168.0.44: bytes=32 time=60ms TTL=241

Ping statistics for 192.168.0.44:     Packets: Sent = 5, Received = 5, Lost = 0
(0% loss),
Approximate round trip times in milli-seconds:
    Minimum = 50ms, Maximum =  60ms, Average =  55ms
```

图 4.61　ping 测试结果（PC4）

配置和测试 Trunk、VLAN 及 VTP

（1）对交换机 S1 配置相关的 Trunk 信息，其配置命令为：

S1#conf t
S1(config)#int fa 0/12
S1(config-if)#switchport mode trunk
S1(config-if)#end
S1#copy run start

配置后的结果如图 4.62 所示。

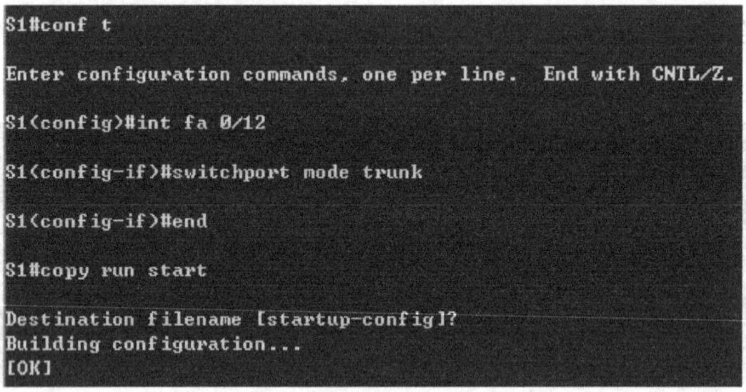

图 4.62　S1 配置 Trunk 后的结果

（2）对交换机 S2 配置相关的 Trunk 信息，其配置命令为：

S2#conf t
S2(config)#int fa 0/12
S2(config-if)#switchport mode trunk
S2(config-if)#end
S2#copy run start

配置后的结果如图 4.63 所示。

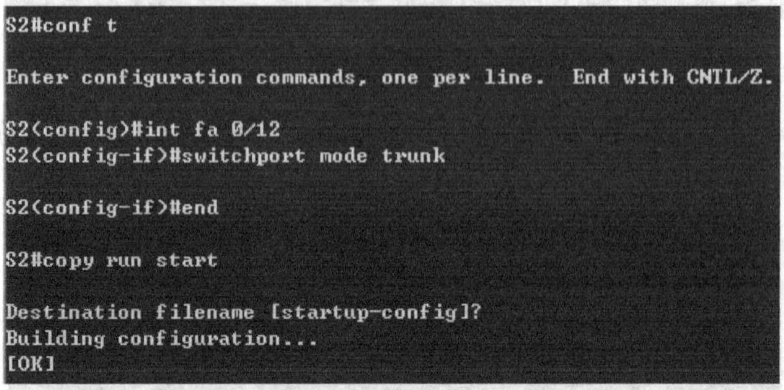

图 4.63　S2 配置 Trunk 后的结果

（3）对交换机 S1 配置、测试 VTP 信息，其配置和测试命令及结果如图 4.64 所示。

第四章 交换机的配置

```
S1#conf t
Enter configuration commands, one per line.  End with CNTL/Z.
S1(config)#vtp mode server
S1(config)#vtp domain bsszwlzx
Changing VTP domain from NULL to bsszwlzx
S1(config)#end
S1#copy run start
Destination filename [startup-config]?
Building configuration...
[OK]

S1#show vtp status
VTP Version                     : 2
Configuration Revision          : 2
Maximum VLANs supported locally : 64
Number of existing VLANs        : 5
VTP Operating Mode              : Server
VTP Domain Name                 : bsszwlzx
VTP Pruning Mode                : Disabled
VTP V2 Mode                     : Disabled
VTP Traps Generation            : Disabled
MD5 digest                      : 0xEE 0xB3 0xDC 0x9F 0xE2 0xE0 0x25 0xDF
Configuration last modified by 0.0.0.0 at 3-1-93 04:55:57
Local updater ID is 0.0.0.0 (no valid interface found)
```

图 4.64　将 S1 配置为 VTP Server

（4）对交换机 S2 配置、测试 VTP 信息，其配置和测试命令如下：

S2#conf t
S2(config)#vtp mode client
S2(config)#vtp domain chinaitlab
S2(config)#end
S2#copy run start
S2#show vtp status

配置和测试结果如图 4.65 所示。

（5）对交换机 S1 配置、测试 VLAN 信息。

交换机 S1 的配置命令为：

S1#vlan database
S1(vlan)#vlan 100 name test100
S1(vlan)#vlan 200 name test200
S1(vlan)#int fa 0/1
S1(config-if)#switchport access vlan 100
S1(config-if)#int fa 0/2
S1(config-if)#switchport access vlan 200
S1(config-if)#end
S1#copy run start

配置结果如图 4.66 所示。

```
S2#conf t
Enter configuration commands, one per line.  End with CNTL/Z.
S2(config)#vtp mode client
S2(config)#vtp domain bsszwlzx
Changing VTP domain from NULL to bsszwlzx
S2(config)#end
S2#copy run start
Destination filename [startup-config]?
Building configuration...
[OK]

S2#show vtp status
VTP Version                     : 2
Configuration Revision          : 2
Maximum VLANs supported locally : 64
Number of existing VLANs        : 5

VTP Operating Mode              : Client
VTP Domain Name                 : bsszwlzx
VTP Pruning Mode                : Disabled
VTP V2 Mode                     : Disabled
VTP Traps Generation            : Disabled
MD5 digest                      : 0xEE 0xB3 0xDC 0x9F 0xE2 0xE0 0x25 0xDF
Configuration last modified by 0.0.0.0 at 3-1-93 04:55:57
Local updater ID is 0.0.0.0 (no valid interface found)
```

图 4.65　将 S2 配置为 VTP Client

```
S1#vlan data
S1(vlan)#vlan 100 name test100
VLAN 100 added:
    Name:test100
S1(vlan)#vlan 200 name test200
VLAN 200 added:
    Name:test200
S1(vlan)#int fa 0/1
S1(config-if)#switchport access vlan 10
S1(config-if)#int fa 0/2
S1(config-if)#switchport access vlan 20
S1(config-if)#end
S1#copy run start
Destination filename [startup-config]?
Building configuration...
[OK]
```

图 4.66　配置 S1 VLAN

测试交换机 S1 的命令为:

S1#show vlan

测试结果如图 4.67 所示。

```
S1#show vlan

VLAN Name                             Status    Ports
1    default                          active    Fa0/3, Fa0/4, Fa0/5, Fa0/6
                                                Fa0/7, Fa0/8, Fa0/9, Fa0/10
                                                Fa0/11, Fa0/12
100  test100                          active    Fa0/1
200  test200                          active    Fa0/2
1002 fddi-default                     active
1003 token-ring-default               active
1004 fddinet-default                  active
1005 trnet-default                    active

VLAN Type  SAID     MTU  Parent RingNo BridgeNo Stp  BrdgMode Trans1 Trans2
1    enet  100001   1500 -      -      -        -    -        0      0
100  enet  100100   1500 -      -      -        -    -        0      0
200  enet  100200   1500 -      -      -        -    -        0      0
1002 fddi  101002   1500 -      -      -        -    -        0      0
1003 tr    101003   1500 -      -      -        -    -        0      0
1004 fdnet 101004   1500 -      -      -        ieee -        0      0
1005 trnet 101005   1500 -      -      -        ibm  -        0      0
```

图 4.67 显示 S1 VLAN

(6) 对交换机 S2 测试 VLAN 信息,其命令为:

S2#show vlan

测试结果如图 4.68 所示。

```
S2#show vlan

VLAN Name                             Status    Ports
1    default                          active    Fa0/3, Fa0/4, Fa0/5, Fa0/6
                                                Fa0/7, Fa0/8, Fa0/9, Fa0/10
                                                Fa0/11, Fa0/12
100  test100                          active    Fa0/1
200  test200                          active    Fa0/2
1002 fddi-default                     active
1003 token-ring-default               active
1004 fddinet-default                  active
1005 trnet-default                    active

VLAN Type  SAID     MTU  Parent RingNo BridgeNo Stp  BrdgMode Trans1 Trans2
1    enet  100001   1500 -      -      -        -    -        0      0
100  enet  100100   1500 -      -      -        -    -        0      0
200  enet  100200   1500 -      -      -        -    -        0      0
1002 fddi  101002   1500 -      -      -        -    -        0      0
1003 tr    101003   1500 -      -      -        -    -        0      0
1004 fdnet 101004   1500 -      -      -        ieee -        0      0
1005 trnet 101005   1500 -      -      -        ibm  -        0      0
```

图 4.68 显示 S2 VLAN

(7) 更改 PC 本地连接的相关参数。分别对 PC1、PC2、PC3、PC4 这 4 台计算机重新设置 IP 地址为 192.168.1.1、192.168.1.2、192.168.1.3 和 192.168.1.4,子网掩码均为 255.255.255.0。

在 PC1 命令提示符后输入"ping 192.168.0.1",测试到交换机 S1 是否畅通。
在 PC1 命令提示符后输入"ping 192.168.0.2",测试到交换机 S2 是否畅通。
在 PC1 命令提示符后输入"ping 192.168.1.2",测试到 PC2 是否畅通,如图 4.69 所示。

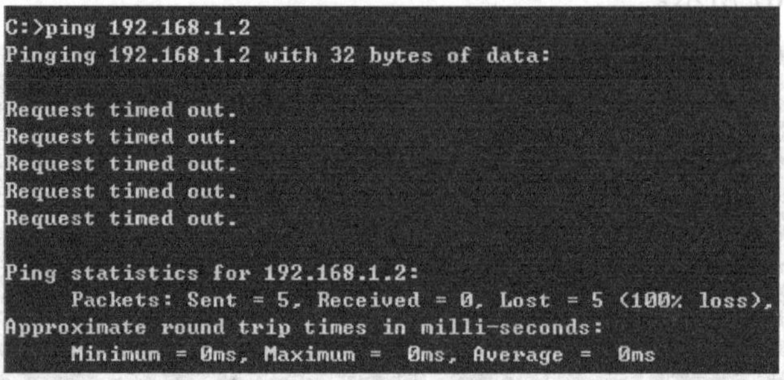

图 4.69 ping 测试(PC1 至 PC2)

在 PC1 命令提示符后输入"ping 192.168.1.3",测试到 PC3 是否畅通,如图 4.70 所示。

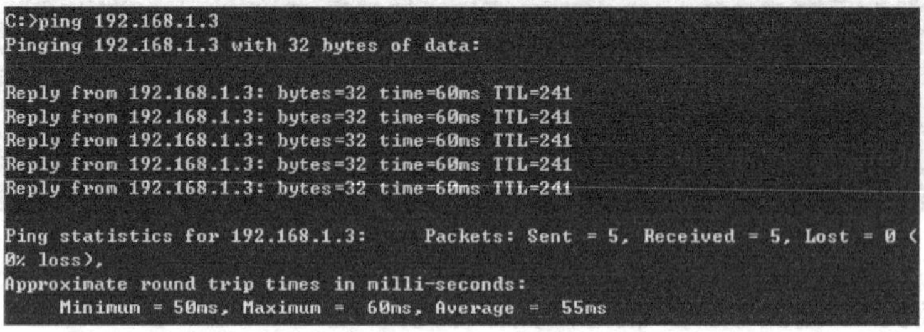

图 4.70 ping 测试(PC1 至 PC3)

在 PC1 命令提示符后输入"ping 192.168.1.4",测试到 PC4 是否畅通,如图 4.71 所示。

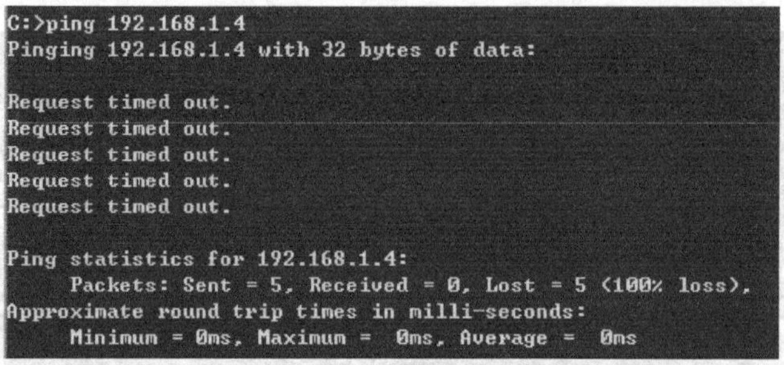

图 4.71 ping 测试(PC1 至 PC4)

在 PC2 命令提示符后输入"ping 192.168.1.4",测试到 PC4 是否畅通,如图 4.72 所示。

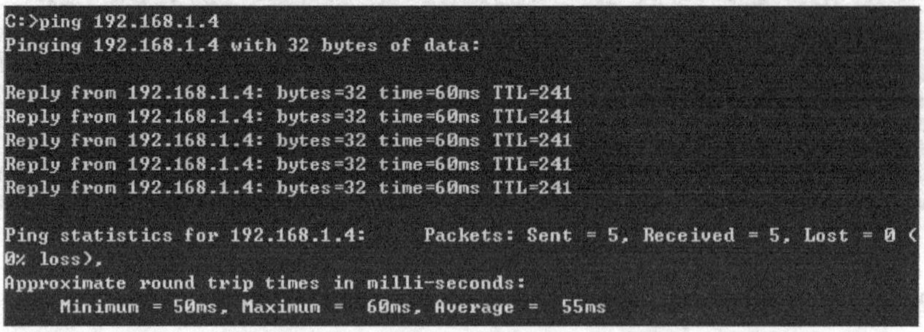

图 4.72 ping 测试(PC2 至 PC4)

在 PC3 命令提示符后输入 "ping 192.168.1.2"，测试到 PC2 是否畅通，如图 4.73 所示。

图 4.73 ping 测试（PC3 至 PC2）

在 PC3 命令提示符后输入 "ping 192.168.1.4"，测试到 PC4 是否畅通，如图 4.74 所示。

图 4.74 ping 测试（PC3 至 PC4）

由此看出，在一台 VTP Server 上配置一个新的 VLAN 时，该 VLAN 的配置信息将自动传播到本域内的其他所有交换机，这些交换机会自动地接收这些配置信息，使其 VLAN 的配置与 VTP Server 保持一致。这样不仅可以减少在多台设备上配置同一个 VLAN 信息的工作量，而且可以保持 VLAN 配置的统一性。

练习

1. 交换机默认的虚拟局域网 VLAN 为 VLAN1，为什么要有 VLAN1？
2. VLAN 的功能和划分是通过什么实现的？
3. VLAN 支持哪些模式？这些模式各有什么特点？
4. 跨越交换机的同一 VLAN 的成员之间的通信采用什么技术？
5. 干线链接（Trunk Link）技术的特点是什么？有哪些协议标准？
6. VLAN 是通过使用哪种设备实现的？（   ）
   a. 网桥   b. 网关   c. 中继器   d. 交换机
7. 在一个 LAN 交换机网络中划分了 VLAN，为了使不同的 VLAN 之间能够通信，需要增加什么设备？（   ）
   a. 网桥   b. 路由器   c. 第 3 层交换机   d. 集线器
8. 在网络协议中增加一个名为 "CUIT" 的 VLAN，以下相关配置方法正确的是（   ）。
   a. 命名 VLAN   b. 将 VLAN 分配到所需要的端口上
   c. 将 VLAN 分配到 VTP 域中   d. 创建 VLAN

9. 在默认配置情况下，交换机的所有端口 __(1)__ 。连接在不同交换机上的、属于同一 VLAN 的数据帧必须通过 __(2)__ 传输。
   (1) a. 处于直通状态　　　　　　　b. 属于同一 VLAN
       c. 属于不同 VLAN　　　　　　 d. 地址都相同
   (2) a. 服务器　　　　　　　　　　b. 路由器
       c. Backbone 链路　　　　　　　d. Trunk 链路
10. 在缺省配置时交换机所有端口 __(1)__ ，不同 VLAN 的数据帧必须通过 __(2)__ 传输。
    (1) a. 属于直通状态　　　　　　　b. 属于不同 VLAN
        c. 属于同一 VLAN　　　　　　 d. 地址都相同
    (2) a. DNS 服务器　　　　　　　　b. 路由器
        c. 二层交换机　　　　　　　　d. DHCP 服务器
11. 能进入 VLAN 配置状态的交换机命令是（　　　）。
    a. 2950（config）#vtp pruning　　b. 2950（config）#vlan database
    c. 2950（config）#vtp server　　 d. 2950（config）#vtp mode

【提示】在特许模式下输入 "vlan database" 命令进入 VLAN 配置子模式。2950（vlan）vtp server：配置本交换机为 server 模式；2950（vlan）vtp pruning：启动修剪功能。参考答案是选项 b。

12. 按照 Cisco 公司的 VLAN 中继协议（VTP），当交换机处于（　　　）模式时可以改变 VLAN 配置，并把配置信息分发到管理域中的所有交换机。
    a. 客户机　　　b. 传输　　　c. 服务器　　　d. 透明

【提示】VTP 有 3 种工作模式：服务器模式、客户机模式和透明模式。VTP 的默认模式为服务器模式。服务器模式的交换机可以设置 VLAN 配置参数，服务器会将配置参数发给其他交换机。客户机模式的交换机不可以设置 VLAN 配置参数，只能接收服务器模式的交换机发来的 VLAN 配置参数。透明模式的交换机是相对独立的，它允许设置 VLAN 参数，但不向其他交换机发送自己的配置参数。当透明模式的交换机收到服务器模式的交换机发来的 VLAN 配置参数时，仅仅是简单地转发给其他交换机，而并不用来设置自己的 VLAN 参数。参考答案是选项 c。

13. 交换机命令 "switch(config)#vtp pruning" 的作用是（　　　）。
    a. 指定交换机的工作模式　　　　b. 启用 VTP 静态修剪
    c. 指定 VTP 域名　　　　　　　　d. 启动 VTP 动态修剪

【提示】通过 VTP，域内的所有交换机都清楚所有 VLAN 的情况。然而有时 VTP 会产生多余的流量。假如一个交换机并没有连接某个 VLAN，则该 VLAN 的数据帧通过 Trunk 传入时，既浪费了带宽，又给交换机增加了不必要的帧处理工作。VTP 的修剪功能可以减少 Trunk 中的流量，提高链路利用率。如果这个 VTP 域没有某个 VLAN 的端口，则启动修剪功能的 Trunk 将滤掉该 VLAN 的数据帧，而无论数据帧是单播帧还是广播帧。命令 "vtp pruning" 的作用是 "启用/禁用修剪（默认启用）"。参考答案是选项 d。

补充练习

使用自己最喜欢的搜索引擎，查找与 VLAN 相关的配置技术，并进行总结。

第五节 交换机的路由配置

三层交换技术在网络的第 3 层实现数据包的高速转发。第 3 层交换机具有路由功能，通过给一个接口指定一个网络地址，就能在路由表中为该网络建立一条静态路由。这种指向一个接口的静态路由被认为是直接连接的，当接口处于更新状态时，其路由信息就会自动添加到路由表中，用户不需要手工配置。

对于无法由路由器通过一种或多种动态路由选择协议学习到的路由，用户必须手工配置，静态指定。

学习目标

- ▶ 掌握第 3 层交换机的路由配置方法和步骤；
- ▶ 掌握生成树协议（STP）的基本配置方法；
- ▶ 了解交换机配置文件的备份与恢复方法。

关键知识点

- ▶ 将三层交换机的端口作为三层端口后，可将此端口用作路由器端口。

第 3 层交换机路由配置

要对第 3 层交换机进行配置，需要理解各种端口和接口的类型。第 3 层交换机的端口可以用作第 2 层交换机端口，也可用作三层的路由接口。将端口设置为三层的配置命令为"no switchport"，将端口设置为二层的配置命令为"switchport"。执行此命令时，最好先将端口禁用，然后再重新启用。

配置 IP 地址

对于 IP 网络，应为三层端口指定 IP 地址，此地址将作为所连广播域内其他二层接入交换机和客户机的网关地址。三层端口默认状态一般是 shutdown（非激活），配置好后，应执行"no shutdown"（激活）命令，以启用此端口。IP 地址的配置命令为"ip address {address} {netmask}"，如果在配置时出现"IP addresses may not be configured on L2 links"的提示，说明没有将二层端口更改为三层端口，则不能配置 IP，必须先使用"no switchport"命令更改为三层端口。

设置好 IP 地址并重新启用后，可以使用 ping 命令进行测试，或使用"show inte fa1/0"命令查看端口 IP 地址的详细信息。

此外，查看路由信息的命令为：

show ip route	显示路由信息
show ip route default	显示默认路由（网关）

删除接口的 IP 地址的命令为"no ip address"。若要从路由表中清除路由，其命令为：

clear ip route [network [netmask] | *]

该命令可在用户模式下运行，network 和 netmask 用于指定要清除的路由，若使用*，则表示清除全部的路由信息。

配置静态路由

配置静态路由的命令为：

ip route network netmask [nexthop|interface] [admin-distance]

该命令的功能是定义一条到指定网络的静态路由，并将该路由信息加入到路由表中。其中：参数 network 表示网络地址，netmask 表示网络子网掩码，二者共同指定要定义路由的网络；"nexthop| interface" 表示下一跳地址或本地路由器的外网接口；admin-distance 表示该路由的管理距离。对于与指定接口相连的静态路由，其默认管理距离为 0；对定义到下一跳的静态路由，其管理距离为 1。

例如，要为 192.168.0.0/24 网络指定静态路由，其出口地址为 192.168.1.1，则配置命令为：

SW-3C(config)#*ip route 192.168.0.0 255.255.255.0 192.168.1.1*

定义默认路由

当到达多个网络的下一跳地址相同时，可通过定义一条默认路由来简化路由表。默认路由只能有一条。当到达某个网络的下一跳地址与默认路由的下一跳地址不相同时，可通过添加单独的路由项来具体指定。在路由表中，若找不到与要到达的目标网络相匹配的路由表项，则使用默认路由指定的下一跳地址作为转发路径。

定义默认路由的配置命令为：

ip route 0.0.0.0 0.0.0.0 [ip-address|interface]

要将当前交换机的默认路由设置为 192.168.2.1，则配置命令为：

SW-3C(config)#*ip route 0.0.0.0 0.0.0.0 192.168.2.1*

交换机生成树协议的配置

生成树协议（STP）是一种二层管理协议，它通过有选择性地阻塞网络冗余链路来达到消除网络二层环路的目的，同时具备链路的备份功能。

生成树协议的工作模式

生成树协议（STP）有以下 4 种工作模式：
- STP 模式——设备的所有端口都向外发送 STP BPDU。
- RSTP（快速生成树协议）模式——设备的所有端口都向外发送 RSTP BPDU。当端口收到对端设备发来的 STP BPDU 时，会自动迁移到 STP 模式；如果收到的是 MSTP BPDU，则不会进行迁移。
- MSTP（多生成树协议）模式——设备的所有端口都向外发送 MSTP BPDU。当端口收到对端设备发来的 STP BPDU 时，会自动迁移到 STP 模式；如果收到的是 RSTP BPDU，则不会进行迁移；
- PVST（每 VLAN 生成树）模式——设备的所有端口都向外发送 PVST BPDU，每个 VLAN 维护一棵生成树。

运行在 RSTP/MSTP 模式的设备可以自动迁移到 STP 模式下运行，但是运行在 STP 模式下的设备不能自动迁移到 RSTP/MSTP 模式，此时需要用户执行 mCheck 操作来迫使运行模式发生迁移。假设在一个交换网络中，运行 MSTP（或 RSTP）的设备的端口连接着运行 STP 的设备，该端口会自动迁移到 STP 模式下运行；此时如果运行 STP 的设备被拆离，则该端口不能自动迁移到 MSTP（或 RSTP）模式下运行，仍然会运行在 STP 模式下。此时可以通过执行 mCheck 操作迫使其迁移到 MSTP（或 RSTP）模式下运行。

生成树端口的状态

生成树端口有以下 4 种状态：
- 阻塞——只能接收 BPDU 报文，其他的什么都不能做；
- 侦听——能接收和发送 BPDU 报文，但不能学习 MAC 地址；
- 学习——能接收和发送 BPDU 报文，也能学习 MAC 地址，并添加到 MAC 表中，但不能发送数据帧；
- 转发——什么都能做，开始正常接收和发送数据帧。

从阻塞到侦听 20s，从侦听到学习 15s，从学习到转发 15s（默认）。

生成树协议的配置原则

- 首先依据网桥 ID（由优先级和 MAC 地址两部分组成）确定根网桥；
- 确定根端口，指定端口和被动端口（由路径成本、网桥 ID、端口优先级和端口 ID 来确定）；
- 启用上行端口和快速端口。

配置方法与步骤

交换机生成树协议的基本配置包括启动和禁止 STP，设置转发时间，设置和恢复老化时间，设置 BPDU 报文老化的最长时间间隔和优先级，以及显示设置间隔等。

(1) 在 VLAN 上启用生成树。
- 启动 STP 协议的命令为：spanning-tree enable vlan 2；
- 禁止 STP 协议的命令为：spanning-tree disable。

(2) 建立根网桥。
- 直接建立：spanning-tree vlan 2 root primary；
- 通过修改优先级建立：spanning-tree vlan 2 priority 24768（4096 的倍数，值越小，优先级越高，默认为 32768）。

(3) 确定路径，选定根端口。
- 通过修改端口成本：（在配置模式下）spanning-tree vlan 2 cost ***（100m 为 19，10m 为 100，值越小，路径越优先）；

- 通过修改端口优先级：（在接口模式下）spanning-tree vlan 2 port-priority ***（0-255，默认为 128）。

(4) 修改计时器（可选）。
- 修改 hello 时间：spanning-tree vlan 2 hello-time **（1~10 s，默认为 2 s）；
- 修改转发延迟时间：spanning-tree vlan 2 forward-time ***（4~30 s，默认为 15 s）；
- 修改最大老化时间：spanning-tree vlan 2 max-age ***（6~40 s，默认是 20 s）。

(5) 配置快速端口：spanning-tree portfast。
(6) 配置上行链路：spanning-tree uplinkfast。

检查命令

完成生成树协议的配置后，可以用如下命令查看配置结果：
- 检查生成树：show spanning-tree summary；
- 检查根网桥：show spanning-tree vlan 2 detail；
- 检查网桥优先级：show spanning-tree vlan 2 detail；
- 检查端口成本：show spanning-tree interface f0/2 detail；
- 检查端口优先级：show spanning-tree interface f0/2 detail；
- 检查 hello 时间、转发延迟、最大老化时间：show spanning-tree vlan 2；
- 检查快速端口：show spanning-tree interface f0/2 detail；
- 检查上行链路：show spanning-tree summary。

交换机配置文件的备份与恢复

对于配置好的交换机，为了防止其配置信息丢失，可采用相应软件备份配置文件，以便在由于误操作或其他原因造成交换机配置文件被破坏后，可以将它恢复到原来的状态。

交换机配置文件的备份

利用 Console 线将计算机的串口（COM3）与交换机的控制端口（Console）相连接，再使用一条直连线将计算机的网卡与交换机的 F0/1 端口相连接。

在计算机上设置好固定 IP 地址，保证计算机的 IP 地址与即将配置的交换机管理 IP 地址在同一个网段上，安装好 TFTP Server 程序，启动超级终端程序登录到交换机上，使用相应命令将交换机的配置文件保存到本地硬盘文件夹下。

第 1 步：进入交换机，配置管理接口模式。假设该交换机已经存在一个默认的 VLAN 1，其配置命令如图 4.75 所示。

```
Switch>en
Switch#conf t
Enter configuration commands, one per line.  End with CNTL/Z.
Switch(config)#int vlan 1
Switch(config-if)#
```

图 4.75　配置管理接口模式

第 2 步：配置交换机管理 IP 地址。若计算机 IP 地址为 10.1.16.22，则配置交换机的 IP 地址与该计算机的 IP 地址在同一网段内即可，这里设为 10.1.16.23，其配置如图 4.76 所示。

第四章 交换机的配置

```
Switch(config-if)#ip add 10.1.16.23 255.255.255.0
Switch(config-if)#no sh
```

图 4.76　配置 IP 地址

第 3 步：返回特许模式，验证交换机管理 IP 地址配置是否生效，查看命令如图 4.77 所示。

```
Switch#show ip int
Vlan1 is up, line protocol is up
  Internet address is 10.1.16.23/24
  Broadcast address is 255.255.255.255
```

图 4.77　查看 IP 地址

第 4 步：验证交换机管理 IP 地址是否与计算机（PC）连通，其命令及显示结果如图 4.78 所示。

```
Switch#ping 10.1.16.22
Type escape sequence to abort.
Sending 5, 100-byte ICMP Echos to 10.1.16.22, timeout is 2 seconds:
!!!!!
Success rate is 100 percent (5/5), round-trip min/avg/max = 1/2/4 ms
```

图 4.78　测试 PC 的命令及显示结果

图 4.78 中的提示信息表示计算机已经与交换机管理地址 ping 通，可以继续下一步的备份操作；否则，继续调试，直到数据返回成功。

第 5 步：备份交换机配置文件。首先，在主机上启动 TFTP 服务器软件，设置相关参数，如设置保存配置文件的路径、日志文件存放的位置等，如图 4.79 所示。

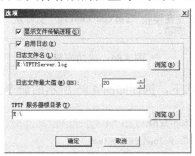

图 4.79　设置 TFTP 参数

第 6 步：在交换机配置界面，执行如图 4.80 中所示的命令，将当前配置保存到交换机的 Flash 中，以便再继续下一步的操作。

```
Switch#Copy running-config startup-config
Destination filename [startup-config]?
Building configuration...
[OK]
```

图 4.80　保存当前配置

第 7 步：将保存在 Flash 中的配置文件，备份到 TFTP 服务器指定的根文件夹 "E:\" 下，其命令如图 4.81 所示。出现提示，表示备份到 E 盘成功。

```
Switch#Copy startup-config TFTP
Address or name of remote host []? 10.1.16.22
Destination filename [switch-confg]?
!!
1110 bytes copied in 1.048 secs (1059 bytes/sec)
```

图 4.81　备份成功

在"E:\"下产生了两个文件：一个为交换机配置文件，名称为"switch-confg"；另一个为交换机日志文件，名称为"TFTPServer.log"。日志文件内容如图4.82所示。

```
Sun May 03 09:54:49 2009: 正在接收 'switch-confg' 文件从 10.1.16.23 以 binary 模式
Sun May 03 09:54:49 2009: 成功.
```

图4.82 日志文件内容

交换机配置文件的恢复

若交换机的配置文件被损坏，则按上述要求搭建好配置环境，执行以下操作步骤即可将其恢复。

第1步：从TFTP服务器中恢复配置文件到交换机，如图4.83所示。

```
Switch#copy tftp startup-config
Address or name of remote host []? 10.1.16.23
Destination filename [switch-confg]? switch-config
!!
1110 bytes copied in 0.032 secs (34688 bytes/sec)
```

图4.83 恢复文件

上述信息表示本地硬盘恢复配置文件到交换机成功。日志文件内容如图4.84所示。

```
Sun May 03 10:03:23 2009: 正在接收 'switch-config' 文件从 10.1.16.22 以 binary 模式
Sun May 03 10:03:23 2009: 成功.
```

图4.84 成功恢复

第2步：在交换机特许模式下，执行如图4.85所示的命令重启交换机。

```
Switch#reload
Proceed with reload? [confirm]

00:36:08: %SYS-5-RELOAD: Reload requested

C2950 Boot Loader (C2950-HBOOT-M) Version 12.1(11r)EA1, RELEASE SOFTWARE (fc1)
Compiled Mon 22-Jul-02 17:18 by antonino
WS-C2950-24 starting...
Base ethernet MAC Address: 00:0d:ed:af:ea:40
Xmodem file system is available.
Initializing Flash...
flashfs[0]: 3 files, 1 directories
flashfs[0]: 0 orphaned files, 0 orphaned directories
flashfs[0]: Total bytes: 7741440
flashfs[0]: Bytes used: 3101696
flashfs[0]: Bytes available: 4639744
flashfs[0]: flashfs fsck took 6 seconds.
...done initializing flash.
Boot Sector Filesystem (bs:) installed, fsid: 3
Parameter Block Filesystem (pb:) installed, fsid: 4
Loading "flash:/c2950-ipbase-mz.123-6c"...###############################
################################################################################
################################################################################
########
```

图4.85 重启交换机

实际上，利用TFTP方式甚至可以升级交换机的操作系统，将交换机的IOS映像文件（一般为****.bin）放在TFTP服务器指定的文件夹下。这样在恢复操作过程中的第1步中执行"copy TFTP flash:****.bin"命令，然后执行"reload"命令重新启动交换机即可。

练习

1. 启用交换机三层路由端口的命令为（　　）。
   a. no switchport   b. switchport   c. no shut   d. switchport3

2. 网络中的交换机采用（　　）协议实现对某些端口进行阻塞，从而形成一个环状的树状结构。
   a. STP   b. VTP   c. CDP   d. IP

3. 哪些是生成树端口状态（　　）。
   a. 学习   b. 生成   c. 监听   d. 转发
   e. 初始化   f. 过滤   g. 允许

4. Cisco Catalyst 6500 交换机采用 telnet 远程管理方式进行配置，其设备管理地址为 194.56.9.178/27，默认路由地址为 194.56.9.161。在下列对交换机预先进行配置的命令中，正确的是（　　）。

   a. Switch-6500>(enable)set interface sc0 194.56.9.178 255.255.255.224 194.56.9.191
      Switch-6500>(enable)set ip route 0.0.0.0 194.56.9.161
   b. Switch-6500>(enable)set port sc0 194.56.9.178 255.255.255.224 194.56.9.191
      Switch-6500>(enable)set ip route 0.0.0.0 194.56.9.161
   c. Switch-6500>(enable)set interface sc0 194.56.9.178 255.255.255.224 194.56.9.255
      Switch-6500>(enable)set ip default route 194.56.9.161
   d. Switch-6500>(enable)set interface vlan1 194.56.9.178 255.255.255.224 194.56.9.191
      Switch-6500>(enable)set ip route   0.0.0.0 194.56.9.161

   【提示】根据 Cisco Catalyst 6500 OS（CatOS 系统）配置 IP 地址的命令格式 "set interface sc0<ip-addr><ip-mask><ip-addr>(broadcast address)" 可知，参考答案是选项 a。

5. 在生成树协议（STP）中，根交换机根据（　　）选择。
   a. 最小的 MAC 地址   b. 最大的 MAC 地址
   c. 最小的交换机 ID   d. 最大的交换机 ID

   【提示】STP 要求每个网桥分配一个唯一的网桥 ID（bridge ID，BID），BID 通常由优先级（2B）和网桥 MAC 地址（6B）构成。根据 IEEE 802.1d 规定，优先级值为 0~65535，默认的优先级为 32768（0x8000）。当交换机最初启动时，它假定自己就是根交换机，并发送次优的 BPDU，当交换机接收到一个更低的 BID 时，它会把自己正在发送的 BPDU 的根 BID 替换为这个较低的根 BID，所有的网桥都会接收到这些 BPDU，并且判定具有最小 BID 值的网桥作为根网桥。根据选举规则，选择较小优先级的交换机作为根交换机；当优先级相同时，选择最小的 MAC 地址作为根交换机。参考答案是选项 c。

补充练习

练习有关第 3 层交换机的路由配置，并总结相关的配置技术。

本章小结

网络设备通常在其专用操作系统的管理下工作，如 Cisco 的 IOS。在 IOS 的管理下，网络设备才能够有效运行。IOS 能随着网络技术的不断发展而动态升级，以适应网络中硬件和软件的不断变化。用户通过 IOS 提供的各种交换机配置命令或命令集合来配置和管理交换机，以使交换机发挥更优的性能。交换机的常用配置方式有多种，可以根据具体情况选用：

- 用 Console 线把所要配置的计算机连接到 Console 端口进行配置；
- 通过网络环境中的 Telnet 方式进行配置；
- 通过 Web 界面环境或网管软件对交换机进行一些基本的配置和管理；
- 通过 TFTP 服务器实现对交换机软件的保存、升级，以及配置文件的保存和下载。

可管理的交换机相当于一台专用计算机，必须配有操作系统软件才能工作。对交换机的管理和配置就是调用其操作系统软件，通过命令行界面进行操作。

虽然还有其他若干配置和管理交换机的方式（如 Web 方式、Telnet 方式等），但是，这些方式必须先通过 Console 端口进行基本配置。因为其他方式往往需要借助于 IP 地址、域名或设备名称才可以实现，而新购买的交换机显然不可能内置这些参数，所以通过 Console 端口连接并配置交换机是最常用、最基本的方法，也是网络管理员必须掌握的一种交换机管理和配置方式。

小测验

1. 下列关于交换机 IP 地址的配置，叙述正确的是（　　）。
   a. 只有三层接口才能配置 IP 地址　　b. 二层和三层接口均可配置 IP 地址
   c. VLAN 可以配置和管理 IP 地址　　d. 以上说法均不对

2. 使用（　　）协议可远程配置交换机。
   a. Telnet　　　　b. FTP　　　c. HTTP　　　　d. PPP

【提示】题目选项中各种协议的作用比较明确。很明显，协议 Telnet 是用来远程控制的，因此，可使用协议 Telnet 远程配置交换机。参考答案是选项 a。

3. 按照 IEEE 802.1d 协议，当交换机端口处于（　　）状态时，既可以学习 MAC 帧中的源地址，又可以把接收到的 MAC 帧转发到适当的端口。
   a. 阻塞（blocking）　　　　　　b. 学习（learning）
   c. 转发（forwarding）　　　　　d. 侦听（listening）

【提示】按照 IEEE 802.1d 协议，所有网桥可能处于下列 5 种状态之一：

- 阻塞（blocking）——端口不参与帧转发，也不能学习接收帧的 MAC 地址，仅监听进入的 BPDU；
- 侦听（listening）——网桥能够识别根网桥，并且可以区分根端口、指定端口和非指定端口，但不能学习接收帧的地址；
- 学习（learning）——端口能够学习接收帧的 MAC 地址，但还不能进行转发；
- 转发（forwarding）——端口可以学习接收帧的源地址，并且可以根据目标地址将其转发到适当的端口；
- 禁用（disabled）——端口不参与生成树算法。

参考答案是选项 c。

4．交换机命令"switch(config)# vtp pruning"的作用是（　　）。
　　a．指定交换机的工作模式　　b．启用 VTP 静态修剪
　　c．指定 VTP 域名　　　　　　d．启用 VTP 动态修剪

【提示】在默认情况下，所有交换机均通过中继链路连接在一起。如果 VLAN 中的任何设备发出一个广播包或多播包，或者一个未知的单播数据包，交换机都会将其洪泛到所有与源 VLAN 端口相关的各个输出端口上，包括中继端口。在很多情况下，这种洪泛转发是必要的，特别是在 VLAN 跨越多个交换机的情况下。然而，如果相邻的交换机上不存在源 VLAN 的活动端口，则这种洪泛发送的数据包是无用的。虽然单个广播包尚不足以引起太大的问题，但是如果这是 PC-A 发出的 10 Mb/s 的多播视频流，那么中继链路的吞吐能力就会遇到严重的挑战。

为了解决这个问题，可以使用静态或动态修剪方法。

所谓静态修剪，就是手工剪掉中继链路上不活动的 VLAN；但是，手工修剪容易出错。

VTP 动态修剪允许交换机从中继连接上动态地剪掉不活动的 VLAN，使得所有共享的 VLAN 都是活动的。例如，交换机 A 告诉交换机 B，它有两个活动的 VLAN1 和 VLAN2，而交换机 B 告诉交换机 A，它只有一个活动的 VLAN1，于是，它们就共享这样的事实：VLAN 2 在它们之间的中继链路上是不活动的，应该从中继链路的配置中剪掉。

这样做的好处是显而易见的，如果以后在交换机 B 上添加了 VLAN 2 的成员，交换机 B 就会通知交换机 A，它有了一个新的活动的 VLAN 2，于是，两个交换机动态地把 VLAN 2 添加到它们之间的中继链路配置中。

VTP 动态修剪的缺点是，它要求在 VTP 域中的所有交换机都必须配置成服务器。由于交换机在服务器模式下工作时可以改变 VLAN 配置，也可以接受 VLAN 配置的改变，所以当多个管理员在多个服务器上同时配置 VLAN 时将会出现灾难性的后果。

交换机命令"switch(config)# vtp pruning"的作用是启用 VTP 动态修剪。

参考答案是选项 d。

5．在以下的命令中，可以为交换机配置默认网关地址的是（　　）。

　　a．2950(config)# default-gateway 192.168.1.254
　　b．2950(config-if)# default-gateway 192.168.1.254
　　c．2950(config)#ip default-gateway 192.168.1.254
　　d．2950(config-if)#ip default-gateway 192.168.1.254

【提示】本题考查对交换机的配置命令的了解。在全局配置模式下可以设置交换机的 IP 地址、默认网关、域名等信息，这些信息是用来管理交换机的，与连接在交换机上的计算机或其他设备无关，参见下面的例子。

C2950(config)#ip address 192.168.1.1 255.255.255.0（设置交换机 IP 地址）
C2950(config)#ip default-gateway 192.168.1.254（设置默认网关）
C2950(config)#ip domain-name cisco.com（设置域名）
C2950(config)#ip name-server 200.0.0.1（设置域名服务器）
C2950(config)#end

参考答案是选项 c。

6．按照 IEEE 802.1d 生成树协议（STP），在交换机互连的局域网中，（　　）的交换机被选为根交换机。

a. MAC 地址最小　　b. MAC 地址最大　　c. ID 最小　　d. ID 最大

【提示】生成树协议定义在 IEEE 802.1d 中，是一种链路管理协议，它在为网络提供路径冗余的同时可防止产生环路。为使以太网更好地工作，两个工作站之间只能有一条活动路径。根桥选举的依据是网桥优先级和网桥 MAC 地址组合成的网桥 ID（bridge ID），网桥 ID 最小的网桥将成为网络中的根桥。参考答案是选项 c。

7. MPLS 根据标记对分组进行交换，其标记中包含（　　）。

a. MAC 地址　　b. FP 地址　　c. VLAN 编号　　d. 分组长度

【提示】本题主要考查对 MPLS 基本内容的了解。MPLS 根据标签对分组进行交换，其标签中包含 FP 地址。参考答案是选项 b。

8. 某公司租用了一段 C 类地址 203.12.11.0/24 至 203.12.14.0/24，如图 4.86 所示。其 IP 地址是 172.11.5.14/24，要求网内所有 PC 都能上网。分析并回答【问题 1】至【问题 3】，将解答填入对应的解答括号内。

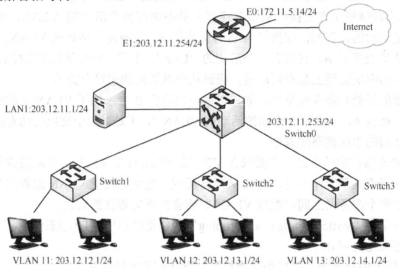

图 4.86　C 类地址 203.12.11.0/24 至 203.12.14.0/24

【问题 1】接入层交换机 Switch1 的端口 24 为 Trunk 口，其余各口属于 VLAN11，请解释下列命令并完成交换机的配置。

```
Switch1#config terminal
Switch1(config)#interface f0/24              //进入端口 24 配置模式
Switch1(config-if)# switchport mode trunk          (1)
Switch1 (config-if)#switchport trunk encapsulation dot1q     (2)
Switch1(config-if)# switchport trunk allowed all   //允许所有 VLAN 从该端口交换数据
Switch1(config-if)#exit
Switch1(config)#exit
Switch1# vlan database
Switch1(vlan)# vlan 11 name lab01            (3)
Switch1(vlan)#exit
Switch1#config terminal
Switch1(config)#interface f0/9               //进入 f0/9 的配置模式
Switch1(config-if)#         (4)              //设置端口为接入链路模式
```

Switch1(config-if)#　　　(5)　　　　　　　//把 f0/9 分配给 VLAN11
Switch1(config-if)#exit
Switch1(config)#exit

【提示】该问题主要考查交换机的常规配置，如工作模式转换、链路封装协议配置，以及 VLAN 的配置命令，具体配置命令及其功能如下：

Switch1#**config terminal**   //进入全局配置模式
Switch1(config)#**interface** f0/24   //进入端口 24 配置模式
Switch1(config-if)# **switchport mode trunk**   //设置端口为中继或 Trunk 模式
Switch1 (config-if)#**switchport trunk encapsulation dotlq**
                                                     //设置 Trunk 采用 802.1q 格式或 dot1q
Switch1(config-if)# **switchport trunk allowed all** //允许所有 VLAN 从该端口交换数据
Switch1(config-if)#exit   //退出端口配置模式
Switch1(config)#exit   //退出全局配置模式
Switch1# **vlan database**   //进入 VLAN 配置子模式
Switch1(vlan)# **vlan** 11 **name** lab01   //创建 VLAN11，并命名为"lab01"
Switch1(vlan)#exit   //退出 VLAN 配置子模式
Switch1#**config terminal**   //进入全局配置模式
Switch1(config)#**interface** f0/9   //进入 f0/9 的配置模式
Switch1(config-if)# **switchport mode access**   //设置端口为接入链路模式
Switch1(config-if)# **switchport access vlan** 11   //把 f0/9 分配给 VLAN11
Switch1(config-if)#exit   //退出端口配置子模式
Switch1(config)#exit   //退出全局配置模式

参考答案：
（1）设置端口为中继（或 Trunk）模式；
（2）设置 Trunk 采用 802.1q 格式（或 dot1q）；
（3）创建 VLAN11，并命名为"lab01"；
（4）switchport mode access；
（5）switchport access vlan 11。

【问题 2】在以下两个配置中，错误的是　　(6)　　，其原因为　　(7)　　。

a. Switch0 (config)#interface gigabitEthernet 0/3
   Switch0 (config-if)#switchport mode trunk
   Switch0 (config-if)#switchport trunk encapsulation dot1q
   Switch0(config)#exit
   Switch0# vlan database
   Switch0(vlan)# vlan 2100 name lab02

b. Switch0 (config)#interface gigabitEthernet 0/3
   Switch0 (config-if)#**switchport mode trunk**
   Switch0 (config-if)#**switchport trunk encapsulation ISL**
   Switch0(config)#exit
   Switch0# **vlan database**
   Switch0(vlan)# **vlan** 2100 **name** lab02

【提示】该问题主要考查对于两种链路封装协议 IEEE 802.1q 和 ISL（inter-switch link）区别的理解。在交换机的 Trunk 链路上可以通过为数据帧附加 VLAN 信息，构建跨越多台交换机的 VLAN。最具有代表性的附加 VLAN 信息的方法如下：
- ▶ ISL：属于 Cisco 私有协议，只能在快速以太网和千兆以太网连接中使用，其路由可以用在交换机的端口、路由器接口和服务器接口卡上。Trunk 采用 ISL 格式时，VLAN ID 最大为 1023。
- ▶ IEEE 802.1q：俗称"dot1q"，由 IEEE 创建。在 Cisco 和非 Cisco 设备之间不能使用 ISL，必须使用 802.1q。802.1q 附加的 VLAN 识别信息位于数据帧中的源 MAC 地址与类型字段之间，如同在传递物品时附加的标签。IEEE 802.1q VLAN 最多可支持 4 096 个 VLAN 组，并可跨交换机实现。

参考答案：(6) 选项 b；(7) Trunk 采用 ISL 格式时 VLAN ID 最大为 1023。

【问题 3】Switch1 的 f0/24 口接在 Switch0 的 f0/2 口上，请根据图 4.86 完成或解释以下 Switch0 的配置命令。

```
Switch0(config)# interface    (8)                    //进入虚子接口
Switch0(config-if)# ip address 203.12.12.1 255.255.255.0    //添加 IP 地址
Switch0(config-if)# no shutdown                (9)
Switch0(config-if)# standby 1 ip 203.12.12.253      //建 HSRP 组并设虚 IP 地址
Switch0(config-if)# standby 1 priority 110      (10)
Switch0(config-if)# standby 1 preempt           (11)
```

【提示】该问题考查对于第 3 层交换机虚拟子接口及其参数配置的了解，以及 HSRP 等知识。HSRP 在以太网的两台或多台交换机之间实现备份，这些交换机称为"一个备份组"。它们协同工作，在局域网上的主机看来它们就像一台虚拟交换机。在一个备份组内只有一台交换机承担报文转发任务，这台交换机称为"活动交换机"；同时存在一台主备用交换机和任意台备用交换机。当活动交换机出现故障后，备份交换机能够自动接管其报文转发工作，从而提供不中断的网络服务。HSRP 允许两台或多台交换机使用一台虚拟交换机的 MAC 地址和 IP 地址。虚拟交换机并不实际存在，只表示一组配置为相互之间备份的交换机。具体命令及功能描述如下所示：

```
Switch0(config)# interface vlan 11                      //进入虚子接口
Switch0(config-if)# ip address 203.12.12.1 255.255.255.0   //添加 IP 地址
Switch0(config-if)# no shutdown                         //启用端口
Switch0(config-if)# standby 1 ip 203.12.12.253   //开启冗余热备份（HSRP）组 1 并设虚 IP 地址
Switch0(config-if)# standby 1 priority 110       //定义这台三层交换机在冗余热备份组 1 中的优先级为 110
Switch0(config-if)# standby 1 preempt            //设置切换许可，即抢占模式
```

其中优先级的取值范围为 0~255（数值越大表明优先级越高），可配置的范围是 1~254。优先级 0 为系统保留给特殊用途使用，255 则保留给 IP 地址拥有者。默认情况下，优先级的取值为 100。

参考答案：(8) VLAN11；(9) 开启端口；(10) 设置优先级；(11) 设置切换许可。

第五章 路由器的配置

路由器是 IP 网络中的重要设备，用于在 ISO 模型的第 3 层上连接不同的网络。路由器检查所收到的数据包中与网络层有关的信息，然后根据规则进行寻址、转发。路由器的功能虽然很强大，但没必要把它想象得多么复杂，其实它就是一个多接口计算机，只不过在网络中所起的作用与一般 PC 不同，而且需要进行相关的配置才能发挥作用。路由配置就是在路由器上进行某些文件操作，使其能够在网络中完成路由任务。只有通过正确的路由配置，才能使路由器之间相互通信，自动地建立、维护和更新路由表。

路由器包括硬件和软件，不同类型和档次的路由器具有不同的接口，所提供的功能也有所差异。路由器的配置，除硬件接口连接之外，主要是用路由器网络操作系统软件（如 Cisco IOS）对路由器的接口参数、连接和性能管理进行配置。对于无法由路由器通过一种或多种动态路由选择协议学习到的路由，用户必须手工进行配置，静态指定。

本章以应用较为普遍的思科（Cisco）主流设备为例，介绍路由器的基本配置、静态路由和动态路由配置、广域网的路由配置、相应的网络服务配置及 IPv6 的配置等。通过对路由器配置的讨论，认识核心网络设备——路由器在网络组建中的作用。

第一节 路由器接口及硬件连接

路由器的接口类型非常多，它们各自用于不同的网络连接。所以，在连接网络之前，必须了解各自接口的作用。通常，接口是插网线的那个口，而端口则用于相关参数配置以区分相同 IP 地址的不同服务。

本节针对路由器的几种网络连接形式，介绍各自端口的连接及应用环境。因路由器端口类型的不同，其硬件连接主要分为配置局域网设备之间的接口、配置广域网设备之间的接口，以及配置设备之间的接口等。

学习目标

▶ 熟悉路由器所支持的各种接口及配置端口；
▶ 掌握路由器的硬件连接方法。

关键知识点

▶ 路由器的配置端口主要分为 Console 端口和 AUX（辅助）端口两种。

路由器的接口与端口

所有路由器都有接口（Interface），也称为端口（Port）。从硬件层面讲，接口是计算机等网络设备上的物理接口，用于硬件连接。也就是说，接口是一个实在的可以看得见的东西，它可以在系统主板上，也可以在独立的模块上。通过接口，路由器与各种网络相连，数据包通过接口进出路由器。而端口则是相对于软件而言的，可以认为是虚拟的，找不到实体，是给信息通信所划分的通道口。有时尽管两者可以不加严格区别地使用，但在一定的场景下两者的含义还是有所不同的。

路由器提供了多种类型的局域网接口和广域网接口，下面介绍其常见的网络接口或端口。

局域网接口

由于局域网的类型多种多样，路由器的接口类型也有多种，不同的网络有不同的接口类型，常见的以太网接口主要有以下 3 种：

- AUI 端口——用于与粗同轴电缆连接的接口，它是一种"D"形 15 针接口，在令牌环网或总线型网络中是比较常见的端口之一。路由器可通过粗同轴电缆适配器实现与 10Base-5 网络的连接，但更多的是借助于外接的 AUI to RJ-45 适配器实现与 100Base-T 以太网络的连接。当然也可以借助于其他类型的适配器实现与细同轴电缆（10Base-2）或光缆（10Base-F）的连接。
- RJ-45 端口——通过双绞线连接以太网的接口。100Base-T 的 RJ-45 端口标识为"ETH"，而 100Base-TX 的 RJ-45 端口标识为"10/100bTX"。
- SC 端口——一种光纤端口，可提供吉位数据传输速率，通常用于连接服务器的光纤网卡。光纤端口一般是一发一收两个，因此光纤跳线也必须是两根。

广域网接口

广域网规模大，网络环境复杂，常见的广域网接口有以下 5 种：

- 高速同步串口（串行端口简称串口或串行口）——在路由器与广域网的连接中，应用最多的是高速同步串口，这种接口用于连接帧中继、X.25 和 PSTN 网络等。
- ISDN BRI 端口——通过 ISDN 线路实现路由器与 Internet 或其他网络的远程连接。ISDN BRI 端口采用 RJ-45 标准，与 ISDN NT1 的连接使用 RJ-45 to RJ-45 直通线。
- 异步串口（Async 串口）——主要应用于与 Modem（调制解调器）或 Modem 池的连接，以实现远程计算机通过 PSTN 拨号接入。异步串口的速率不很高，也不要求同步传输。
- GBIC 端口——GBIC 插槽用于安装吉位端口适配器。GBIC 模块是将吉位电信号转换为光信号的热插拔器件，分为用于级联的 GBIC 模块和用于堆叠的 GBIC 模块。
- SFP 端口——小型机架可插拔（Small Form-factor Pluggable，SFP）设备是 GBIC 的升级版本，其功能基本上和 GBIC 一样，但体积可减小一半。

路由器的配置端口

除以上接口外，Cisco 路由器上还有配置端口。常见的配置端口主要有 Console 端口和 AUX 端口，主要用于配置路由器的连接入口。

- Console（控制台）端口——使用配置专用连线（一般指反转线）直接连接至计算机的串口，利用终端仿真程序（如 Windows 下的"超级终端"）进行路由器的本地配置。路由器的 Console 端口多为 RJ-45 端口，如图 5.1 所示。

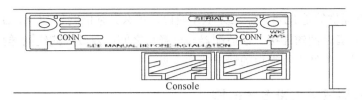

图 5.1 Console 端口

- AUX（Auxiliary，辅助）端口——对路由器进行远程配置时要使用 AUX 端口。AUX 端口在外观上与 RJ-45 端口一样，只是内部电路不同，实现的功能也不一样。通过 AUX 端口与 Modem 进行连接必须借助于 RJ-45 to DB-9 或 RJ-45 to DB-25 适配器进行转换。AUX 端口支持硬件流控制。AUX 端口与 Console 端口通常放置在一起，只是它们各自所适用的配置环境不一样，如图 5.2 所示。

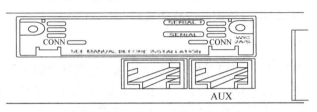

图 5.2 AUX 端口

路由器的硬件连接

路由器应用广泛，接口类型也较多，分别用于各自不同的网络连接。如果不清楚各自接口的作用，就很可能造成错误连接，导致网络不通。

路由器与局域网接入设备之间的连接

局域网设备主要是指集线器和交换机，交换机通常只使用 RJ-45 端口和 SC 端口，而集线器则通常使用 AUI、BNC 和 RJ-45 等端口。

1. RJ-45 to RJ-45 连接

这种连接方式要求路由器所连接的两端都是 RJ-45 端口。如果路由器和集线设备均可提供 RJ-45 端口，那么就可以使用双绞线将集线设备和路由器的两个端口连接在一起。需要注意的是，与集线设备之间的连接不同，路由器和集线设备之间的连接不使用交叉线，而是使用直通线。也就是说，跳线两端的线序完全相同。另外要注意的是，集线器设备之间的级联通常是通过级联端口进行的，而路由器与集线器或交换机之间的互连是通过普通端口进行的。

2. AUI to RJ-45 连接

这种连接方式主要用于路由器与集线器相连。如果路由器只有 AUI 端口，而集线设备提供的是 RJ-45 端口，那么必须借助于 AUI to RJ-45 适配器才可实现两者之间的连接。当然，该适配器与集线器之间的双绞线跳线也必须使用直通线。

3. SC to RJ-45 或 SC to AUI 连接

这种连接方式一般用于路由器与交换机之间的连接。如果交换机只拥有光纤端口（SC 端口），而路由设备提供的是 RJ-45 端口或 AUI 端口，那么必须借助于 SC to RJ-45 或 SC to AUI 适配器才可实现两者之间的连接。该适配器与交换机之间的双绞线跳线同样必须使用直通线。实际上，交换机接口为纯光纤端口的情况非常少见。

路由器与互联网接入设备的连接

路由器的主要功能是连接互联网，它是局域网接入互联网使用最多、必不可少的一种设备。路由器与互联网接入设备的连接主要有以下几种类型。

1. 通过异步串口连接

异步串口主要用于与 Modem 设备的连接，以便实现远程计算机通过公用电话网拨入局域网络。除此之外，也可用于连接其他终端。当路由器通过电缆与 Modem 连接时，必须使用 Async to DB-25 或 Async to DB-9 适配器进行连接。

2. 通过同步串口连接

在路由器中所能支持的同步串口类型较多，如 Cisco 系列支持的 5 种不同类型的接口分别是 EIA/TIA-232 接口、EIA/TIA-449 接口、V.35 接口、X.21 串行电缆接口和 EIA-530 接口。需要注意的是，适配器连线的两端采用不同的外形（一般称带插针的一端为"公头"，而带有孔的一端称为"母头"）。但也有例外，如 EIA-530 接口两端为连接紧密而采用一样的接口类型。其余各类接口的"公头"为 DTE（数据终端设备）连接适配器，"母头"为 DCE（数据通信设备）连接适配器。

3. 通过 ISDN BRI 端口连接

ISDN 在互联网接入方面带来了一些可行的解决方案。在路由器的开发设计中为与 ISDN 设备之间的连接准备了相应的模块，并预留了特殊的端口。Cisco 路由器的 ISDN BRI 模块一般可分为两类，一类是 ISDN BRI S/T 模块，另一类是 ISDN BRI U 模块。前者必须与 ISDN 的 NT1 终端设备一起使用才能实现与 Internet 的连接，因为 S/T 端口只能连接数字电话设备，而不能用于通过 NT1 连接现有的模拟电话设备；后者由于内置了 NT1 模块而称之为"NT1+"终端设备，它的"U"形端口可以直接连接模拟电话外线，因此它无须再外接 ISDN NT1 就可以直接连接至电话线插座。

路由器与配置端口的连接

依据不同的配置方式，配置路由器所采用的端口不一样。端口主要有两种：一种是本地配置采用的 Console 端口，另一种是远程配置时采用的 AUX 端口。

1. Console 端口的连接方式

当使用计算机配置路由器时，必须使用反转线将路由器的 Console 端口与计算机的串口/并口连接在一起。这种连接线通常需要特制，根据计算机端口所使用的是串口还是并口，选择制作 RJ-45 to DB-9 或 RJ-45 to DB-25 适配器。

2. AUX 端口的连接方式

当需要采用远程访问方式对路由器进行配置时，就需要连接 AUX 端口。AUX 端口的外观与 RJ-45 端口一样，只是内部所对应的电路不同，实现的功能也不同。根据 Modem 所使用的端口，通过 AUX 端口与 Modem 进行连接时需要借助于 RJ-45 to DB-9 或 RJ-45 to DB-25 适配器。

练习

1. 路由器的接口包括哪些？最常用的接口又有哪些？
2. 路由器接口的名称和编号是怎样标识的？
3. 路由器通常采用（　　）连接以太网交换机。
    a. RJ-45 端口　　　b. Console 端口　　　c. 异步串口　　　d. 高速同步串口

【提示】路由器的接口类型一般分为局域网接口和广域网接口两种。

局域网接口：①AUI 端口：用来和同轴电缆相连接的接口。②RJ-45 端口：最常见的端口，就是常见的双绞线以太网端口。③SC 端口：光纤端口。一般来说，这种光纤端口是通过光纤连接到具有光纤端口的交换机。

广域网接口：①RJ-45 端口：也可以用于广域网连接。②AUI 端口：其功能与局域网接口相同，采用粗同轴电缆连接。③高速同步串口：这种端口主要用于连接 DDN、帧中继、X.25 等网络。④配置端口有 Console 端口（同交换机一样）和 AUX 端口，AUX 端口为异步端口，主要用于远程配置，可以与 Modem 连接。

参考答案是选项 a。

4. 路由器通过光纤连接广域网的是（　　）。
    a. SFP 端口　　　b. 同步串口　　　c. Console 端口　　　d. AUX 端口

【参考答案】选项 a。

补充练习

1. 试从路由器硬件连接的角度，通过控制端口搭建路由器的配置环境。
2. 在网络上查找资料，学习讨论通过网络工作站配置路由器的方法。

第二节　路由器的基本配置

路由器的软件配置相对于硬件来说要复杂得多，因为路由器与其他网络接入设备不一样，它不仅在硬件结构上非常复杂，而且其上还集成了丰富的软件系统。路由器有自己的独立、功能强大的软件操作系统，因为它要面对世界范围内的各种网络协议，类似于一个会讲各种语言的人。

由于路由器需要进行必要的配置后才能正常使用，而它本身又不带输入端和终端显示设备，所以路由器都带有一个控制端口——Console 端口，用来与计算机或终端设备进行连接，以便通过特定的软件进行路由器的配置。

学习目标

▶ 掌握连接并启动路由器的方法；

- 了解路由器的命令行接口；
- 掌握如何使用配置模式一步步地配置路由器。

关键知识点

- Cisco 路由器的核心是互联网操作系统（IOS），用于完成资源定位，以及对低层次的硬件接口和安全的管理操作。

路由器的配置方式

由于路由器没有自己的输入设备，所以在对路由器进行配置时，需要将一台计算机连接到路由器的相应接口上进行配置。因为路由器所连接的网络可能互不相同，为了方便对路由器的管理，必须为路由器提供比较灵活的配置方法。一般而言，对于路由器的配置可以通过以下几种方法来进行。

控制端口方式

这种方式一般在路由器进行初始化配置时采用。它将 PC 的串口直接通过专用的配置连线与路由器的 Console 端口相连，在 PC 上运行终端仿真软件（如 Windows 系统下的超级终端），进行路由器的配置。在物理连接上也可将 PC 的串口通过专用配置连线与路由器的 AUX 端口直接相连，进行路由器的配置。

远程登录（Telnet）方式

这种方式通过操作系统自带的 Telnet 程序进行配置（如 Windows、UNIX 和 Linux 等系统都带有这样一个远程访问程序）。如果路由器有一个有效的普通端口，并且经过基本配置，就可通过运行 Telnet 程序，让计算机作为路由器的虚拟终端而建立通信，进行路由器的配置。

网管工作站方式

路由器除了可以通过上述两种方式进行配置外，一般还可以通过网管工作站方式（即通过 SNMP 网管工作站）进行配置。这种方式通过运行路由器厂家提供的网络管理软件进行路由器的配置，如 Cisco 的 CiscoWorks 或第三方的网管软件，以及 HP 的 OpenView 等。这种方式一般在路由器已经能在网络上正常使用的情况下采用，主要用于对路由器的配置进行修改。

TFTP 服务器方式

通过 TFTP 网络服务器进行配置。TFTP 是 TCP/IP 协议族中的一个普通文件传送协议，不需要用户名和口令，使用非常简单。可将配置文件从路由器传送到 TFTP 服务器上，也可将配置文件从 TFTP 服务器传送到路由器上。

对于上述几种配置方式，用户可根据自己的实际情况选择采用。但需要说明的是：路由器的第一次配置必须采用第一种方式，即通过连接到路由器的控制端口（Console 端口）

进行配置，将终端的硬件设置为：波特率为"9600"，数据位为 8，停止位为 1，奇偶校验为"无"。

路由器的配置模式

配置路由器主要有两种模式。一种是手工配置模式，这种模式是在进入路由器的 IOS 后，通过命令行方式进行路由器配置的。采用手工方式对路由器进行配置可大大提高工作效率。另一种配置模式是运行路由器附带配置软件中的"setup.exe"程序，这是一个 IOS 提供的交互式配置软件，适用于对 IOS 命令不太熟悉的新用户。

对于操作系统的不同级别，使用的命令不同，能够进行的配置工作也不同。区分处于不同级别的方法主要是通过查看路由器 IOS 的提示符，不同的操作级别对应着不同的提示符。

用户模式和特许模式

以终端或 Telnet 方式进入路由器时系统会提示用户输入口令，输入口令后便进入第 1 级——用户模式，命令提示符为"Router>"。用户模式仅允许使用基本的监测命令，不能改变路由器的配置；而特许模式可以使用相应的配置命令。在用户模式下进入特许模式时一般需要输入密码，当命令提示符变为"Router#"时表明用户处于特许模式下。

路由器第一次启动成功后，出现用户模式提示符"Router>"。在用户模式下输入"enable"，再输入相应口令（第一次配置时不用输入口令），即可进入第 2 级——特许模式。这时，路由器的命令提示符变为"Router#"。在这一级别上，用户可以使用 show 和 debug 命令进行配置的检查，但不能进行路由器配置的修改。如果要修改路由器配置，还必须进入下一级——全局配置模式。

输入"exit"，可从当前配置模式退回到上一级配置模式。例如：

Router>*enable*
Router#*exit*
Router>

全局配置模式

用户模式一般只允许用户显示路由器的信息而不能改变路由器的任何设置，要想使用所有的命令，就必须进入特许模式。在特许模式下，又可以进入全局配置模式和其他特殊的配置模式。在全局配置模式下，允许用户真正修改路由器的配置。其他特殊的配置模式都是全局模式的一个子集。要进入全局配置模式，可使用如下命令：

Router#*configure terminal*
Router(config)#

路由器端口配置模式

路由器支持两种类型的端口：物理端口和逻辑端口。物理端口表示在路由器上有对应的、实际存在的硬件端口，如以太网端口、同步串口、异步串口、ISDN 端口等。逻辑端口表示该端口在路由器上没有对应的、实际存在的硬件端口，如 Dialer 端口、NULL 端口、Loopback

端口、子端口等。逻辑端口可以与物理端口关联，也可以独立于物理端口而存在。实际上对于网络协议而言，无论是物理端口还是逻辑端口，它们都是一样的。

具体地说，对于每一端口都有许多参数需要配置，而这些配置不是一条命令能解决的，需要进入某一接口或部件的局部配置模式。一旦进入某一接口或部件的局部配置模式后，输入的命令就能对该接口有效，也能输入该接口能接收的命令。

在全局模式下输入"interface"及端口号，就可以进入路由器端口配置模式。例如：

Router(config)#*interface fastethernet 0*
Router(config-if)#

IOS 管理命令

互联网操作系统（IOS）是路由器的核心。Cisco 路由器的 IOS 用于传送网络服务和启用网络应用，主要完成加载网络协议、在设备间连接高速流量，以及在控制访问中添加安全性以便防止未授权的网络使用等工作。路由器的 IOS 操作命令较多，在配置路由器时，掌握不同提示符的含义非常重要。

命令行界面（CLI）

命令行界面（CLI）是指一个基于 DOS 命令行的软件系统模式，对大小写不敏感（即不区分大小写）。这种模式不仅路由器有，交换机、防火墙等也有，其实就是指一系列的相关命令。但它与 DOS 命令不同，在 CLI 中可以使用缩写命令和参数，只要它包含的字符足以与当前用到的命令和参数区别开来即可。

Cisco IOS 共包括 6 种不同的命令模式：User Exec 模式、Privileged Exec 模式、VLAN DataBase 模式、Global Configuration 模式、Interface Configuration 模式和 Line Configuration 模式等。在不同模式下，CLI 会出现不同的提示符。为便于查找和使用，在表格中列出这 6 种 CLI 命令模式的提示符与用途，如表 5.1 所示。

表 5.1　6 种 CLI 命令模式的提示符与用途

模 式	提 示 符	用 途
User Exec	Router>	执行基本测试，显示系统信息
Privileged Exec	Router#	检验输入的命令，该模式设有密码保护
VLAN DataBase	Router(vlan)#	对虚拟局域网进行配置
Global Configuration	Router(config)#	将配置的参数应用于整个路由器
Interface Configuration	Router(config-if)#	为端口配置参数
Line Configuration	Router(config-line)#	为"terminal line"配置参数

帮助和编辑功能

1. 命令行相关帮助

Cisco IOS 提供了丰富的在线帮助功能，为了更好地了解有效的命令模式、指令名称、关键字、指令参数等方面的帮助，可以执行表 5.2 中的相关命令。

表 5.2　帮助命令

命令或者键盘输入	作　用
Router#help	显示简短的系统帮助描述信息
Router#?	列出当前命令模式下的所有命令
Router#abbreviated-command-entry?	显示当前命令模式下，以指定字符开始的所有命令
Router#abbreviated-command-entry"Tab"	自动补齐以指定字符开始的命令
Router#command ?	列出这个命令的所有参数或后续命令选项

说明：

① 在表 5.2 中，"#"为当前命令模式下的系统提示符。

② 在任何命令模式下，输入 help 命令即可获得简短的帮助信息。

③ 在任何命令模式下，如果用户不知道在该命令模式下有哪些可执行的命令，可在系统提示符下输入"？"，便可获得该命令模式下所有可执行的命令及其简短说明。

④ abbreviated-command-entry 为用户输入简短命令的入口。

⑤ 如果用户忘记了一个完整的命令，或者希望可以减少输入的字符数量，可以采用命令行自动补齐功能。输入少量的字符后按 Tab 键，即可自动补齐剩余命令字符成为一个完整的命令，当然必要条件是输入的少量字符已经可以确定一个唯一的命令。例如，在特许模式下，只需输入"conf"，然后按 Tab 键，系统会自动补齐完整的"configure"命令。

⑥ 对于一些命令，用户若只知道该命令是以某字符开头，忘记了完整的命令，这时可以使用 Cisco IOS 提供的模糊帮助功能。输入这个命令开头的少量字符，同时紧跟着这些字符再输入"？"，操作系统便会列出以这些字符开头的所有指令，如图 5.3 所示。

```
Router#c?
configure        clear           copy            clock
cd
```

图 5.3　帮助提示（一）

同样，如果不知道命令后面可以跟随哪些参数，或者有哪些后续命令选项，操作系统也可提供强大的帮助。只需输入相应的命令，然后输入一个空格，再输入"？"，便会将该命令的所有后续命令或者参数类型罗列出来，且对各个后续命令选项给予简短的说明，列出各个参数的取值范围，如图 5.4 所示。从该图可以看出，在提供的帮助中除列出了后续的所有命令外，还给予了简短的说明。

图 5.4　帮助提示（二）

2. 查看、改变命令行历史记录

路由器操作系统提供了可以记录用户输入命令的功能，也就是所谓的命令行历史记录功能，这个功能在输入一些比较长且复杂的指令时特别有用。以前输入的所有指令可以通过上、下光标键重新调取出来，类似于 DOS 中 DOSKey 命令的功能。要取出历史命令行，只需调出用户最近输入的命令行，就可以执行表 5.3 中的相关命令或键盘输入。

表 5.3 命令或键盘输入方法及其作用

命令或者键盘输入	作　用
Ctrl+P 组合键或者光标键上键	访问上一条历史命令，如果没有则响铃警告
Ctrl+N 组合键或者光标键下键	访问下一条历史命令，如果没有则响铃警告
Router>show history	查看命令行历史记录

说明：光标键只有在终端仿真类型为 VT100 或 ANSI 时才可以使用；在其他的仿真类型下，无法使用光标键调出历史命令行。

在某些品牌的路由器中，可以通过命令来禁止或者允许命令行历史记录功能，也可以通过命令设置改变命令行历史记录缓冲区的大小。RGNOS 路由器默认可记录最近输入的 10 条指令，通过相应指令的设置可以改变命令行历史记录缓冲区的大小。要设置命令行历史记录缓冲区大小，可在特许模式下执行以下命令：

terminal history size number　　　　//设置命令行历史记录缓冲区大小

上述命令设置完成后，只对当前的终端会话起作用，并不会保存其值。如果要保存设置值，需要到指定的线路配置模式下配置，执行如下命令：

history size number　　　　//设置指定线路命令行历史记录缓冲区大小

例如，要将 Console 端口命令行历史记录缓冲区大小配置为 15，可执行如下命令：

Red-Giant#*configure terminal*　　　　//进入全局配置模式
Red-Giant(config)#*line console 0*　　　　//进入控制端口线路配置模式
Red-Giant(config-line)#*history size 15*　　　　//指定命令行历史记录缓冲区

3. 命令行删除

在命令行中删除字符，可使用快捷键。命令行删除快捷键及其作用如表 5.4 所示。

表 5.4 命令行删除快捷键及其作用

键盘输入	作　用
Delete 或 Backspace 键	删除光标左边的字符，到系统提示符止
Ctrl+D 组合键	删除光标所在的字符
Ctrl+K 组合键	删除光标右边的所有命令行字符
Ctrl+U 组合键	删除光标左边的所有命令行字符
Ctrl+W 组合键	向左删除一个词
Esc 键	向右删除一个词

4. 命令行错误提示信息

不论何种 IOS 系统，对于用户输入的命令、参数都要进行严格的检查和判断，并对错误的命令给出提示，以方便用户找出问题。常见的错误提示信息如表 5.5 所示。

表 5.5 常见的错误提示信息

错误提示信息	错 误 原 因
%Invalid input detected at '^' marker	输入命令有误，错误地方在"^"指明的位置
%Incomplete command	命令输入不完整
% Ambiguous command "command"	以"command"开头的指令有多个，输入不够明确
Password required, but none set	以 Telnet 方式登录需要在"line vty num"配置密码，该提示表明没有配置相应的登录密码
% No password set	以 Telnet 方式登录需要在"line vty num"配置密码，该提示表明没有配置相应的登录密码

搭建路由器配置环境

当第一次运行路由器时，必须通过 Console 端口对路由器进行配置，下面介绍其具体操作步骤。

通过 Console 端口搭建本地配置环境

选择一条反转线，一端连接到路由器的 Console 端口，另一端通过 RJ-45 to DB-9 适配器连接到 PC 的 COM 端口，然后通过 PC 超级终端进行登录配置；建立新连接，选择与路由器的 Console 端口连接的串口，设置通信参数：波特率为 9 600（b/s）、8 位数据位、1 位停止位、无校验、无流控。具体操作步骤与搭建交换机的配置环境类似。

通过异步串口搭建远程配置环境

路由器的第一次配置必须通过路由器的 Console 端口进行，之后就可以通过 Modem 拨号方式，与路由器的异步串口（包括 8/16 异步串口和 AUX 端口）建立连接，搭建远程配置环境。以 AUX 端口为例，通过拨号方式建立远程配置环境的方法如下：
- 在微型计算机的串口和路由器的异步串口上分别连接异步 Modem。
- 对连接在路由器 AUX 端口上的异步 Modem 进行初始化，设置为自动应答方式。设置的具体方法是：将用于配置 Modem 的终端或超级终端的波特率设置成和路由器连接的 Modem 的异步串口的波特率一样；将 Modem 通过标准 RS-232 电缆连接到微机的串口上，根据 Modem 的说明书，将 Modem 设置成为自动应答方式；一般的异步 Modem 的初始化序列为"AT&FS0=1&W"，出现"OK"提示则表明初始化成功，然后将初始化过的 Modem 连接到路由器的 AUX 端口。
- 在用于远程配置的计算机上运行终端仿真程序，如 Windows 操作系统自带的超级终端等，建立新连接；与通过 Console 端口进行配置一样，设置终端仿真类型为 VT100；选择连接时使用 Modem，并且输入路由器端的电话号码。
- 利用远程微型计算机进行拨号，与路由器异步串口上连接的 Modem 建立远程连接；连接成功后，按 Enter 键，直到出现命令提示符"Router>"，此时即可对路由器进行远程配置。

搭建本地或远程的 Telnet 配置环境

如需建立本地 Telnet 配置环境,需要将微型计算机上的网卡端口通过局域网与路由器的以太网端口连接;如需要建立远程 Telnet 配置环境,则需要将微型计算机和路由器的广域网端口连接。

在通过 Telnet 方式对路由器进行配置的过程中,不能修改路由器端口的 IP 地址,否则 Telnet 连接会断开。如果确实有必要修改,可以在修改端口 IP 地址后,重新用新的 IP 地址进行 Telnet 登录。一般在默认情况下,可以同时运行 5 个 Telnet 连接对路由器进行配置。

如果用户已经配置好路由器的 IP 地址,同时能与之进行网络通信,则可通过局域网或广域网执行 Telnet 客户端程序登录到路由器,对路由器进行本地或远程配置。

在通过 Telnet 方式对路由器进行配置时,要求路由器可以进行正常的网络通信,同时用于配置的微型计算机和路由器网络可以连接;否则,不能通过 Telnet 方式对路由器进行配置管理。另外,还需要对路由器设置控制密码(Enable Password),否则只能进入普通用户模式,而无法进入特许模式对路由器进行配置。

路由器的启动过程

路由器要实现它的路由功能,必须进行适当的配置,这样才能在路由器启动时,一并将配置文件装入内存执行。

路由器在加电后会首先执行上电自检(Power On Self Test,POST),对硬件进行检测。POST 完成后,继续读取 ROM 中的 BootStrap 程序进行初步引导。初步引导完成后,尝试定位并读取完整的 IOS 镜像文件。这时,路由器将会首先在 Flash(闪存)中查找 IOS 文件。如果找到 IOS 文件,就立即读取该文件,引导路由器。如果在 Flash 中没有找到 IOS 文件,路由器将会进入 BOOT 模式,在 BOOT 模式下可以使用 TFTP 上的 IOS 文件,或者使用 TFTP/X-Modem 来给路由器的 Flash 重新上传一个 IOS 文件(一般把这个过程叫作灌 IOS)。传输完毕后重新启动路由器,路由器即可正常地启动到 CLI 模式。

当路由器完成初始化 IOS 文件后,即开始在 NVRAM 中查找 startup-config 配置文件,这个文件称作启动配置文件,其中保存了对路由器所做的所有配置和修改的内容。当路由器找到这个文件之后,就会加载该文件里的所有配置信息,并且根据配置来学习、生成、维护路由表;将所有的配置逐条加载到路由器的内存 RAM 里后,即进入用户模式,完成启动过程。如果在 NVRAM 里没有找到 startup-config 文件,则路由器会进入询问配置模式,即俗称的问答配置模式。在该模式下所有关于路由器的配置都以问答的形式进行。一般情况下不用这种模式进行配置,而是进入命令行模式对路由器进行配置。

路由器加电启动后,将在终端屏幕或者计算机的超级终端窗口内显示自检信息,如图 5.5 所示。自检结束后会提示用户按回车(Return 或 Enter)键,如图 5.6 所示。

按 Enter 键后,即可见到路由器配置命令提示符"Router>"。在这个提示符后,用户可进入不同模式对路由器进行配置,或查看路由器的运行状态。如果需要帮助,可以随时输入"?",路由器会提供详细的在线帮助。

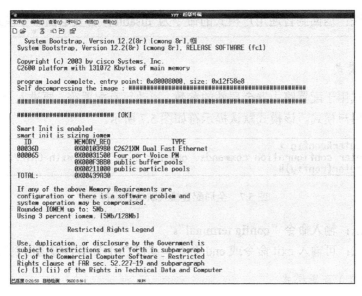

图 5.5　路由器自检信息

图 5.6　自检结束

利用命令行端口进行配置

对路由器的配置和管理可以通过多种方式实现，既可以用纯字符形式的命令行和选单（Menu）进行，也可以用图形界面的 Web 浏览器或专门的网管软件（如 CiscoWorks2000）进行。比较而言，命令行方式的功能更强大，但掌握起来难度也更大。

路由器的配置命令

1. 普通用户模式

普通用户模式用于查看路由器的基本信息，不能对路由器进行配置。在该模式下，只能运行极少数命令。该模式默认的提示符为：Router>。登录路由器后默认进入该模式，退出命令为 logout。

2. 特许用户模式

特许用户模式下可以使用比普通用户模式下多得多的命令。特许用户模式用于查看路由器的各种状态，其中绝大多数命令用于测试网络、检查系统等，保存配置文件、重启路由器也在该模式下进行；但该模式不能对端口及网络协议进行配置。该模式默认的提示符为：Router#。

▶ 进入方法：在普通用户模式下输入"enable"后按 Enter 键，即可进入特许模式。

▶ 退出方法：退回到普通用户模式的命令为 disable；若要退出命令模式，则使用 exit 命令。

3. 全局配置模式

全局配置模式用于配置路由器全局性的参数，更改已有配置等。要进入全局配置模式，必须首先进入特许用户模式。该模式默认提示符如图 5.7 所示。

```
Router#config t
Enter configuration commands, one per line.  End with CNTL/Z.
Router(config)#
```

图 5.7　全局配置模式默认提示符

▶ 进入方法：输入命令"config terminal"。
▶ 退出方法：可输入 exit 命令或 end 命令，或按 Ctrl+Z 组合键退回到特许模式。

4. 端口（接口）配置模式

端口配置模式用于对指定端口进行相关的配置。该模式及后面的数种模式，均要在全局配置模式下方可进行。为了便于分类记忆，可把它们均视为全局配置模式下的子模式。该模式的默认提示符如图 5.8 所示。

▶ 进入方法：在全局配置模式下，用 interface 命令进入具体的某个端口。命令格式为：interface interface-id。例如，要进入以太网端口配置模式，其命令为：Router（config）#interface fa0/1
▶ 退出方法：退到上一级模式，使用 exit 命令；直接退回到特许用户模式，使用 end 命令或按 Ctrl+Z 组合键。

5. 子端口配置模式

子端口是一种逻辑接口，可在某一物理接口上配置多个子端口。该模式的默认提示符为：router（config-subif）#。例如，要给 Fastethernet 0 配置子端口 0.1，其命令如图 5.9 所示。

```
Router(config)#int f0/1
Router(config-if)#
```

```
Router(config)#int f0/0.1
Router(config-subif)#
```

图 5.8　端口配置模式默认提示符　　　　图 5.9　子端口配置模式示例

▶ 进入方法：在全局或端口配置模式下，用 interface 命令进入指定子端口。
▶ 退出方法：同端口配置模式。

6. 控制器配置模式

控制器配置模式用于 T1 或 E1 接口的配置。在全局配置模式下，用 controller 命令指定 T1 或 E1 接口，其命令格式如图 5.10 所示。

```
router (config) #
Router(config)#controller e1 slot/port 或 number
router(config-controller)#
```

图 5.10　控制器配置模式命令格式

7. 终端线路配置模式

该模式用于配置终端线路（line）的登录权限。其进入方法是：在全局配置模式下，用 line 命令指定具体的 line 接口，如图 5.11 所示。

```
Router(config)#line console 0
Router(config-line)#password shi123
Router(config-line)#
```

图 5.11　终端线路配置模式

例如，给路由器配置从 Console 端口登录的口令"shi123"，其命令为：

Router(config)#*line con 0*
Router(config-line)#*password shi123*　　　　//设置口令为"shi123"

又如，给路由器配置 Telnet 登录的口令"123456"，其命令为：

Router(config)#*line vty 0 4*
Router(config-line)#*login*
Router(config-line)#*password 123456*

Cisco 路由器允许 0～4 共 5 个虚拟终端的用户同时登录。

8. 路由协议配置模式

该模式用于对路由器进行动态路由配置。其进入方法是：在全局配置模式下，用"router protocol-name"命令指定具体的路由协议。例如，要进行 RIP（路由信息协议）配置，其命令如图 5.12 所示。

```
Router(config)#
Router(config)#router rip
Router(config-router)#
```

图 5.12　RIP 配置命令

有的路由协议后面还应带有参数。例如，进行 IGRP 配置，若自治域系统号为"60"，则配置命令如图 5.13 所示（带有参数"60"）。

```
Router(config)#router eigrp 60
Router(config-router)#
```

图 5.13　IGRP 路由协议配置命令

9. ROM 检测模式

如果路由器在启动时找不到一个合适的 IOS 映像文件，就会自动进入 ROM 检测模式。在该模式中，路由器只能进行软件升级和手工引导。默认提示符（视路由器型号而定）为">"或者"Rommon 1>"。如果忘记了路由器口令，就需要用该模式恢复或删除密码。有两种方法可以进入该模式：

- ▶ 在路由器加电 60 s 内，在超级终端下，按 Ctrl+Break 组合键 3～5 s；
- ▶ 在全局配置模式下，输入命令：Config register 0x0。

然后关闭电源重新启动，将出现图 5.14 所示的界面。

```
System Bootstrap, Version 12.2(8r) [cmong 8r], RELEASE SOF
TWARE (fc1)
Copyright (c) 2003 by cisco Systems, Inc.
C2600 platform with 131072 Kbytes of main memory

program load complete, entry point: 0x80008000, size: 0x12f58e8
Self decompressing the image : #########PC = 0xfff0ac3c, Vector = 0x500, SP = 0
x87fff8a8

monitor: command "boot" aborted due to user interrupt
rommon 1 >
```

图 5.14　进入 ROM 检测模式提示界面

10. 初始配置模式

在初始配置模式下，系统以对话框提示用户设置路由器，可完成一些基本配置，如图 5.15 所示。这种方式简单方便，易于初学者使用。

```
--- System Configuration Dialog ---
Continue with configuration dialog? [yes/no]: y

At any point you may enter a question mark '?' for help.
Use ctrl-c to abort configuration dialog at any prompt.
Default settings are in square brackets '[]'.

Basic management setup configures only enough connectivity
for management of the system, extended setup will ask you
to configure each interface on the system

Would you like to enter basic management setup? [yes/no]: y
Configuring global parameters:
```

图 5.15　初始配置模式

对于未配置过的路由器，在启动时会自动进入初始配置模式。在特许用户模式下用 setup 命令可进入初始配置模式，如图 5.16 所示。

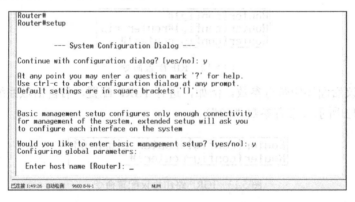

图 5.16　用 setup 命令进入的初始配置模式

路由器配置命令的分类

在配置 Cisco 路由器时，根据不同的工作模式，为便于记忆，可把命令分为 3 类：全局命令、主命令和子命令。

全局命令是指影响路由器整体功能的命令，通常在全局配置模式下使用。常用的全局命令有：

▶ hostname：更改路由器的名字；
▶ enable secret：设置或更改路由器的加密口令；

- no ip domain lookup：禁止路由器进行域名解析。

主命令是指用于配置特定接口或进程的命令，通常是由全局配置模式进入到另一配置模式下执行的命令。每个主命令在执行后必须至少有一个子命令随之执行。常用的主命令有：
- interface s0；
- router rip；
- line vty 0 4。

子命令用在主命令之后，用来完成由主命令开始的有关配置，如配置进程或端口的具体参数。与上面的主命令对应的子命令有：
- ip address 12.3.45.45 255.0.0.0；
- network 192.168.1.0；
- login。

路由器常规配置

配置路由器的主机名和口令

配置路由器的主机名和口令是配置路由器的第一项工作。当网络中有多个路由器时，为便于区分，对其配置主机名是非常必要的；配置口令则是为了防止非授权用户修改路由器的相应配置。

1. 配置主机名

配置主机名的命令如下：

Router>*enable*
Password:　　　　//屏幕提示输入口令（password），输入完成并按 Enter 键后，进入特许用户模式。
　　　　　　　　　第一次配置路由器时，此处不需要输入口令。
Router#
Router#*config t*　　　　　　　　　　　　//进入全局配置模式
Router(config)#
Router(config)#*hostname lhjtxgc-R1*　　　　//修改主机名为"lhjtxgc-R1"
lhjtxgc-R1(config)#

2. 配置口令

配置口令有以下两种方式：
① 配置特许模式加密口令，其命令如下：

lhjtxgc-R1(config)#*enable secret lhjtxgc*　　　　//设置口令为"lhjtxgc"

② 配置从 Console 端口登录路由器的口令，其命令如下：

lhjtxgc-R1(config)#*line con 0*　　　　　　　　//进入 line 配置模式以配置 Console 端口
lhjtxgc-R1(config-line)#*exec timeout 0 0*　　　　//在终端屏幕上某段时间内没有输入时，
　　　　　　　　　　　　　　　　　　　　　　　设置路由器的 EXEC 功能不发生超时
lhjtxgc-R1(config-line)#*password lhjtxgc*　　　　//设置登录口令为"lhjtxgc"
lhjtxgc-R1(config-line)#*login*

配置路由器端口

路由器的端口通常有快速以太网端口、serial 端口和 loopback 端口之分。在配置端口之前，应先选择端口，并进入该端口的配置模式，然后根据需要进行相应的配置。

1. 选择端口

选择端口的配置命令为：

Interface type mod/port

其中，type 表示端口的类型，如快速以太网（Fast Ethernet）端口、serial 端口和 loopback 端口。例如，若要配置快速以太网端口 1，其配置命令为：

Router>*en*
Router#*conf t*
Router(config)#*inter fa0/1*
Router(config-if)#

若要配置 serial 0/1 端口，其配置命令为：

Router(config-if)#*inter s0/1*

若要配置 loopback 1 端口，其配置命令为：

Router(config)#*inter loopback 1*
Router(config-if)#

为了便于识别某端口在网络中所起的作用，可对该端口进行相应的描述，其配置命令为：

Router(config-if)#*description txgc-jsj*   //对此端口的描述为"txgc-jsj"

2. 配置端口参数

配置通信方式，其配置命令为：

Router(config-if)#duplex [auto|full|half]

其中：auto 表示自动协商，full 表示全双工，half 表示半双工。

配置端口速度，其配置命令为：

Router(config-if)#speed [10|100|auto]

配置端口带宽，即配置路由器本机端口连接线路的带宽，其配置命令为：

Router(config-if)#bandwidth kilobits

其中：kilobits 可选择的参数范围是 1～10 000 000 kb/s。

配置 MTU，即配置路由器本机端口收发数据包的最大值，其配置命令为：

Router(config-if)#mtu mtu_size

其中，mtu_size 可选择的参数范围在 64～18 000 B 之间。

配置封装协议，这一配置仅用于 serial 端口。Cisco 路由器默认使用高级数据链路控制（HDLC）协议，在未指定其他封装协议时均使用该协议。配置命令为：

Router(config)#int s0/1
Router(config-if)#encapsulation [ppp|frame-relay|hdlc]

其中：ppp（point-to-point protocol）是 SLIP 的继承者，提供跨过同步和异步电路实现路由器到路由器（router-to-router）和主机到网络（host-to-network）的连接；frame-relay 表示帧中继。

配置端口的线路速率。这一配置仅用于 serial 端口。在使用两个 serial 端口进行对接时，线路速率一定要相等，否则将无法实现通信，默认值是 9600（b/s）。配置时只需在连接两台路由器中的一台 DCE 端进行配置即可。配置命令为：

Router(config)#int s0/1
Router(config-if)#clock rate [9600|14400|19200|28800|32000|38400|56000|57600|64000|72000|115200|125000|128000|148000|500000|800000||1000000|1300000|2000000|4000000|8000000]

例如，要对 serial 0/0 端口封装 PPP 协议，时钟频率为 64 000（Hz），其命令为：

Router>*en*
Router#*conf t*
Router(config)#*int s0/0*
Router(config-if)#*encap ppp*
Router(config-if)#*clock rate 64000*

配置端口 IP 地址。这一配置用于将 IP 地址绑定到路由器的端口上。其配置命令为：

Router(config-if)#ip add ip_address subnet_mask [secondary]

其中：ip_address 表示需要配置的 IP 地址；subnet_mask 表示子网掩码；secondary 表示该端口可以配置多个 IP 地址，不是唯一一个。

如对 serial 0/0 端口配置 IP 地址为 192.168.1.1，子网掩码为 255.255.255.0，其命令为：

Router>*en*
Router#*conf t*
Router(config)#*int s0/0*
Router(config-if)#ip add 192.168.1.1 255.255.255.0

为端口应用访问列表控制。这一配置用于限制路由器端口数据包的转发，以提高网络的安全性，该命令必须与访问列表控制配合使用。其配置命令为：

Router(config-if)#ip access-group access-list [in|out]

其中：access-list 参数选择范围为 1～199（主访问列表）或 1300～2699（扩展访问列表）；in 和 out 参数是数据包的方向。

关闭和启用端口。shutdown 命令用于关闭端口。路由器启动以后所有的端口都是默认开启的；如果要启用某个被关闭的端口，可以输入 no shutdown 命令。

例如，利用 no shutdown 命令启用被关闭的端口，其命令为：

```
Router (config)#interface ethernet 0/0        //进入配置端口
Router (config-if)#shutdown                   //关闭端口
*Mar   1 00:37:44.964: %LINK-5-CHANGED: Interface Ethernet0/0, changed state to administratively down
Router(config-if)#no shutdown                 //开启被关闭的端口
```

在对路由器的不同端口进行配置时，需要注意一些事项，下面仅就同步串口和以太网端口的配置进行简单说明。

- 端口 IP 地址配置——每个端口可以配置一个 IP 地址，也可以配置多个 IP 地址。
- 封装协议——Cisco 交换机以太网端口封装的是以太网协议，广域网同步串口默认封装 HDSL 协议，若要改用其他协议则需要重新封装。
- 在 DCE 接口配置同步时钟——对点到点的广域网连接，需要在 DCE 电缆一端的路由器端口上配置时钟速率；配置命令在端口配置模式下使用，否则广域网接口和协议不能开启。
- 配置子接口——在一个物理接口上可以配置若干子接口，每个子接口均可以配置 IP 地址，封装网络协议。例如，Interface e0.1 表示配置以太网口 E0 的子端口 e0.1。
- 端口配置完毕后，需要在端口（或子端口）配置模式下启用该端口。

配置的保存与删除

当对路由器的配置进行修改之后，各种端口和协议等参数构成一个配置文件存储在路由器的内存（RAM）中，但掉电后会马上消失。为此要在特许模式下，把配置文件存放到掉电后数据不会丢失的 NVRAM 或 TFTP 服务器中。这样才能保证路由器在下一次启动时生效或利用 TFTP 服务恢复配置文件。配置的保存采用如下命令：

```
Router#copy running-config startup-config
```

（1）把配置文件保存在 NVRAM 中。在特许模式下，用 copy 命令将配置文件从 RAM 复制到 NVRAM 中，如图 5.17 所示。

```
BSXY#copy running-config startup-config
Destination filename [startup-config]?
Building configuration...
[OK]
```

图 5.17　保存配置文件到 NVRAM 中

（2）把配置文件保存在 TFTP 服务器中。在特许模式下，用 copy 命令将配置文件从 RAM 复制到 TFTP 服务器中，其命令如下：

```
Router#copy running-config tftp
```

（3）把 TFTP 服务器中保存的配置文件复制到 RAM 中，是操作（2）的逆操作，即在特许模式下使用以下命令：

```
Router#copy tftp running-config
```

（4）把 NVRAM 中的配置信息写入到 RAM 中。在特许模式下，使用以下命令：

```
Router#configure memory                       //路由器启动时，这一过程是自动完成的
```

（5）删除 NVRAM 中的配置文件。在特许模式下，使用以下命令：

Router#*erase startup-config*

查看配置

1. 查看主机名和口令

要查看所配置的主机名和口令，输入如下 show config 命令即可：

Router(config)#*show config*
Using 1888 out of 126968 bytes
Version 11.0
Hostname router
Enable secret 5 $//$2231$x4syawedc0.hgamlo3/r7

2. 查看端口配置信息

在端口配置模式下用以下命令查看路由器的端口配置信息：
- show version：显示路由器的硬件配置、端口信息、软件版本、配置文件名称/来源及引导程序来源；
- show process：显示当前进程的各种信息；
- show interface［type slot/port］：显示端口及线路的协议状态、工作状态等；
- show stacks：显示进程堆栈的使用情况，中断使用及系统本次重新启动的原因；
- show buffers：显示缓冲区的统计信息；
- show protocols：显示路由器的所有接口及各个接口配置的协议，主要是第三层协议的各种配置信息。

3. 查看路由器内存中配置空间的使用情况

在特许模式下，使用 show 命令查看 RAM、NVRAM 和 Flash ROM 的内容。其中，show running-config 命令用来显示当前的配置。

例如，在特许模式下使用命令：

Router#*show running-config*

即可显示下述内容：

Building configuration...
Current configuration:
!
version 12.0
service config
service password-encryption
!
hostname cisco2620
!
enable secret 5 6bErb$e5NWu6qywG/TWFBU7xiOx/

```
!
ip subnet-zero
ip domain-name bsnc.cn
ip name-server 222.56.127.168
!
interface Ethernet0/0
ip address 222.56.127.161 255.255.255.0
!
interface serial0/0
ip address 222.197.242.10 255.255.255.0
!
ip classless
ip default-network 0.0.0.0
ip router 0.0.0.0 0.0.0.0 222.56.127.129
no ip http server
!
line con 0
exec-timeout 1 0
password 7 515123
login
transport input none
line aux 0
line vty 0 4
access-class 2 in
password 7 9218181
login
!
end
```

上面列出的是路由器的当前配置。其他 show 命令还有：
- ▶ show startup-config：显示存放在启动配置文件中的内容。
- ▶ show flash：显示存放在 Flash 中的 IOS 文件名，以及 Flash RAM 所使用的空间和空闲的空间。
- ▶ show mem：显示路由器内存的各种统计信息。
- ▶ show terminal：显示终端的配置参数。
- ▶ show config：显示 NVRAM 中保存的配置文件内容。

绕过特许用户口令登录路由器

如果不慎忘记了特许用户口令，可用下列方法登录路由器。

首先，进入 ROM 检测模式。如果路由器在启动时找不到一个合适的 IOS 映像，就会自动进入 ROM 检测模式。

此时默认提示符（视路由器型号而定）为："＞"或者"Rommon＞"。

当忘记路由器口令时，可以用以下两种方式进入该模式来解决：

▶ 在路由器加电 60 s 内，在超级终端下，同时按 Ctrl+Break 组合键 3～5 s。
▶ 在全局配置模式下，输入命令：config register 0x0。

其次，关闭电源重新启动。设置路由器从 0×42 寄存器引导系统，绕过正常时的 0×2102 寄存器，从而绕过 NVROM 中的 enable 口令。

对 Cisco 2500 系列，其命令为：

＞o/ r0×42
＞initialize

对 Cisco 2600、Cisco 1600 系列，其命令为：

Rommon 1＞config reg 0×42
Rommon 2＞reset

按 Enter 键后，系统会提示当前已进入初始化配置过程。这时，可以进行初始化配置，也可以回答"no"，完成初始化；或者按 Ctrl+Z 组合键终止初始化，进入普通用户模式。接着输入 enable 命令进入超级用户模式，此时已不再需要口令。例如：

Router＞*enable*

再次，进入全局配置模式，将启动寄存器改回 0×2102，其命令为：

Router#*config terminal*
Router（config）#*config reg 0×2102*

而后退出特许模式，用 reload 命令重启路由器，其命令为：

Router#*reload*

最后，按提示保存配置即可。

练习

1. 简述 Cisco 路由器的配置途径有哪几条。
2. 简述 Cisco 路由器的主要工作模式，以及这些模式之间相互转换的命令。
3. 当启动一台路由器时，start-up 配置文件通常保存在哪种存储器中？（　　）
     a. RAM　　　　b. ROM　　　　c. Flash　　　d. NVRAM
4. 当一台路由器工作了一段时间之后，一些问题出现了，此时就希望查看最近输入过哪些命令。下面哪条命令能打开历史缓存来显示最近输入的命令？（　　）
     a. show history　　　　　　　b. show buffers
     c. show typed commands　　　d. show command
5. 当一台路由器中存有以前的配置文件时，在输入新的配置之前，协议进行怎样的操作来清除以前的配置文件？（　　）
     a. 擦除 RAM 中的存储信息，然后重启路由器
     b. 擦除 Flash 中的存储信息，然后重启路由器

  c. 擦除 NVRAM 中的存储信息，然后重启路由器

  d. 直接保存新的配置文件

6. 当需要查看 IOS 镜像文件名时，在路由器上输入下面哪一条命令？（　　）

  a. Router#show IOS   b. Router#show version

  c. Router#show image   d. Router#show flash

7. Cisco 路由器操作系统 IOS 有 3 种命令模式，其中不包括（　　）。

  a. 用户模式   b. 特许模式   c. 远程连接模式   d. 全局配置模式

8. Cisco 路由器用于查看路由表选项的命令是（　　）。

  a. show ip route   b. show ip router   c. show route   d. show router

【提示】根据 Cisco 路由器配置命令可知，查看路由表信息的命令为：show iproute。参考答案是选项 a。

9. 在下列对 loopback 端口的描述中，错误的是（　　）。

  a. loopback 端口是一个虚拟接口，没有一个实际的物理接口与之对应

  b. loopback 端口号的有效值为 0～2 147 483 647

  c. 网络管理员为 loopback 端口分配一个 IP 地址，其掩码应为 0.0.0.0

  d. loopback 永远处于激活状态，可用于网络管理

【提示】loopback（环回）端口作为一台路由器的管理地址，网络管理员可以为其分配一个 IP 地址作为管理地址，其掩码应为 255.255.255.255。参考答案是选项 a。

10. 下面关于路由器的描述中，正确的是（　　）。

  a. 路由器中串口与以太网端口必须是成对的

  b. 路由器中串口与以太网端口的 IP 地址必须在同一网段

  c. 路由器的串口之间通常是点对点连接

  d. 路由器的以太网端口之间必须是点对点连接

【提示】路由器串口是指支持 V24、V35 等通信协议的端口，一般用于比较低端的路由器之中，用来连接广域网，现在基本上被光纤端口替代。参考答案是选项 c。

补充练习

1. 登录到路由器，使用帮助和编辑功能，进行如下实验或练习：

▶ 按 Enter 键连接到路由器，进入用户模式。

▶ 在 Router>提示符下，输入 "？"，注意在底部显示的 "-more-"。

▶ 按 Enter 键以一次一行的方式查看命令，按空格键以一次一屏的方式查看命令。

▶ 输入 enable 命令并按 Enter 键，进入特许模式，在这里可以修改并查看路由器的配置。

▶ 在 Router#提示符下，输入 "？"，可以看到在特许模式可用的命令。通过 Tab 键可以帮助完成命令的输入。

▶ 输入 "cl?" 并按 Enter 键，注意这时可以看到以 "cl" 开头的命令。通过输入 "clock?" 一步步地设置路由器的时间和日期，如 "clock set 12:20:30 18 March 2012"；再通过输入 show clock 命令查看时间和日期。

▶ 按 Ctrl+A 组合键到本行的开始；按 Ctrl+E 组合键到本行的结尾；先按 Ctrl+A 组合键，再按 Ctrl+F 组合键前移一个字符，按 Ctrl+B 组合键后移一个字符。先按 Enter 键，

然后按 Ctrl+P 组合键，可以重复上次的命令（按向上的箭头键也可以）。
- 输入"show history"，则显示最近输入的 10 条命令；输入"show terminal"，可获得终端统计及历史记录尺寸。
- 输入"config terminal"并按 Enter 键，进入全局配置模式。

2. 设置主机名，描述 IP 地址和时钟速率，进行如下实验或练习：
- 进入特许模式，使用 hostname 命令设置主机名。
- 使用 banner 命令设置一个网络管理员可以看到的标志区。例如，要删除 MOTD 标志区，可以先输入"config terminal"，再输入"no banner motd"。
- 使用 ip address 命令为一个端口添加 IP 地址。
- 使用 description 命令为一个端口添加标识。
- 当模拟一个 DCE 的 WAN 连接时，可以为一个串行链路添加带宽和时钟速率，如：config t，int so，bandwidth 64，clock rate 64000。

第三节 常用路由协议配置

路由是指寻找把 IP 数据报从源主机传送到目的主机的传输路径的过程。

路由器的功能包括寻址与转发两项内容。为了判定最佳路由，路由算法必须启动并维护包含路由信息的路由表，而路由表则依赖于所用的路由算法而不尽相同。典型的路由选择方式有静态路由和动态路由两种。静态路由选择是在路由器中设置固定路由表,除非网络管理员干预，否则静态路由不会发生变化。相对于静态路由而言，动态路由选择是指网络中的路由器之间互相通信、传递路由信息、利用收到的路由信息更新路由表的过程，它能实时地适应网络结构的变化。当动态路由与静态路由发生冲突时，以静态路由为准。

本节仍以典型的网络拓扑为例，介绍在路由器中如何配置高级路由协议，主要包括 RIP（路由信息协议）和 OSPF（开放最短路径优先）协议的配置。

学习目标

- 掌握 RIPv2 的配置与查看方法；
- 掌握 OSPF 协议的配置与查看方法。

关键知识点

- RIP 是一种距离向量路由选择协议，适用于不太可能有重大扩容或变化的小型网络；
- OSPF 协议是一种链路状态路由选择协议，能够快速反映网络发生的变化。

静态路由的配置

通过配置静态路由，可以人为地指定对某一网络访问时所要经过的路径。在网络结构比较简单，且一般到达某一网络所经过的路径唯一的情况下，通常采用静态路由。

静态路由的配置命令

用于配置静态路由的命令为全局配置命令，其命令格式如下：

Router(config)*ip router destination destination_mask [ip_address |FastEthernet number|loopback number|serial number] [metric]*

其中：destination 表示目的网络 IP 地址或者主机的 IP 地址；destination_mask 表示目的网络的子网掩码或者目的主机的子网掩码；metric 表示优先级，其数值越大则优先级越低，其取值范围是 1～255；ip_address 表示到目的网络或者目的主机下一跳的 IP 地址。例如：

ip router 10.1.1.0 255.255.255.0 192.168.1.1
ip router 10.1.2.0 255.255.255.0 192.168.2.1
ip router 10.1.3.0 255.255.255.0 192.168.3.1

到目的网络或者目的主机的下一跳地址也可用路由器的端口表示。假设 192.168.1.1、192.168.2.1 和 192.168.3.1 分别对应的端口是 FastEthernet 0/1、loopback 1 和 serial 0，则上面命令处的下一跳地址可以换为端口，即可用以下命令进行表示：

ip router 10.1.1.0 255.255.255.0 fa0/1
ip router 10.1.2.0 255.255.255.0 loopback 1
ip router 10.1.3.0 255.255.255.0 s0

1. 配置默认路由

有时，需要使用静态路由来创建默认路由。默认路由是指当路由表中没有对应于特定目标的条目时所使用的路由。要配置默认路由，只需将目的地址和子网掩码都设置为 0.0.0.0 即可。例如，要将路由的下一跳地址 192.168.0.1 配置为默认路由，其配置命令为：

Router(config)#*ip router 0.0.0.0 0.0.0.0 192.168.0.1*

2. 启用默认路由

启用默认路由的配置命令为：

Router(config)#*ip classless*

只有应用 ip classless 命令后，使用 ip route 0.0.0.0 0.0.0.0 192.168.0.1 命令配置的默认静态路由才会生效；否则，默认静态路由无效。

3. 启用路由功能

如果配置了静态路由但没有启用路由，则路由器的路由表仍然为空，此时路由器将不能正常转发数据包。因此，在路由器配置结束之前，应启用路由。用于启用路由的配置命令为：

Router(config)#*ip routing*

4. 查看路由信息

查看静态路由信息的命令为：

Router(config)#*show ip route* [static]

其中，static 用于查看静态路由信息。

在配置了静态路由，但没有启用路由的情况下，使用 show ip route static 命令将无法看到静态路由信息。此时可用 show ip route 命令显示所有路由信息，如图 5.18 所示。

```
R1#show ip route
Codes: C - connected, S - static, I - IGRP, R - RIP, M - mobile, B - BGP
       D - EIGRP, EX - EIGRP external, O - OSPF, IA - OSPF inter area
       E1 - OSPF external type 1, E2 - OSPF external type 2, E - EGP
       i - IS-IS, L1 - IS-IS level-1, L2 - IS-IS level-2, * - candidate default
       U - per-user static route

Gateway of last resort is not set

     10.0.0.0/24 is subnetted, 4 subnets
C       10.1.0.0 is directly connected, Ethernet0
S       10.1.1.0 [20/0] via 192.168.0.1
S       10.1.2.0 [20/0] via 192.168.0.1
S       10.1.3.0 [20/0] via 192.168.3.2
     192.168.2.0/24 is subnetted, 1 subnets
S       192.168.2.0 [20/0] via 192.168.0.1
     192.168.1.0/24 is subnetted, 1 subnets
S       192.168.1.0 [20/0] via 192.168.0.1
     192.168.0.0/24 is subnetted, 1 subnets
C       192.168.0.0 is directly connected, Serial0
```

图 5.18 显示所有路由信息

5. 调试命令

在调试网络时，首先要确保网络物理连接没有问题，然后才进行配置。ping ip-address 命令和 traceroute ip-address 命令都是常用的网络调试命令。

静态路由配置实例

假设网络拓扑结构如图 5.19 所示，其中各路由器的端口参数如表 5.6 所示。要求在对其进行静态路由配置后，无论在哪一个路由器上，均能 ping 通任何一个 IP 地址。

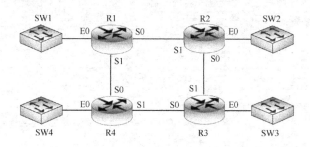

图 5.19 配置实例的网络拓扑结构

表 5.6 路由器端口参数

路由器	端口参数		
	E0	S0	S1
R1	10.1.0.1/24	192.168.0.1/24	192.168.3.2/24
R2	10.1.1.1/24	192.168.1.1/24	192.168.0.2/24
R3	10.1.2.1/24	192.168.2.1/24	192.168.1.2/24
R4	10.1.3.1/24	192.168.3.1/24	192.168.2.2/24

配置步骤如下：

第 1 步：分别配置路由器 R1、R2、R3、R4 端口的 IP 地址。注意不要忘记配置 DCE 端的时钟频率。具体配置如图 5.20 至图 5.23 所示。

```
Router>en
Router#conf t
Enter configuration commands, one per line.  End with CNTL/Z.
Router(config)#host R1
R1(config)#int e0
R1(config-if)#ip add 10.1.0.1 255.255.255.0
R1(config-if)#no sh

%LINK-3-UPDOWN: Interface Ethernet0, changed state to up

R1(config-if)#int s0

R1(config-if)#ip add 192.168.0.1 255.255.255.0
R1(config-if)#clock rate 64000
R1(config-if)#no sh

%LINK-3-UPDOWN: Interface Serial0, changed state to up

R1(config-if)#int s1

R1(config-if)#ip add
%LINK-3-UPDOWN: Interface Serial0, changed state to down
%LINEPROTO-5-UPDOWN: Line protocol on Interface Serial0, changed state to down
R1(config-if)#ip add 192.168.3.2 255.255.255.0
R1(config-if)#clock rate 64000
R1(config-if)#no sh

%LINK-3-UPDOWN: Interface Serial1, changed state to up
```

图 5.20　R1 端口的配置

```
Router>en
Router#conf t
Enter configuration commands, one per line.  End with CNTL/Z.
Router(config)#host R2
R2(config)#int e0
R2(config-if)#ip add 10.1.1.1 255.255.255.0
R2(config-if)#no sh

%LINK-3-UPDOWN: Interface Ethernet0, changed state to up

R2(config-if)#int s0

R2(config-if)#ip add 192.168.1.1 255.255.255.0
R2(config-if)#clock rate 64000

R2(config-if)#no sh

%LINK-3-UPDOWN: Interface Serial0, changed state to up

R2(config-if)#int s1

R2(config-if)#ip add
%LINK-3-UPDOWN: Interface Serial0, changed state to down
%LINEPROTO-5-UPDOWN: Line protocol on Interface Serial0, changed state to down
R2(config-if)#ip add 192.168.0.2 255.255.255.0
R2(config-if)#clock rate 64000
R2(config-if)#no sh

%LINK-3-UPDOWN: Interface Serial1, changed state to up

R2(config-if)#
%LINK-3-UPDOWN: Interface Serial0, changed state to up
%LINEPROTO-5-UPDOWN: Line protocol on Interface Serial0, changed state to up
```

图 5.21　R2 端口的配置

```
Router>en
Router#conf t
Enter configuration commands, one per line.  End with CNTL/Z.
Router(config)#host R3
R3(config)#int e0
R3(config-if)#ip add 10.1.2.1 255.255.255.0
R3(config-if)#no sh
%LINK-3-UPDOWN: Interface Ethernet0, changed state to up
R3(config-if)#int s0
R3(config-if)#ip add 192.168.2.1 255.255.255.0
R3(config-if)#clock rate 64000
R3(config-if)#no sh
%LINK-3-UPDOWN: Interface Serial0, changed state to up
R3(config-if)#int s1
R3(config-if)#ip add 192.168.1.2
%LINK-3-UPDOWN: Interface Serial0, changed state to down
%LINEPROTO-5-UPDOWN: Line protocol on Interface Serial0, changed state to down
R3(config-if)#ip add 192.168.1.2 255.255.255.0
R3(config-if)#clock rate 64000
R3(config-if)#no shut
%LINK-3-UPDOWN: Interface Serial1, changed state to up
R3(config-if)#
%LINK-3-UPDOWN: Interface Serial0, changed state to up
%LINEPROTO-5-UPDOWN: Line protocol on Interface Serial0, changed state to up
```

图 5.22 R3 端口的配置

```
Router>en
Router#conf t
Enter configuration commands, one per line.  End with CNTL/Z.
Router(config)#host R4
R4(config)#int e0
R4(config-if)#ip add 10.1.3.1 255.255.255.0
R4(config-if)#no sh
%LINK-3-UPDOWN: Interface Ethernet0, changed state to up
R4(config-if)#int s0
R4(config-if)#ip add 192.168.3.1 255.255.255.0
R4(config-if)#clock rate 64000
R4(config-if)#no sh
%LINK-3-UPDOWN: Interface Serial0, changed state to up
R4(config-if)#
%LINK-3-UPDOWN: Interface Serial1, changed state to up
%LINEPROTO-5-UPDOWN: Line protocol on Interface Serial1, changed state to up
R4(config-if)#int s1
R4(config-if)#ip add 192.168.2.2 255.255.255.0
R4(config-if)#clock rate 64000
R4(config-if)#no sh
%LINK-3-UPDOWN: Interface Serial1, changed state to up
R4(config-if)#ping
%LINK-3-UPDOWN: Interface Serial0, changed state to up
%LINEPROTO-5-UPDOWN: Line protocol on Interface Serial0, changed state to up
```

图 5.23 R4 端口的配置

第 2 步：端口测试。在 R1 上试着 ping 10.1.0.1、192.168.0.1、192.168.0.2、192.168.3.2 和 192.168.3.1，结果为通，如图 5.24 所示。

```
R1#ping 10.1.0.1

Type escape sequence to abort.
Sending 5, 100-byte ICMP Echos to 10.1.0.1, timeout is 2 seconds:
!!!!!
Success rate is 100 percent (5/5), round-trip min/avg/max = 1/2/4 ms

R1#ping 192.168.0.1

Type escape sequence to abort.
Sending 5, 100-byte ICMP Echos to 192.168.0.1, timeout is 2 seconds:
!!!!!
Success rate is 100 percent (5/5), round-trip min/avg/max = 1/2/4 ms

R1#ping 192.168.0.2

Type escape sequence to abort.
Sending 5, 100-byte ICMP Echos to 192.168.0.2, timeout is 2 seconds:
!!!!!
Success rate is 100 percent (5/5), round-trip min/avg/max = 1/2/4 ms

R1#ping 192.168.3.2

Type escape sequence to abort.
Sending 5, 100-byte ICMP Echos to 192.168.3.2, timeout is 2 seconds:
!!!!!
Success rate is 100 percent (5/5), round-trip min/avg/max = 1/2/4 ms

R1#ping 192.168.3.1

Type escape sequence to abort.
Sending 5, 100-byte ICMP Echos to 192.168.3.1, timeout is 2 seconds:
!!!!!
Success rate is 100 percent (5/5), round-trip min/avg/max = 1/2/4 ms
```

图 5.24 端口测试（一）

同理，在 R2 上 ping 10.1.1.1、192.168.1.1、192.168.1.2、192.168.0.2 和 192.168.0.1，结果也为通；在 R3 和 R4 上 ping 其周围的 IP 地址，结果均为通。这说明，在各路由器上 ping 其周围直连的路由器 IP 地址均是通的。这从各路由器的直连路由也可以看出，如图 5.25 所示。

```
R1#show ip route
Codes: C - connected, S - static, I - IGRP, R - RIP, M - mobile, B - BGP
       D - EIGRP, EX - EIGRP external, O - OSPF, IA - OSPF inter area
       E1 - OSPF external type 1, E2 - OSPF external type 2, E - EGP
       i - IS-IS, L1 - IS-IS level-1, L2 - IS-IS level-2, * - candidate default
       U - per-user static route

Gateway of last resort is not set

     10.0.0.0/24 is subnetted, 1 subnets
C       10.1.0.0 is directly connected, Ethernet0
     192.168.0.0/24 is subnetted, 1 subnets
C       192.168.0.0 is directly connected, Serial0
     192.168.3.0/24 is subnetted, 1 subnets
C       192.168.3.0 is directly connected, Serial1
```

图 5.25 各路由器的直连路由

再在 R1 上 ping 一下除上面所提到的 IP 地址以外的其他 IP 地址，结果均为不通，如图 5.26 所示。

```
R1#ping 192.168.1.1

Type escape sequence to abort.
Sending 5, 100-byte ICMP Echos to 192.168.1.1, timeout is 2 seconds:
.....
Success rate is 0 percent (0/5), round-trip min/avg/max = 1/2/4 ms

R1#ping 10.1.1.1

Type escape sequence to abort.
Sending 5, 100-byte ICMP Echos to 10.1.1.1, timeout is 2 seconds:
.....
Success rate is 0 percent (0/5), round-trip min/avg/max = 1/2/4 ms

R1#ping 192.168.1.2

Type escape sequence to abort.
Sending 5, 100-byte ICMP Echos to 192.168.1.2, timeout is 2 seconds:
.....
Success rate is 0 percent (0/5), round-trip min/avg/max = 1/2/4 ms

R1#ping 10.1.2.1

Type escape sequence to abort.
Sending 5, 100-byte ICMP Echos to 10.1.2.1, timeout is 2 seconds:
.....
Success rate is 0 percent (0/5), round-trip min/avg/max = 1/2/4 ms

R1#ping 192.168.2.1

Type escape sequence to abort.
Sending 5, 100-byte ICMP Echos to 192.168.2.1, timeout is 2 seconds:
.....
Success rate is 0 percent (0/5), round-trip min/avg/max = 1/2/4 ms
```

图 5.26　端口测试（二）

同理，在 R2、R3、R4 上 ping 一下除上面提到的直连路由以外的 IP 地址，也是不通的。

第 3 步：配置路由器 R1、R2、R3、R4 的静态路由，具体配置如图 5.27 至图 5.30 所示。

```
R1#conf t
Enter configuration commands, one per line.  End with CNTL/Z.
R1(config)#ip route 10.1.1.0 255.255.255.0 192.168.0.1 20
R1(config)#ip route 10.1.1.0 255.255.255.0 192.168.3.2 30
R1(config)#ip route 10.1.2.0 255.255.255.0 192.168.0.1 20
R1(config)#ip route 10.1.2.0 255.255.255.0 192.168.3.2 30
R1(config)#ip route 10.1.3.0 255.255.255.0 192.168.3.2 20
R1(config)#ip route 10.1.3.0 255.255.255.0 192.168.0.1 30
R1(config)#ip route 192.168.2.0 255.255.255.0 192.168.0.1 20
R1(config)#ip route 192.168.2.0 255.255.255.0 192.168.3.2 30
R1(config)#ip route 192.168.1.0 255.255.255.0 192.168.0.1 20
R1(config)#ip route 192.168.1.0 255.255.255.0 192.168.3.2 30
R1(config)#
```

图 5.27　配置 R1 静态路由

```
R2#conf t
Enter configuration commands, one per line.  End with CNTL/Z.
R2(config)#ip route 10.1.0.0 255.255.255.0 192.168.0.2 20
R2(config)#ip route 10.1.0.0 255.255.255.0 192.168.1.1 30
R2(config)#ip route 10.1.3.0 255.255.255.0 192.168.1.1 20
R2(config)#ip route 10.1.3.0 255.255.255.0 192.168.0.2 30
R2(config)#ip route 10.1.2.0 255.255.255.0 192.168.1.1 20
R2(config)#ip route 10.1.2.0 255.255.255.0 192.168.0.2 30
R2(config)#ip route 192.168.3.0 255.255.255.0 192.168.1.1 20
R2(config)#ip route 192.168.3.0 255.255.255.0 192.168.0.2 30
R2(config)#ip route 192.168.2.0 255.255.255.0 192.168.1.1 20
R2(config)#ip route 192.168.2.0 255.255.255.0 192.168.0.2 30
R2(config)#
```

图 5.28　配置 R2 静态路由

```
R3(config)#ip route 10.1.3.0 255.255.255.0 192.168.2.1 20
R3(config)#ip route 10.1.3.0 255.255.255.0 192.168.1.2 30
R3(config)#ip route 10.1.0.0 255.255.255.0 192.168.2.1 20
R3(config)#ip route 10.1.0.0 255.255.255.0 192.168.1.2 30
R3(config)#ip route 10.1.1.0 255.255.255.0 192.168.1.2 20
R3(config)#ip route 10.1.1.0 255.255.255.0 192.168.2.1 30
R3(config)#ip route 192.168.0.0 255.255.255.0 192.168.2.1 20
R3(config)#ip route 192.168.0.0 255.255.255.0 192.168.1.2 30
R3(config)#ip route 192.168.3.0 255.255.255.0 192.168.2.1 20
R3(config)#ip route 192.168.3.0 255.255.255.0 192.168.1.2 30
```

图 5.29　配置 R3 静态路由

```
R4#conf t
Enter configuration commands, one per line.  End with CNTL/Z.
R4(config)#ip route 10.1.2.0 255.255.255.0 192.168.2.2 20
R4(config)#ip route 10.1.2.0 255.255.255.0 192.168.3.1 30
R4(config)#ip route 10.1.1.0 255.255.255.0 192.168.3.1 20
R4(config)#ip route 10.1.1.0 255.255.255.0 192.168.2.2 30
R4(config)#ip route 10.1.0.0 255.255.255.0 192.168.2.2 20
R4(config)#ip route 10.1.0.0 255.255.255.0 192.168.3.1 30
R4(config)#ip route 192.168.1.0 255.255.255.0 192.168.3.1 20
R4(config)#ip route 192.168.1.0 255.255.255.0 192.168.2.2 30
R4(config)#ip route 192.168.0.0 255.255.255.0 192.168.3.1 20
R4(config)#ip route 192.168.0.0 255.255.255.0 192.168.2.2 30
R4(config)#
```

图 5.30　配置 R4 静态路由

第 4 步：静态路由测试。在各路由器上任意 ping 一个 IP 地址，看是否已通。例如，R1 的测试结果如图 5.31 所示。

```
R1#ping 10.1.1.1
Type escape sequence to abort.
Sending 5, 100-byte ICMP Echos to 10.1.1.1, timeout is 2 seconds:
!!!!!
Success rate is 100 percent (5/5), round-trip min/avg/max = 1/2/4 ms
R1#ping 192.168.1.1
Type escape sequence to abort.
Sending 5, 100-byte ICMP Echos to 192.168.1.1, timeout is 2 seconds:
!!!!!
Success rate is 100 percent (5/5), round-trip min/avg/max = 1/2/4 ms
R1#ping 192.168.1.2
Type escape sequence to abort.
Sending 5, 100-byte ICMP Echos to 192.168.1.2, timeout is 2 seconds:
!!!!!
Success rate is 100 percent (5/5), round-trip min/avg/max = 1/2/4 ms
R1#ping 192.168.2.1
Type escape sequence to abort.
Sending 5, 100-byte ICMP Echos to 192.168.2.1, timeout is 2 seconds:
!!!!!
Success rate is 100 percent (5/5), round-trip min/avg/max = 1/2/4 ms
R1#ping 10.1.2.1
Type escape sequence to abort.
Sending 5, 100-byte ICMP Echos to 10.1.2.1, timeout is 2 seconds:
!!!!!
Success rate is 100 percent (5/5), round-trip min/avg/max = 1/2/4 ms
```

图 5.31　R1 的静态路由测试结果

从图 5.31 可以看出：原来 ping 不通的地址，在设置了静态路由后就可以 ping 通。同理，在 R2、R3、R4 上也可以 ping 通任何一个 IP 地址。这一点通过查看各路由器中的路由信息表可以确认。路由器 R1、R2、R3、R4 的路由信息如图 5.32 至图 5.35 所示。

图 5.32　R1 的路由信息

图 5.33　R2 的路由信息

图 5.34　R3 的路由信息

```
R4#show ip route
Codes: C - connected, S - static, I - IGRP, R - RIP, M - mobile, B - BGP
       D - EIGRP, EX - EIGRP external, O - OSPF, IA - OSPF inter area
       E1 - OSPF external type 1, E2 - OSPF external type 2, E - EGP
       i - IS-IS, L1 - IS-IS level-1, L2 - IS-IS level-2, * - candidate default
       U - per-user static route

Gateway of last resort is not set

     10.0.0.0/24 is subnetted, 4 subnets
C       10.1.3.0 is directly connected, Ethernet0
S       10.1.2.0 [20/0] via 192.168.2.2
S       10.1.1.0 [20/0] via 192.168.3.1
S       10.1.0.0 [20/0] via 192.168.2.2
     192.168.3.0/24 is subnetted, 1 subnets
C       192.168.3.0 is directly connected, Serial0
     192.168.2.0/24 is subnetted, 1 subnets
C       192.168.2.0 is directly connected, Serial1
     192.168.1.0/24 is subnetted, 1 subnets
S       192.168.1.0 [20/0] via 192.168.3.1
     192.168.0.0/24 is subnetted, 1 subnets
S       192.168.0.0 [20/0] via 192.168.3.1
```

图 5.35 R4 的路由信息

此外,也可以利用跟踪路由命令查看到达目的网络所经过的路由,如图 5.36 所示。

```
R1#tracerout 192.168.2.2

"Type escape sequence to abort."
Tracing the route to 192.168.2.2

1 192.168.0.2  0 msec 16 msec 0 msec
2 192.168.1.2 20 msec 16 msec 16 msec
3 192.168.2.2 20 msec 16 msec *
```

图 5.36 跟踪路由

RIP 的配置

为简洁起见,仍以图 5.19 所示的网络拓扑结构为例,介绍如何在路由器上配置路由协议 RIPv2,以使每台路由器与其他路由器相连接。

RIP 配置命令

(1) 从全局配置模式进入 RIP 配置模式,其命令格式为:

router2(config)#*router rip*
router2(config-router)#

(2) 选择在路由器上运行哪个版本的 RIP,其命令格式为:

Router(config-router)#*version [1|2]*

(3) 定义 RIP 的管理距离,命令格式为:

Router(config-router)#*distance [参数 1~255]*

其中,"参数 1~255"表示取值范围为 1~255,配置参数时从中选取其中一个数值。

(4) 定义路由表中到同一目的网络的路径的条数,其命令格式为:

Router(config-router)#*maximum-paths number*

其中,number 的取值范围为 1~6,默认值为 1。

(5) 定义路由表中路由信息的更新时间,其命令格式为:

Router(config-router)#*timers basic number*

其中,参数 number 的取值范围为 0~4 294 967 295,默认值为 30(s)。

(6) 定义路由器运行 RIP 时可以发送或转发的指定网络的路由信息,其命令格式为:

Router(config-router)#*network ip-address*

其中,参数 ip_address 是网络地址,这里的网络地址必须是标准的网络地址。例如:对于 A 类网络地址 10.0.0.0,不可以用 10.2.2.0;对于 B 类网络地址 172.16.0.0,不可以用 172.16.16.0;对于 C 类网络地址 192.168.1.0,不可以用 192.168.1.1。路由器 R1 的 RIP 配置结果如图 5.37 所示。

```
Router>
Router>en
Router#conf t
Enter configuration commands, one per line.  End with CNTL/Z.
Router(config)#host R1
R1(config)#router rip
R1(config-router)#network 10.0.0.0
R1(config-router)#network 192.168.2.0
R1(config-router)#network 192.168.1.0
R1(config-router)#network 192.168.0.0
R1(config-router)#network 192.168.3.0
```

图 5.37 R1 RIP 配置结果

(7) 监控路由器发送或接收到的动态路由信息,其命令格式为:

Router#*debug ip rip*

其中,参数 rip 表示 RIP 类型的路由信息。R1 路由器的 RIP 信息如图 5.38 所示。

```
R1#debug ip rip
RIP protocol debugging is on
RIP: sending update to 255.255.255.255 via Serial0 (192.168.0.1)
 subnet 10.0.0.0, metric 3
 subnet 10.1.0.0, metric 1

RIP: sending update to 255.255.255.255 via Ethernet0 (10.1.0.1)
 subnet 192.168.0.0, metric 1

RIP: received update from 192.168.0.2 on Serial0
    10.0.0.0 in 3 hops
    10.1.1.0 in 1 hops
```

图 5.38 R1 路由信息

RIP 配置实例

针对图 5.19 所示的网络拓扑结构,使用 RIP 动态路由协议设置路由器的过程如下:

(1) 分别对 R1、R2、R3、R4 设置端口 IP 地址。具体操作与静态路由端口 IP 地址的设置相同,可参见图 5.27 至图 5.30,在此不再赘述。设置好以后利用 ping 命令测试与路由器直连的端口 IP 地址应是通的,除此以外,ping 其他地址均不通。

(2) 对 R1 配置 RIP 动态路由,其命令如图 5.39 所示。对 R2、R3、R4 进行相同的配置。

(3) 路由检测。路由基本配置完成后,要及时采用 ping 检测接口和网络状态的连通性,查看所有 IP 地址是否已经畅通,其中 R1 的测试如图 5.40 所示。

使用命令 show ip route 查看 RIP 动态路由信息,其中 R1 的结果如图 5.41 所示。

```
R1#conf t
Enter configuration commands, one per line. End with CNTL/Z.
R1(config)#route rip
R1(config-router)#ver 2
R1(config-router)#network 10.0.0.0
R1(config-router)#network 192.168.2.0
R1(config-router)#network 192.168.1.0
R1(config-router)#network 192.168.0.0
R1(config-router)#network 192.168.3.0
```

图 5.39 R1 RIP 动态路由配置命令

```
R1#ping 10.1.1.1

Type escape sequence to abort.
Sending 5, 100-byte ICMP Echos to 10.1.1.1, timeout is 2 seconds:
.....
Success rate is 0 percent (0/5), round-trip min/avg/max = 1/2/4 ms

R1#ping 10.1.1.1

Type escape sequence to abort.
Sending 5, 100-byte ICMP Echos to 10.1.1.1, timeout is 2 seconds:
!!!!!
Success rate is 100 percent (5/5), round-trip min/avg/max = 1/2/4 ms
R1#
R1#ping 192.168.1.1

Type escape sequence to abort.
Sending 5, 100-byte ICMP Echos to 192.168.1.1, timeout is 2 seconds:
!!!!!
Success rate is 100 percent (5/5), round-trip min/avg/max = 1/2/4 ms

R1#ping 192.168.1.2

Type escape sequence to abort.
Sending 5, 100-byte ICMP Echos to 192.168.1.2, timeout is 2 seconds:
!!!!!
Success rate is 100 percent (5/5), round-trip min/avg/max = 1/2/4 ms

R1#ping 10.1.2.1

Type escape sequence to abort.
Sending 5, 100-byte ICMP Echos to 10.1.2.1, timeout is 2 seconds:
!!!!!
Success rate is 100 percent (5/5), round-trip min/avg/max = 1/2/4 ms
```

图 5.40 R1 动态路由配置测试

```
R1#show ip route

Codes: C - connected, S - static, I - IGRP, R - RIP, M - mobile, B - BGP
       D - EIGRP, EX - EIGRP external, O - OSPF, IA - OSPF inter area
       E1 - OSPF external type 1, E2 - OSPF external type 2, E - EGP
       i - IS-IS, L1 - IS-IS level-1, L2 - IS-IS level-2, * - candidate default
       U - per-user static route

Gateway of last resort is not set

     10.0.0.0/24 is subnetted, 4 subnets
C       10.1.0.0 is directly connected, Ethernet0
R       10.1.1.0 [120/1] via 192.168.0.2, 00:05:26, Serial0
R       10.1.3.0 [120/1] via 192.168.3.1, 00:03:38, Serial1
R       10.1.2.0 [120/2] via 192.168.3.1, 00:09:37, Serial1
     192.168.0.0/24 is subnetted, 1 subnets
C       192.168.0.0 is directly connected, Serial0
     192.168.3.0/24 is subnetted, 1 subnets
C       192.168.3.0 is directly connected, Serial1
     192.168.1.0/24 is subnetted, 1 subnets
R       192.168.1.0 [120/1] via 192.168.0.2, 00:01:24, Serial0
     192.168.2.0/24 is subnetted, 1 subnets
R       192.168.2.0 [120/1] via 192.168.3.1, 00:04:32, Serial1
```

图 5.41 R1 的 RIP 动态路由信息

使用命令 debug ip rip 监控路由器发送或接收的动态路由信息,其中对 R1 的监控如图 5.42 所示。

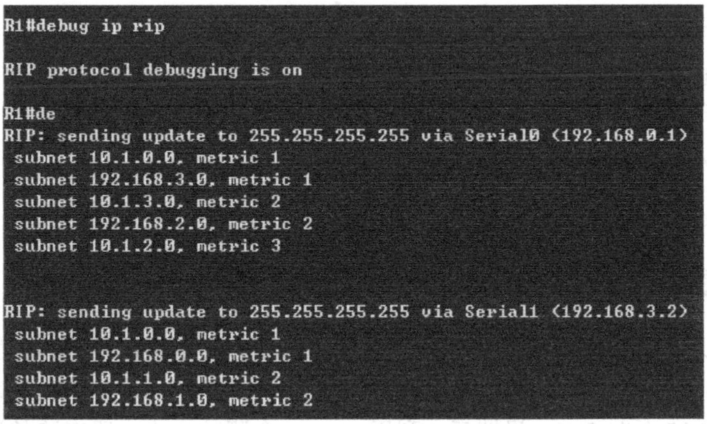

```
R1#debug ip rip
RIP protocol debugging is on
R1#de
RIP: sending update to 255.255.255.255 via Serial0 (192.168.0.1)
  subnet 10.1.0.0, metric 1
  subnet 192.168.3.0, metric 1
  subnet 10.1.3.0, metric 2
  subnet 192.168.2.0, metric 2
  subnet 10.1.2.0, metric 3

RIP: sending update to 255.255.255.255 via Serial1 (192.168.3.2)
  subnet 10.1.0.0, metric 1
  subnet 192.168.0.0, metric 1
  subnet 10.1.1.0, metric 2
  subnet 192.168.1.0, metric 2
```

图 5.42 监控 R1 动态路由信息

OSPF 协议的配置

仍以图 5.19 所示的网络拓扑结构为例,介绍如何对路由器进行 OSPF 协议(动态路由)的设置,以使每台路由器与其他路由器相连接。

OSPF 配置命令

(1)首先从全局配置模式进入 OSPF 协议的配置模式,其命令格式为:

Router>*en*
Router#*conf t*
Router(config)#*router ospf process_ID*

其中,参数 process_ID 表示进程号,如果运行动态路由选择协议,可以同时运行多个进程。
(2)定义 OSPF 协议的管理距离,其命令格式为:

Router(config-router)#*distance distance*

其中,参数 distance 的取值范围为 1~255。
(3)定义路由表中到同一目的网络的路径的条数,其命令格式为:

Router(config-router)#*maximum-paths number*

其中,number 的取值范围为 1~6,默认值为 1。
(4)定义路由表中路由信息的更新时间,其命令格式为:

Router(config-router)#*timers ospf number*

其中,参数 number 的取值范围为 0~4 294 967 295,默认值为 5(s)。
(5)定义路由的默认度量值,其命令格式为:

Router(config-router)#*default-metric default_metric*

其中,参数 default_metric 的取值范围为 1~4 294 967 295。

（6）定义路由器运行 OSPF 协议时在指定区域内发送或转发的指定网络的路由信息，其命令格式为：

Router(config-router)#*network ip-address subnetmask area number*

其中，参数 ip_address 表示网络地址，subnetmask 表示反子网掩码，area number 表示区域号。

（7）监控路由器发送或接收的动态路由信息，其命令格式为：

Router#*show ip ospf database*

其中，参数 ospf 表示 OSPF 类型的路由信息。

OSPF 配置实例

以图 5.19 所示的网络拓扑结构为例，使用 OSPF 动态路由协议设置路由器的过程如下：

（1）分别对 R1、R2、R3、R4 设置端口 IP 地址。具体操作与静态路由端口 IP 地址的设置相同，可参见图 5.27 至图 5.30。设置后，利用 ping 命令测试与路由器直连的端口 IP 地址是通的，除此以外，ping 其他地址均不通。

（2）对 R1 配置 OSPF 动态路由，其命令如图 5.43 所示。

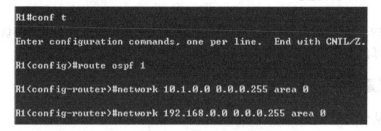

图 5.43　OSPF 动态路由配置命令

对 R2、R3、R4 进行与上述相同的设置。

（3）路由测试。ping 任何一个 IP 地址，查看是否已经畅通。

练习

1. 举例说明静态路由的配置过程。
2. 动态路由配置有什么特点，会用到哪些路由协议？
3. 举例说明 RIP 的配置过程。
4. 举例说明 OSPF 协议的配置过程。
5. 用于启用 OFPF 路由的命令为（　　）。
       a. Router(config)#router ospf 100　　　　b. Router#router ospf 100
       c. Router(config)#ospf 100　　　　　　　d. Router#ospf 100
6. 某校园采用 RIPv1 协议，通过一台 Cisco 路由器 R1 互连 2 个子网，IP 地址分别为 213.33.56.0 和 213.33.56.128，掩码为 255.255.255.128，并要求过滤 g0/1 端口输出的路由更新信息。那么，R1 的正确路由协议配置是（　　）。
       a. Router(config)#access-list 12 deny any
         Router(config)#router rip

Router(config)#distributor-list 12 in g0/1
Router(config)#network 213.33.56.0
  b. Router(config)#router rip
     Router(config-router)#passive-interface g0/1
     Router(config-router)# network 213.33.56.0 255.255.255.128
     Router(config-router)# network 213.33.56.128 255.255.255.128
  c. Router(config)#router rip
     Router(config-router)#passive-interface g0/1
     Router(config-router)# network 213.33.56.0
  d. Router(config-router)#passive-interface g0/1
     Router(config)#router rip
     Router(config-router)# network 213.33.56.0

【提示】passive-interface 命令指定一个路由器端口为被动端口，在被动端口上可以抑制路由更新信息，以防止端口发送路由信息。根据题中命令配置可知，参考答案是选项 c。

补充练习

某单位的内部网络拓扑结构如图 5.44 所示，该网络采用 RIP 路由协议。说明并回答问题 1 和问题 2，并将答案填入对应的解答括号内。

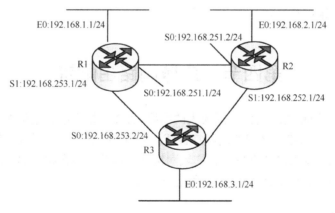

图 5.44　某单位的内部网络拓扑结构

【问题 1】路由器在第一次配置时，必须通过 Console 端口连接运行终端仿真软件的 PC 进行配置，此时终端仿真程序设置的波特率应为（1）b/s。路由器有多种配置模式，请根据以下命令的提示状态判断路由器处于何种配置模式。

Router(Config) #	（2）
Router >	（3）
Router #	（4）
Router(Config-if) #	（5）

【提示】（1）使用终端仿真程序设置的波特率为 9 600 b/s。（2）～（5）属于实践性质的题目，主要考察对路由器配置界面的熟悉程度，参考答案为：（2）全局配置模式；（3）用户模式；（4）特许模式；（5）局部配置模式（端口配置模式）。

【问题2】以下是路由器 R1 的部分配置，请完成其配置或解释配置命令含义。

```
!
R1(Config)    #interface fastethernet 0
R1(Config-if) #ip address     (6)      (7)
R1(Config-if) #   (8)         （开启端口）
!
R1(Config) #interface serial 0    //进入 s0 端口配置模式
R1(Config-if) # ip address     (9)      (10)
!
R1(Config) # ip routing     //激活 IP 路由
R1(Config) #router rip                  (11)
R1(Config-router) #    (12)      （声明网络）
R1(Config-router) #    (13)      （声明网络）
R1(Config-router) #    (14)      （声明网络）
R1(Config-router) #version 2     (15)
!
```

【提示】 参考答案为：（6）192.168.1.1；（7）255.255.255.0；（8）no shutdown；（9）192.168.251.1；（10）255.255.255.0；（11）//进入 RIP 配置模式；（12）**network** 192.168.1.0；（13）**network** 192.168.251.0；（14）**network** 192.168.253.0；（15）//设置 RIPv2。注意：（12）至（14）的答案可互换。

第四节　广域网路由配置

广域网是一种作用距离或延伸范围较大的网络，X.25、帧中继和电话拨号等都是常见的广域网技术。为了实现与因特网之间的远程连接或企业网接入因特网，需要在路由器上配置相应的广域网协议。Cisco 路由器都支持多种广域网协议。本节介绍在路由器上对几种常用连接方式的配置，主要包括 PPP、HDLC、X.25 和帧中继的配置。

学习目标

- ▶ 了解常见的广域网协议；
- ▶ 能够进行基本的广域网配置，掌握 HDLC 和 PPP 的配置方法；
- ▶ 掌握 X.25、帧中继网络的配置方法。

关键知识点

- ▶ HDLC 是 Cisco 路由器的专用协议，不能用于其他厂商的路由器。

PPP 的配置

PPP（点对点协议）是为同等单元之间传输数据包而设计的链路层协议。该协议提供在链路层的全双工操作，并按照顺序传输数据包。PPP 由于具有协议简单、动态 IP 地址分配、能对传输数据进行压缩和对入网用户进行认证等优点，因而成为广域网上广泛使用的协议之一。目前，它已经成为各种主机、网桥和路由器之间，通过拨号或专线方式建立点对点连接的首选协议。

PPP 的认证协议

PPP 的认证是可选的。通信双方在建立链路连接之后，先进行认证协议选择，然后进行认证。一旦通过认证，双方将建立网络层连接，否则将断开连接。最常用的认证协议有口令认证协议（Password Authentication Protocol，PAP）和询问握手认证协议（Challenge-handshake Authentication Protocol，CHAP）。

- 口令认证协议（PAP）——PAP 采用的是一种简单的明文认证方式：网络接入服务器（Network Access Server，NAS）要求用户提供用户名和口令，用户反复在链路上发送用户名和密码，直至认证通过；否则，连接终止。由于用户名和口令以明文形式传输，很容易被非法用户截取，因而这种协议的安全性较差。
- 询问握手认证协议（CHAP）——CHAP 采用的是一种加密的认证方式，能够隐藏建立连接时所传送的用户口令。NAS 向远程用户发送一个询问口令，其中包括会话 ID 和一个任意生成的询问字串（Arbitrary Challenge String）。远程客户必须使用 MD5 单向哈希算法返回用户名和加密的询问口令、会话 ID 及用户口令，其中用户名以非哈希方式发送。由于 CHAP 以密文方式传送口令，因而具有较高的安全性。

PPP 的配置命令

（1）封装 PPP，其命令格式为：

Router(config)#*encapsulation PPP*

（2）设置对端拨号的用户名和密码，其命令格式为：

Router(config)#*username {username1} password {password1}*

其中：username1 表示对端的用户名，password1 表示对端用户名对应的密码（口令）。

（3）配置认证方式，PPP 支持 CHAP、PAP 等认证方式，其命令格式为：

Router(config)#*ppp authentication [chap|chap pap|pap chap|pap]*

其中：chap 表示询问握手认证协议（CHAP），采用 MD5 加密传输；pap 表示口令认证协议（PAP），用明文传输；pap chap 和 chap pap 表示以优先权排列靠前的先执行，后面的作为备份。注意，两端的路由器必须使用相同的用户认证协议。去掉用户认证的命令为 no ppp auth。

（4）设置本地路由器名和口令，其命令格式为：

Router(config)#*hostname {hostname1}*
Router(config)#*enable secret {secret-string}*

其中：hostname1 表示设置的路由器名称，secret-string 表示设置的路由器密码。

(5) 设置压缩算法，命令格式为：

Router(config)#*compress {mppc|predictor|stac}*

压缩算法有 Stac、Predictor 和微软点到点压缩（MPPC）算法。路由器之间一般采用 Stac 压缩算法，路由器和 PC 之间的拨号连接一般采用 MPPC 算法。

PPP 配置实例

两台路由器通过 DTE/DCE 线路直接连接，R1 作为 DCE 端，时钟频率设为"64000"。网络拓扑结构如图 5.45 所示。

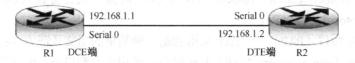

图 5.45　直连路由器

第 1 步：对 R1 路由器进行设置。
（1）配置本地路由器（R1）用户名，如图 5.46 所示。

```
Router>
Router>en
Router#conf t
Enter configuration commands, one per line.  End with CNTL/Z.
Router(config)#host R1
R1(config)#
```

图 5.46　配置 R1 用户名

（2）配置 R1 口令，如图 5.47 所示。

```
R1(config)#enab secret 123456
R1(config)#
```

图 5.47　配置 R1 口令

（3）配置对端路由器（R2）的用户名和口令，如图 5.48 所示。

```
R1(config)#username R2 password 654321
```

图 5.48　配置 R2 用户名和口令

（4）配置 R1 端口的 IP 地址、时钟频率及封装 PPP，如图 5.49 所示。

```
R1(config)#int s0
R1(config-if)#ip add 192.168.1.1 255.255.255.0
R1(config-if)#encapsulation ppp
R1(config-if)#clock rate 64000
```

图 5.49　配置 R1 端口

（5）指定 R1 的 PPP 认证方式，如图 5.50 所示。

```
R1(config-if)#ppp auth chap
R1(config-if)#no sh
%LINK-3-UPDOWN: Interface Serial0, changed state to up
```

图 5.50　指定 R1 的 PPP 认证方式

第 2 步：对 R2 路由器进行设置。

（1）配置本地路由器（R2）用户名。与设置 R1 路由器相同，只是名称改为 R2。

（2）配置本地路由器口令，此口令应与 R1 路由器设置的对端口令相同，如图 5.51 所示。

```
R2(config)#enable secret 654321
```

图 5.51　配置 R2 口令

（3）配置对端路由器（R1）的用户名和口令，此口令应与 R1 设置的本地口令相同，如图 5.52 所示。

```
R2(config)#username R1 password 123456
```

图 5.52　配置对端路由器口令

（4）配置 R2 端口的 IP 地址和封装 PPP，如图 5.53 所示。

```
R2(config)#int s0
R2(config-if)#ip add 192.168.1.2 255.255.255.0
R2(config-if)#enca ppp
```

图 5.53　配置 R2 端口 IP 地址和封装 PPP

（5）指定 R2 的 PPP 认证方式，如图 5.54 所示。

```
R2(config-if)#ppp authen chap
R2(config-if)#no shut
%LINK-3-UPDOWN: Interface Serial0, changed state to up
```

图 5.54　指定 R2 的 PPP 认证方式

验证 PPP 的配置状态

PPP 配置完成之后，可以使用表 5.7 所示命令检查配置状态。

表 5.7　PPP 配置检查命令

命　　令	说　　明
show interface *port-id*	显示端口配置和状态
show controllers *serialport-id*	显示串口配置和状态
debug ppp packet	显示发送和接收的 PPP 分组
debug ppp negotiation	显示 PPP 启用过程中进行协商 PPP 选项时所传输的 PPP 分组
debug ppp errors	显示 PPP 连接和操作过程中相关的错误
debug ppp chap	显示身份认证情况

HDLC 协议的配置

高级数据链路控制（HDLC）协议是一个点对点的数据传输协议，工作在链路层，其帧结构有两种类型。一种是 ISO HDLC 帧结构，它由 IBM SDLC 协议演化而来，采用 SDLC 的帧格式，支持同步、全双工操作，分为物理层和逻辑链路控制（LLC）子层两层。另一种是 Cisco HDLC 帧结构，由于其无 LLC 子层，因而 Cisco HDLC 对上层数据只进行物理帧封装，没有应答、重传机制，所有的纠错处理均由上层协议处理。这两种帧结构互不兼容。

HDLC 和 PPP 都是点对点的广域网传输协议，在具体组网时，这两种协议的选择主要基于以下原则：当在 Cisco 路由器之间采用专线连接时，采用 Cisco HDLC，因为它的效率比 PPP 高得多；而当在 Cisco 路由器与非 Cisco 路由器之间采用专线连接时，不能使用 Cisco HDLC，因为非 Cisco 路由器不支持 Cisco HDLC，所以这时应采用 PPP。

配置命令

（1）封装 HDLC 协议，其命令格式为：

Router(config)#*encapsulation hdlc*

默认情况下，Cisco 路由器的 HDLC 协议处于激活状态，是 Cisco 路由器的默认封装协议，因此不再需要进行封装。但如果端口已被封装为其他协议，则应使用该命令对其进行封装。

（2）设置 DCE 端线路速度，其命令格式为：

Router(config)#*clock rate speed*

其中，speed 指线路连接的具体速度，其取值范围前面已经有过描述，具体数值在 9600|14400|19200|28800|32000|38400|56000|57600|64000|72000|115200|125000|128000|148000|500000|800000||1000000|1300000|2000000|4000000|8000000 之间。在实际应用中，Cisco 路由器在连接 DDN 专线时，同步串口需要通过 V.35 和 V.24 DTE 线缆连接数据服务单元/信道服务单元（CSU/DSU），这时 Cisco 路由器为 DTE，CSU/DSU 为 DCE，由 CSU/DSU 提供时钟。如果两台路由器直接通过 DTE/DCE 线缆连接，一台路由器作为 DTE，另一台路由器作为 DCE，就必须由作为 DCE 的路由器提供时钟，因此必须使用上述命令设置时钟频率。

（3）设置压缩算法，其命令格式为：

Router(config)#*compress stac*

对于 HDLC 协议，Cisco 路由器只支持 Stac 压缩算法。通过压缩虽然可以减少传输的数据量，但由于 Cisco 的压缩是通过软件完成的，所以会影响系统性能。建议当路由器 CPU 利用率长时间超过 65%（通过 show process 命令可查看 CPU 利用率）时，就不要再使用压缩。

HDLC 协议的配置步骤

下面以图 5.45 所示的网络拓扑结构为例，分别对路由器 R1、R2 进行相应配置。
（1）配置 R1 的 IP 地址，如图 5.55 所示。

```
Router>
Router>en
Router#conf t
Enter configuration commands, one per line.  End with CNTL/Z.
Router(config)#host R1
R1(config)#int s0
R1(config-if)#ip add 192.168.1.1 255.255.255.0
```

图 5.55 配置 R1 的 IP 地址

（2）对 R1 封装 HDLC 协议，并配置 DCE 时钟频率，如图 5.56 所示。

```
R1(config-if)#encap hdlc
R1(config-if)#clock rate 64000
```

图 5.56 对 R1 封装 HDLC 协议和配置 DCE 时钟频率

（3）启用端口，命令格式为：

R1(config-if)#*no shutdown*

同样，对路由器 R2 进行上述配置，所不同的只是将 R2 的 s0 端口 IP 地址改为 192.168.1.2 即可，其他完全一样。

X.25 协议的配置

X.25 协议是早期使用十分普遍的公用分组交换网络协议。当选择使用 X.25 时，必须设置合适的端口参数。有些参数对 X.25 网络的正确工作是必要的。例如，选择 X.25 数据封装类型，指定 X.121 地址，进行 X.121 地址和高层协议地址的映射等。

X.25 的配置命令

（1）封装 X.25 协议，其命令格式为：

Router(config)#*encapsulation x25[dte|dce]*

注意：使用 X.25 第 3 层数据封装的路由器可以作为 DTE 或 DCE 设备，默认为 DTE 设备。对封装为 DCE 的端口，必须提供同步时钟和设置带宽：设置同步时钟的命令为 clockrate{速率}，同步时钟速率单位为 b/s；设置带宽的命令为 bandwith{带宽}，带宽的单位为 kb/s。

（2）定义本路由器端口的 X.121 地址，其命令格式为：

Router(config)# *x25 address {x.121-address}*

其中，x.121-address 表示路由器端口的 X.121 地址，最大值可达 14 位十进制数。

（3）设置对端路由器的映射地址，其命令格式为：

Router(config)# *x25 map {ip-address}{x1.121-address}[broadcast]*

其中，ip-address 表示对端路由器的 IP 地址，x1.121-address 表示对端路由器的 X.121 地址，可选项 broadcast 表示在 X.25 虚电路中可以传送广播信息。

（4）设置最大的双向虚电路数，其命令格式为：

Router(config)# *x25 htc {circuit-number}*

其中，circuit-number 表示最大的虚电路号，其范围为 1～4096。因为许多 X.25 交换机是从高到低建立虚电路的，因此虚电路号不能超过所申请到的最大值。

（5）设置一次连接可同时建立的虚电路数，其命令格式为：

Router(config)# *x25 nvc {count}*

其中，count 最小为 1，最大为 8，且应为 2 的倍数。

（6）显示接口及 X.25 相关信息，其命令格式为：

Router#*show interface serial*
Router#*show x25 interface serial*
Router#*show x25 map*
Router#*show x25 vc*

（7）清除 X.25 SVC 虚电路，其命令格式为：

Router(config)#*clear x25{端口}*

X.25 点对点的基本配置

设置图 5.57 所示的 X.25 点对点连接，两台路由器通过 DTE/DCE 线缆直接相连；路由器 A 作为 DTE 设备，路由器 B 作为 DCE 设备；配置路由器 A 和 B，使两者通过 X.25 通信。

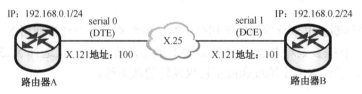

图 5.57　X.25 点对点连接配置实例

（1）路由器 A 配置过程：

RouterA#*configure terminal*
RouterA(config)#*interface serial 0*　　　　　　　//为 serial 0 指定 IP 地址
RouterA(config-if)#*ip 192.168.0.1 255.255.255.0*　//将 serial 0 封装为 X.25 端口，默认为 DTE 方式
RouterA(config-if)#*encapsulation x25*　　　　　　//指定 serial 0 的 X.121 地址
RouterA(config-if)#*x25 address 100*
RouterA(config-if)#*x25 htc 16*
RouterA(config-if)#*x25 nvc 2*　　　　　　　　　//建立路由器 B 的 IP 地址和 X.25 地址的映射
RouterA(config-if)#*x25 map ip 192.168.0.2*　　　　//启用该端口的参数配置
RouterA(config-if)#*no shutdown*　　　　　　　　//查看 serial 0 端口的配置参数以及运行情况
RouterA(config-if)#*show interface serial 0*

（2）路由器 B 的配置过程：

RouterB#*configure terminal*
RouterB(config)#*interface serial 1*　　　　　　　//为 serial 1 指定 IP 地址
RouterB(config-if)#*ip 192.168.0.2 255.255.255.0*　//将 serial 1 封装为 X.25 端口，设置为 DCE 方式
RouterB(config-if)#*encapsulation x25 dce*　　　　//指定 serial 0 的 X.121 地址
RouterB(config-if)#*x25 address 101*

RouterB(config-if)#*x25 htc 16*
RouterB(config-if)#*x25 nvc 2*   //建立路由器 A 的 IP 地址和 X.25 地址的映射
RouterB(config-if)#*x25 map ip 192.168.0.1 100*   //启用该端口的参数配置
RouterB(config-if)#*no shutdown*   //查看 serial 1 端口的配置参数以及运行情况
RouterB(config-if)#*show interface serial 1*

帧中继的配置

帧中继是一种高性能的广域网技术，由 X.25 技术发展而来。它使用高级数据链路控制（HDLC）协议在被连接的设备之间管理虚电路，并用虚电路为面向连接的服务建立连接。

帧中继的配置命令

（1）帧中继封装。当在 Cisco 路由器上配置帧中继时，需要在串口上将帧中继指定为一种封装，其命令格式为：

Router(config-if)# *encapsulation frame-relay [Cisco|ietf]*

其中，[ ]中的内容用于指定帧中继协议的封装格式。Cisco 路由器的默认格式为"Cisco"，但当 Cisco 路由器与其他厂家路由器相连时，应使用 IETF 格式。

（2）配置 DCE 时钟频率，其命令格式为：

Router(config-if)# *clock rate {频率值}*

（3）指定 LMI 类型，其命令格式为：

Router(config-if)# *frame-relay lmi-type{ansi|Cisco|q933a}*

其中，lmi 用来定义帧中继的接口信令标准，用于管理和维护两个通信设备间的运行状态。

（4）配置网络接口类型，其命令格式为：

Router(config-if)# *frame-relay intf-type{dce|dte}*

（5）设置虚电路的 DLCI 号，其命令格式为：

Router(config-if)#*frame-relay interface-dlci{dlci-number}[broadcast]*

其中，dlci-number 为 DLCI 号，其取值范围为 16～1007。

（6）配置帧中继映射，其命令格式为。

Router(config-if)#*frame-relay route{dlci-id1}interface{serial-id}{dlci-id2}*

（7）映射协议地址与 DLCI 号，其命令格式为：

Router(config-if)#*frame-relay map protocol-type protocol-address dlci[broadcast]*

其中，protocol-type 表示协议地址的类型，包括 IP、IPX 等；protocol-address 表示具体的协议地址；broadcast 选项表示允许在帧中继网络上传播路由广播信息。

（8）激活接口，其命令格式为：

Router(config-if)#*no shutdown*

帧中继配置实例

设置图 5.58 所示的网络拓扑结构,其中路由器 1 作为帧中继交换机。通过 3 个路由器,采用帧中继方式连接 210.43.32.0、10.0.0.0 和 172.16.0.0 这 3 个网段。

图 5.58 帧中继方式网络拓扑

在图 5.58 中,3 个路由器的端口 IP 地址的设置如表 5.8 所示。

表 5.8 路由器的端口 IP 地址

路由器	端口	IP 地址	子网掩码
路由器 3	S0/0	10.0.0.138	255.0.0.0
	E0/0	210.43.32.1	255.255.255.0
路由器 1	S0/0	无	无
	S0/1	无	无
路由器 2	S0/0	10.0.0.254	255.0.0.0
	E0/0	172.16.0.1	255.255.0.0

(1) 路由器 1 的配置:

```
router1#en
router1#configure terminal
router1# hostname fr-switch
fr-switch(config)#interface s0/0
fr-switch(config-if)#encap fr
fr-switch(config-if)#keepalive 25
fr-switch(config-if)#clock rate 64000
fr-switch(config-if)#fr lmi-type ansi
fr-switch(config-if)#fr intf-type dce
fr-switch(config-if)#fr route 100 interface s0/1 200
fr-switch(config-if)#no shut
fr-switch(config-if)#interface s0/1
fr-switch(config-if)#encap fr
fr-switch(config-if)#keepalive 25
fr-switch(config-if)#clock rate 64000
fr-switch(config-if)#fr lmi-type ansi
fr-switch(config-if)#fr intf-type dce
```

fr-switch(config-if)#*fr route 100 interface s0/0 100*
fr-switch(config-if)#*no shut*
fr-switch(config-if)#*router rip*
fr-switch(config-router)#*neighbor 210.43.32.1*
fr-switch(config-router)#*neighbor 172.16.0.1*

（2）路由器 2 的配置：

Router2#*en*
Router2#*configure terminal*
Router2(config)#*interface E0/0*
Router2(config-if)#*ip address 172.16.0.1 255.255.0.0*
Router2(config-if)#*no shut*
Router2(config-if)#*interface S0/0*
Router2(config-if)#*ip address 10.0.0.254 255.0.0.0*
Router2(config-if)#*encap fr*
Router2(config-if)#*keepalive 25*
Router2(config-if)#*fr map ip 10.0.0.138 100 broadcast*
Router2(config-if)#*fr interface-dlci 100*
Router2(config-if)#*no fr inverse-arp*
Router2(config-if)#*fr lmi-type ansi*
Router2(config-if)#*no shut*
Router2(config-router)# *router2 rip*
Router2(config-router)#*network 10.0.0.0*
Router2(config-router)#*network 172.16.0.0*
Router2(config-router)#*end*
Router2#*wr*

（3）路由器 3 的配置：

Router3#*en*
Router3#*configure terminal*
Router3(config)#*interface E0/0*
Router3(config-if)#*ip address 210.43.32.1 255.255.255.0*
Router3(config-if)#*no shut*
Router3(config-if)#*interface S0/0*
Router3(config-if)#*ip address 10.0.0.138 255.0.0.0*
Router3(config-if)#*encap fr*
Router3(config-if)#*keepalive 25*
Router3(config-if)#*fr interface-type dte*
Router3(config-if)#*fr map ip 10.0.0.254 200 broadcast*
Router3(config-if)#*fr interface-dlci 200*
Router3(config-if)#*no fr inverse-arp*
Router3(config-if)#*fr lmi-type ansi*
Router3(config-if)#*no shut*

```
Router3(config-if)#router3 rip
Router3(config- router)#network 210.43.32.0
Router3(config-outer)#network 10.0.0.0
Router3(config-router)#end
Router3#wr
```

练习

1. PPP 支持的 4 种认证模式中不包括（   ）。
    a. chap   b. chap pap   c. pap chap   d. pap pap
2. 下列用于显示 X.25 映射地址的命令为（   ）。
    a. Router#show interface serial   b. Router#show x25 interface serial
    c. Router(config)# show x25 map   d. Router# show x25 vc
3. 在下列用于设置路由器时钟频率的命令中，正确的是（   ）。
    a. Router1(config-if)#clock rate 1000000
    b. Router1(config)#clock rate 1000000
    c. Router1#clock rate 1000000
    d. Router1(router-if)#clock rate 1000000
4. 在帧中继网络中，可使用什么命令查看路由器上配置的 DLCI 号码？（   ）
    a. show frame-relay   b. show frame-relay map
    c. show interface s0   d. show frame-relay dlci
    e. show frame-relay pvc
5. Cisco 路由器默认的帧中继封装类型是（   ）。
    a. HDLC   b. Cisco   c.PPP   d. ANSI
6. 在路由器上配置帧中继静态 map 必须指定什么参数？（   ）
    a. 本地的 DLCI   b. 对端的 DLCI   c. 本地的协议地址   d. 对端的协议地址

补充练习

试练习配置帧中继实现网络互连，并查看帧中继的永久虚电路（PVC）信息。

第五节　在路由器上配置网络服务

目前，许多网络一般都使用第 2 层交换机（百兆位或千兆位交换到桌面），并在第 2 层或第 3 层交换机上划分 VLAN，然后使用具有线速路由技术的第 3 层交换机实现内网中 VLAN 间数据流的快速转发，从而使整个网络安全、高速地运转。为了与互联网相连，常在不增加设备投资的情况下，启用路由器的 DHCP Server 功能，使它在完成本职工作之余兼做一台 DHCP 服务器（动态主机配置协议服务器）。

本节简单介绍怎样在 Cisco 设备上实现 IOS DHCP Server 功能，以使各 VLAN 中的主机自动获得 IP 地址，并讨论在路由器上配置网络服务的方法。

学习目标

- 掌握在路由器上配置 DHCP 服务器的方法；
- 了解如何配置策略路由。

关键知识点

- Cisco 路由器通过简单的配置可启动网络服务。

在路由器上配置 DHCP

某单位网络管理人员为减轻手工分配 IP 地址的工作量，准备把 A、B 两幢办公楼局域网络内连接的计算机改用动态的 IP 地址自动分配，即利用路由器的 DHCP 服务功能，由该路由器统一分配 IP 地址给局域网上连接的所有计算机。其网络拓扑结构如图 5.59 所示。

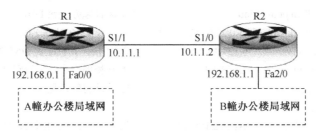

图 5.59　网络拓扑结构

当然，这里也可以使用一台装有网络操作系统的服务器来作为 DHCP 服务器，但这样要专门使用一台服务器来分配地址，存在很多不便。更好的办法仍是通过在 Cisco 路由器或交换机上配置 DHCP 来提供 IP 地址的动态分配，操作步骤如下：

第 1 步：对路由器 R1 进行基本配置。

```
Router>en
Router#conf t
Router（config）#host R1
R1(config)#int fa 0/0
R1(config)#ip add 192.168.0.1 255.255.255.0
R1(config-if)#no shut
R1(config-if)#int s1/1
R1(config-if)#ip add 10.1.1.1 255.255.255.0
R1(config-if)#no shut
R1(config-if)#no cdp run
R1(config)#ip route 192.168.1.0 255.255.255.0 10.1.1.2
```

第 2 步：对路由器 R2 进行基本配置。

```
Router>en
Router#conf t
Router(config)#host R2
R2(config)#int fa 2/0
R2(config-if)#ip add 192.168.1.1 255.255.255.0
R2(config-if)#no shut
R2(config-if)#int s1/0
R2(config-if)#ip add 10.1.1.2 255.255.255.0
R2(config-if)#no shut
R2(config-if)#no cdp run
R2（config-if）#ip route 192.168.0.0 255.255.255.0 10.1.1.1
```

第 3 步：对 R1 进行 DHCP 配置。

R1(config)#ip dhcp pool A-lou	//配置 A 幢办公楼 DHCP 地址池
R1(dhcp-config)#network 192.168.0.0 255.255.255.0	//动态分配 192.168.0.0/24 这个网段内的 IP 地址
R1(dhcp-config)#dns-server 222.56.127.131	//为 A 楼计算机配置 DNS 服务器
R1(dhcp-config)#default-router 192.168.0.1	//为 A 楼的客户机配置默认网关
R1(dhcp-config)#lease 10	//IP 地址租约期是 10 天
R1(dhcp-config)#ip dhcp pool B-lou	//配置 B 幢办公楼 DHCP 地址池
R1(dhcp-config)#network 192.168.1.0 255.255.255.0	//动态分配 192.168.1.0/24 这个网段内的 IP 地址
R1(dhcp-config)#dns-server 222.56.127.131	//为 B 楼计算机配置 DNS 服务器
R1(dhcp-config)#default-router 192.168.1.1	//为 B 楼的客户机配置默认网关
R1(dhcp-config)#lease 10	//IP 地址租约期是 10 天
R1(dhcp-config)#exit	
R1(config)#ip dhcp excluded-address 192.168.0.1	//排除 A 楼客户机的网关，因该 IP 地址已经被路由器的端口使用，故从分配的地址池中排除这个地址范围；如果网络内还有其他的服务器，如 WWW、FTP、DNS 等服务器，也要从地址池中排除它们的 IP 地址
R1(config)#ip dhcp excluded-address 192.168.1.1	//排除 B 楼客户机的网关，因该 IP 地址已经被路由器的端口使用，故从分配的地址池中排除这个地址范围

第 4 步：对路由器 R2 配置 DHCP 中继。

R2(config)#int fa 2/0	//进入连接 DHCP 客户端的以太网端口
R2(config-if)#ip helper-address 10.1.1.1	//配置辅助寻址，指向 DHCP 服务器的地址，即路由器 R1 的 IP 地址

第 5 步：测试是否成功。

分别在 A 幢、B 幢楼内将连接的计算机 IP 地址和 DNS 改为自动获得 IP 地址、自动获得 DNS 服务器地址即可。

然后在命令提示符下，使用 ipconfig/all 命令查看 IP 地址的获取情况，即在 A 幢楼内的计算机能否获得 192.168.0.2～192.168.0.254 内的任何一个地址，B 幢楼内的计算机能否获得 192.168.1.2～192.168.1.254 内的任何一个地址。若能获取，即表示路由器配置成功。

至此，通过启用路由器的 DHCP 服务功能，使单位内部不同网段中的计算机都可以自动获得 IP 地址，大大简化了网络管理员的工作量。

在路由器上配置策略路由

传统的路由策略是使用从路由协议派生而来的路由表，根据目的地址进行报文的转发。在这种机制下，路由器只能根据报文的目的地址为用户提供比较单一的路由方式，所以它更多的是解决网络数据的转发问题，而不能提供有差别的服务。

基于策略的路由可为网络管理者提供比传统路由协议对报文的转发和存储更强的控制能力。它使网络管理者不仅能够根据目的地址，而且能够根据协议类型、报文大小、IP 源地址来选择转发路径；根据实际应用需要可定义控制多个路由器之间的负载均衡、单一链路上报文转发的 QoS 或者满足某种特定需求。当数据包经过路由器转发时，路由器根据预先设定的策略对数据包进行匹配。如果匹配到一条策略，就根据这条策略指定的路由进行转发；如果没有匹配到任何策略，就使用路由表中的各项目的地址对报文进行路由。

为了保证网络的可用性，很多单位一般都向两个或两个以上的 ISP 申请网络接入，如国内各大高校普遍采用电信网和教育网双网接入，双链路并行，如图 5.60 所示。访问国内教育网的流量使用教育网出口，访问国际流量（因教育网出口流量要根据流量收费，故一般不建议从教育网出口）和国内除教育网外的其他流量使用电信网出口。同时，当一条链路发生故障时，所有的流量可以实现从另一条链路通过。

下面用一个实例对上述要求加以说明。某高校网络具有双链路接入，除通过配置出口路由器实现负载均衡（根据目标 IP 地址选择出口）和冗余（一条 ISP 链路出现故障时，另外一条 ISP 链路可以转发所有流量）外，还部署了策略路由。具体做法是：给每一个用户分配两个 IP 地址，如 192.168.1.2 和 192.168.2.2，其中 192.168.1.0（奇数）网络使用 ISP1（R1）出口，192.168.2.0（偶数）网络使用 ISP2（R3）出口；用户自己可以改变 IP 地址，以选择不同的出口。该网络的拓扑结构如图 5.61 所示。

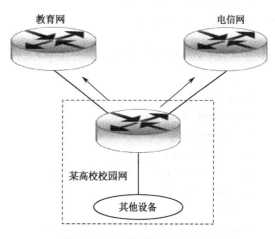

图 5.60 双出口网络拓扑结构

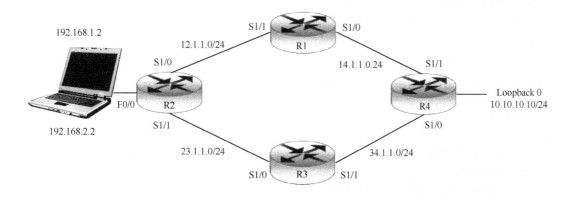

图 5.61 某高校网络拓扑结构

第 1 步：对路由器 R1 进行基本配置。

Router>*en*
Router#*conf t*
Router(config)#*host R1*
R1(config)#*int s1/1*
R1(config-if)#ip add 12.1.1.1 255.255.255.0
R1(config-if)#no shut
R1(config-if)#int s1/0
R1(config-if)#ip add 14.1.1.1 255.255.255.0
R1(config-if)#no shut
R1(config-if)#no cdp run
R1(config)#router rip
R1(config-router)#net 12.0.0.0
R1(config-router)#net 14.0.0.0

第 2 步：对路由器 R2 进行基本配置。

Router>*en*
Router#*conf t*
Router(config)#*host R2*
R2(config)#*no cdp run*
R2(config)#*int s1/0*
R2(config-if)#ip add 12.1.1.2 255.255.255.0
R2(config-if)#no shut
R2(config-if)#int s1/1
R2(config-if)#ip add 23.1.1.2 255.255.255.0
R2(config-if)#no shut
R2(config-if)#int fa 0/0
R2(config-if)#ip add 192.168.1.1 255.255.255.0
R2(config-if)#ip add 192.168.2.1 255.255.255.0 secondary
R2(config-if)#no shut
R2(config-if)#router rip
R2(config-router)#net 12.0.0.0
R2(config-router)#net 23.0.0.0
R2(config-router)#net 192.168.1.0
R2(config-router)#net 192.168.2.0

第 3 步：对路由器 R3 进行基本配置。

Router>*en*
Router#*conf t*
Router(config)#*host R3*
R3(config)#*int s1/0*
R3(config-if)#ip add 23.1.1.3 255.255.255.0
R3(config-if)#no shut
R3(config-if)#int s1/1

```
R3(config-if)#ip add 34.1.1.3 255.255.255.0
R3(config-if)#no shut
R3(config-if)#router rip
R3(config-router)#net 23.0.0.0
R3(config-router)#net 34.0.0.0
```

第 4 步：对路由器 R4 进行基本配置。

```
Router>en
Router#conf t
Router(config)#host R4
R4(config)#no cdp run
R4(config)#int s1/0
R4(config-if)#ip add 34.1.1.4 255.255.255.0
R4(config-if)#no shut
R4(config-if)#int s1/1
R4(config-if)#ip add 14.1.1.4 255.255.255.0
R4(config-if)#no shut
R4(config-if)#int loopback 0
R4(config-if)#ip add 10.10.10.10 255.255.255.0
R4(config-if)#router rip
R4(config-router)#net 14.0.0.0
R4(config-router)#net 34.0.0.0
R4(config-router)#net 10.0.0.0
```

第 5 步：测试数据包的走向。

将便携式计算机的 IP 地址改为 192.168.1.2，子网掩码改为 255.255.255.0，网关地址改为 192.168.1.1，DNS 地址改为 222.56.127.168。先在命令提示符下使用 traceroute（或 tracert）命令，验证数据包的通信路径，查看数据包经过的路径是否为 R2→R3→R4；然后将便携式计算机的 IP 地址改为 192.168.2.2，其他不变，查看数据包经过的路径是否仍然为 R2→R3→R4。

在路由器 R2 上使用 traceroute 命令测试到 10.10.10.10 所经过的路径，发现通过的数据包流向并无规律。

第 6 步：根据流量区分，配置策略路由。

在路由器 R2 上使用 ACL 把来自 192.168.1.0 的数据包与来自 192.168.2.0 的数据包区分开发。R2 的配置如下：

```
R2(config)#access-list 100 permit ip 192.168.1.0 0.0.0.255 10.10.10.0 0.0.0.255
R2(config)#access-list 101 permit ip 192.168.2.0 0.0.0.255 10.10.10.0 0.0.0.255
```

第 7 步：创建 route-map。

`R2(config)#router-map out-traffic permit 10`	//创建 route-map，名字为"out-traffic"。10 是行号，一个 route-map 可以有多个行号，就像扩展的 ACL 的匹配过程一样，从小的行号开始顺序执行；当条件满足时，执行操作，并且退出 route-map，不再继续往下比较
`R2(config-route-map)#match ip address 100`	//条件是满足 ACL100，也就是从 192.168.1.0/24 去往 10.10.10.0/24 的流量

R2(config-route-map)#*set ip next-hop 12.1.1.1*　　//把数据包的下一跳转发到 12.1.1.1（路由器 R1）。尽管在路由器 R2 的路由表中，去往 10.0.0.0/8 有两个下一跳，但数据包将被转发到 12.1.1.1，因为策略路由的执行优先于路由表

R2(config-route-map)#*route-map out-traffic permit 20*
R2(config-route-map)#*match ip address 101*　　//条件是满足 ACL101，也就是从 192.168.2.0/24 去往 10.10.10.0/24 的流量
R2(config-route-map)#*set ip next-hop 23.1.1.3*　　//把数据包的下一跳转发到 23.1.1.3（路由器 R3）

第 8 步：调用 route-map。

R2(config)#*int fa 0/0*　　//在流量进入的端口调用策略路由，流量是从路由器 R2 的 fa 0/0 进入的
R2(config-if)#*ip policy route-map out-traffic*　　//使用策略路由，调用的 route-map 是前面创建的 out-traffic

第 9 步：测试。

把便携式计算机的 IP 子网地址改为 192.168.1.2，子网掩码改为 255.255.255.0，网关地址设置成 192.168.1.1，测试通往 10.10.10.10 的路径；结果变成了从路由器 R2 到路由器 R1 再到路由器 R4，跟没有配置策略路由时已大不一样。

再把便携式计算机的 IP 地址改为 192.168.2.2，子网掩码仍为 255.255.255.0，网关设置成 192.168.2.1，测试通往 10.10.10.10 的路径，结果是从 R2 路由器到 R3 路由器再到 R4 路由器。

练习

1. 某公司使用 DHCP 服务器向员工工作站动态分配 IPv4 地址。地址租借期限设置为 5 天。员工离开一周后回到办公室。当员工启动工作站时，它会发送消息以获取 IP 地址。消息中将包含第 2 层和第 3 层的哪些目的地址？

　　a. DHCP 服务器的 MAC 地址和 255.255.255.255
　　b. FF-FF-FF-FF-FF-FF 和 255.255.255.255
　　c. FF-FF-FF-FF-FF-FF 和 DHCP 服务器的 IPv4 地址
　　d. DHCP 服务器的 MAC 地址和 IPv4 地址

【参考答案】选项 b。

2. 在 DHCPv4 过程中将 DHCPREQUEST 消息当作广播发送的原因是什么？

　　a. 为了使路由器能够用新信息填充其路由表
　　b. 为了使其他子网上的主机能够接收信息
　　c. 为了通知子网中的其他 DHCP 服务器：IP 地址已租用
　　d. 为了通知其他主机不要请求相同的 IP 地址

【参考答案】选项 c。

3. 下列哪一项是在有限租用时段分配 IPv4 地址的 DHCPv4 地址分配方法？

　　a. 自动分配　　b. 预先分配　　c. 手动分配　　d. 动态分配

【参考答案】选项 d。

4. 使用以下哪组命令可将路由器配置为 DHCP 路由器，从而将 IPv4 地址分配给 192.168.100.0/23 LAN，同时为静态分配保留前 10 个和最后一个地址？

a. dhcp pool LAN-POOL-100
   ip dhcp excluded-address 192.168.100.1 192.168.100.9
   ip dhcp excluded-address 192.168.100.254
   network 192.168.100.0 255.255.254.0
   default-router 192.168.101.1
b. ip dhcp excluded-address 192.168.100.1 192.168.100.9
   ip dhcp excluded-address 192.168.101.254
   ip dhcp pool LAN-POOL-100
   ip network 192.168.100.0 255.255.254.0
   ip default-gateway 192.168.100.1
c. ip dhcp excluded-address 192.168.100.1 192.168.100.10
   ip dhcp excluded-address 192.168.100.254
   ip dhcp pool LAN-POOL-100
   network 192.168.100.0 255.255.255.0
   ip default-gateway 192.168.100.1
d. ip dhcp excluded-address 192.168.100.1 192.168.100.10
   ip dhcp excluded-address 192.168.101.254
   ip dhcp pool LAN-POOL-100
   network 192.168.100.0 255.255.254.0
   default-router 192.168.100.1

【参考答案】选项 d。

5. 在路由器 R2 上采用命令 __(1)__ 得到如下结果：

```
R2>
...
R 192.168.1.0/24 [120/1] via 212.107.112.1，00:00:11，Serial2/0
C 192.168.2.0/24 is directly connected, FastEthernet0/0
212.107.112.0/30 is subnetted, 1 subnets
C 212.107.112.0 is directly connected, Serial2/0
R2>
```

其中标志"R"表明这条路由是 __(2)__ 。

（1）a. show routing table   b. show ip route
　　 c. ip routing   d. route print
（2）a. 重定向路由   b. RIP 路由
　　 c. 接收路由   d. 直接连接

【提示】Cisco 路由器采用 show ip route 命令查看路由表。最前面的 C 或 R 表示路由项的类别，其中 C 表示直连，R 表示由 RIP 协议生成。参考答案：(1) 选项 b；(2) 选项 b。

补充练习

练习在路由器上配置策略路由，并查看测试数据包的走向。

第六节 IPv6 的配置

在通过网络使用 IPv6 进行数据传输时,需要为结点配置 IPv6 地址。如果要实现跨网段通信,还需要配置 IPv6 路由选择协议。为了能够平稳地从 IPv4 向 IPv6 过渡,可以利用双协议栈、隧道封装和协议转换 3 种共享策略,来实现不同结点之间同时使用 IPv4 和 IPv6,IPv6 结点之间通过 IPv4 网络互通,以及 IPv4 结点和 IPv6 结点之间互通。本节介绍有关 IPv6 的配置方法。

学习目标

- ▶ 熟悉 IPv6 端口地址及路由的配置方法;
- ▶ 了解基于 IPv6 的 RIPng 的配置方法。

关键知识点

- ▶ IPv6 与 IPv4 配置方法的区别。

IPv6 地址和静态路由配置

路由器最基本的 IPv6 配置包括:先为端口配置 IPv6 地址,再配置 IPv6 路由选择协议,使 IPv6 报文可选择合适的 IPv6 路由从一个结点到另一个结点。

路由器的 IPv6 基本配置命令

(1) 开启 IPv6 路由转发功能,其命令格式为:

Router(config)#ipv6 unicast-routing

(2) 由 interface-id 指定端口类型和端口号,进入端口配置模式,其命令格式为:

Router(config)# interface *interface-id*

(3) 开启端口 IPv6 功能,自动配置端口的链路本地地址,其命令格式为:

Router(config)#ipv6 enable

(4) 配置具有前缀长度的 IPv6 静态地址,其命令格式为:

Router(config-if)#ipv6 address *ipv6-addr/prefix-length[eui-64]*

其中,ipv6-addr 是 IPv6 地址,prefix-length 是 IPv6 前缀长度,eui-64 为可选参数。

(5) 配置 IPv6 静态路由,其命令格式为:

Router(config)#ipv6 route ipv6-prefix/prefix –length{next-hop|interface-id}[distance]

(6) 显示指定端口状态。

Router(config)#show interfaces *interface-id*

（7）简单查看某一端口的 IPv6 地址信息。

Router(config)#show ipv6 interface [brief] *interface-id*[prefix]

（8）查看 IPv6 路由，可通过指定 ipv6-prefix/prefix-length 或者 ipv6-address 参数显示特定的路由选择信息。

Router(config)#show ipv6 route [connected|local|static|rip|ospf]

IPv6 基本配置实例

示例网络如图 5.62 所示。在默认情况下，Cisco 路由器的 IPv6 流量转发功能是关闭的，需要使用 IPv6 时必须先开启 IPv6 流量转发功能。

图 5.62　路由器 IPv6 配置示例网络

在路由器 R1 上的配置如下：

R1#*config terminal*   //进入全局配置模式
R1(config)#*ipv6 unicast-routing*   //开启 IPv6 流量转发功能
R1(config)#*interface e1/0*   //进入端口配置模式
R1(config-if)#*ipv6 address 2001::1/64*   //设置端口 IPv6 地址与前缀
R1(config-if)#*exit*
R1(config)#*interface e1/1*
R1(config-if)#*ipv6 address 2001:1::/64 eui-64*　//端口地址按 EUI-64 格式生成
R1(config-if)#*exit*
R1(config)#*ipv6 route 2001:2::/64 2001:2* //配置静态路由
R1(config)#*end*

在路由器 R2 上的配置如下：

R2#*config terminal*   //进入全局配置模式
R2(config)#*ipv6 unicast-routing*   //开启 IPv6 流量转发功能
R2(config)#*interface e1/0*   //进入端口配置模式
R2(config-if)#*ipv6 address 2001::2/64*   //设置端口 IPv6 地址与前缀
R2(config-if)#*exit*
R2(config)#*interface e1/1*
R2(config-if)#*ipv6 address 2001:2::1/64*   //设置端口 IPv6 地址与前缀
R2(config-if)#*exit*
R2(config)#*ipv6 route ::/0 2001::1*   //配置默认路由
R2(config)#*end*

两台路由器端口配置了 IPv6 地址之后，可以查看其端口信息和路由信息。例如：

R1#*show ipv6 interface brief e1/0*
R1#*show ipv6 route*

显示结果从略。从路由器的路由表可以看到所连接的网段。用如下 ping 命令可以测试从 R1 到 R2 的连通性：

R1#*ping 2001:2::1*

双协议栈

利用双协议栈可以使网络中的主机、服务器和路由器同时处理 IPv4 和 IPv6，支持 IPv4 和 IPv6 的应用。在路由器上，同时配置了 IPv4 和 IPv6 地址的端口就是双协议栈端口，可以使路由器转发 IPv4 和 IPv6 报文。例如，在路由器 R1 上启用双协议栈的配置如下：

R1#*config terminal*   //进入全局配置模式
R1(config)#*interface e1/0*   //进入端口配置模式
R1(config-if)#*ipv6 address 2001::1/64*   //设置端口 IPv6 地址与前缀
R1(config-if)#*ip address 202.116.2.1 255.255.255.0* //设置端口的 IPv4 地址与子网掩码
R1(config)#*end*

IPv6 隧道封装

IPv6 隧道用来将 IPv6 报文封装在 IPv4 报文中，让 IPv6 报文穿过 IPv4 网络进行通信。IPv6-over-IPv4 GRE 隧道把 IPv6 作为乘客协议，将 IPv4GRE 作为承载协议。GRE 隧道的每条链路都是一条单独的隧道。对于采用隧道技术的设备而言，IPv4 报文的源地址和目的地址分别是隧道起点和隧道终点。在隧道的入口处，将 IPv6 报文作为载荷封装进 IPv4 报文，待传输到隧道出口时，再将 IPv6 报文取出转发到目的结点。隧道技术只要求在隧道的入口和出口进行配置，对转发路径上的其他设备没有额外要求，因此实现起来比较容易。但是，隧道技术不能实现 IPv4 主机与 IPv6 主机的直接通信。

隧道技术主要用于边缘路由器之间或终端系统与边缘路由器之间建立连接。边缘路由器与终端系统必须启用双协议栈。在路由器上启用 GRE 隧道的常用命令有：

（1）指定隧道端口，进入隧道配置模式。

Router(config)#interface tunnel *tunnel-id*

（2）给隧道端口配置 IPv6 地址和前缀长度。

Router(config-if)#IPv6 address *ipv6-address/prefix-length*

（3）指定隧道端口的 IPv4 源地址。

Router(config-if)#tunnel source *ipv4-address*

（4）设置为 GRE IPv6 隧道模式。

Router(config-if)#tunnel mode gre ipv6

（5）指定通过隧道进行转发的 IPv6 报文。

Router(config-if)# ipv6 route *ipv6-frefix/length* tunnel *tunnel-id*

示例网络如图 5.63 所示，其中 R1 和 R2 之间要建立 IPv6-over-IPv4 GRE 隧道，让 3001::/64

和 3002::/64 两个 IPv6 网络得以连通。

图 5.63　IPv6-over-IPv4 GRE 隧道配置示例网络

在路由器 R1 上做如下配置：

R1#*config terminal*   //进入全局配置模式
R1(config)#*ipv6 unicast-routing*   //开启 IPv6 流量转发功能
R1(config)#*interface f1/1*   //进入端口配置模式
R1(config-if)#*ipv6 address 3001::1/64*   //设置端口 IPv6 地址与前缀
R1(config-if)#*exit*
R1(config)#*interface f1/0*
R1(config-if)#*ip address 192.168.90.1 255.255.255.0*
R1(config-if)#*exit*
R1(config)#*interface tunnel 0*   //进入隧道 0 的配置
R1(config-if)#*ipv6 address 2001::1/64*
R1(config-if)#*tunnel source 192.168.90.1*   //设置隧道入口的 IPv4 地址
R1(config-if)#*tunnel destination 192.168.90.2*   //设置隧道出口的 IPv4 地址
R1(config-if)#*tunnel mode gre ipv6*   //设置 GRE IPv6 隧道模式
R1(config-if)#*exit*
R1(config)#*ipv6 route 3002::/64 tunnel 0*   //配置路由，通过隧道转发
R1(config)#*end*

在路由器 R2 上做如下配置：

R2#*config terminal*   //进入全局配置模式
R2(config)#*ipv6 unicast-routing*   //开启 IPv6 流量转发功能
R2(config)#*interface f1/1*   //进入端口配置模式
R2(config-if)#*ipv6 address 3002::1/64*   //设置端口 IPv6 地址与前缀
R2(config-if)#*exit*
R2(config)#*interface f1/0*
R2(config-if)#*ip address 192.168.90.2 255.255.255.0*
R2(config-if)#*exit*
R2(config)#*interface tunnel 0*   //进入隧道 0 的配置
R2(config-if)#*ipv6 address 2001::2/64*
R2(config-if)#*tunnel source 192.168.90.2*   //设置隧道入口的 IPv4 地址
R2(config-if)#*tunnel destination 192.168.90.1*   //设置隧道出口的 IPv4 地址
R2(config-if)#*tunnel mode gre ipv6*   //设置 GRE IPv6 隧道模式
R2(config-if)#*exit*
R2(config)#*ipv6 route 3001::/64 tunnel 0*   //配置路由，通过隧道转发
R2(config)#*end*

完成上述配置后，在 R1 上用命令 show interfaces tunnel 0 可以查看隧道端口的信息。

网络地址转换-协议转换（NAT-PT）

NAT-PT 是一种允许 IPv6 结点和 IPv4 结点相互通信的技术。为了能够在不同网络之间通信，需要将 IPv6 结点地址转换成 IPv4 结点地址或者反过来，并进行报头网络协议之间的转换。NAT-PT 操作时预定义长度为 96 位的 IPv6 前缀。96 位的前缀与 32 位的 IPv4 地址正好可以构成一个 128 位的 IPv6 地址。如果仅考虑从 IPv6 到 IPv4 的地址转换，NAT-PT 有如下 3 种转换类型：

- 静态 NAT-PT：提供一对一的 IPv6 地址和 IPv4 地址映射。IPv6 网络结点将预定义的 NAT-PT 前缀静态映射到 IPv4 地址。实际上，IPv4 网络结点也要静态地映射到 IPv6 地址。因为 IPv6 网络和 IPv4 网络互不相通，需要在一个网络上通过这些被映射的地址来访问另一个网络。静态 NAT-PT 与 IPv4 中的静态 NAT 类似。
- 动态 NAT-PT：基于 IPv4 地址池提供一对一的 IPv6 地址和 IPv4 地址映射。由 IPv4 地址池的地址数量决定并发的 IPv6 到 IPv4 转换的最大数目。IPv6 网络结点将预定义的 NAT-PT 前缀动态映射到 IPv4 地址。动态 NAT-PT 与 IPv4 中的动态 NAT 类似。
- NPAT-PT：提供多个有 NAT-PT 前缀的 IPv6 地址和一个 IPv4 地址之间多对一动态映射。NPAT-PT 与 IPv4 中的动态 NPAT 类似。

无论采用哪种 NAT-PT 类型，在路由器上启用 NAT-PT 的基本步骤都相同，因为转换在 IPv6 网络和 IPv4 网络的边界上进行，所以需要确定 NAT-PT 设备连接 IPv6 和 IPv4 的网络端口，预定义 NAT-PT 前缀。在 NAT-PT 设备上开启 NAT-PT 的命令如下：

（1）在该端口上开启 NAT-PT。

Router(config-if)#ipv6 nat

（2）预定义 NAT-PT 的 IPv6 前缀，只支持"/96"前缀。

Router(config-if)#ipv6 nat *prefix ipv6-prefix/96*

注意，NAT-PT 不支持 Cisco 快速路径转发（CEF），运行 NAT-PT 时需要执行 no ip cef 命令来关闭 CEF 功能。

静态 NAT-PT 配置

静态 NAT-PT 操作时要求为 IPv6 网络预定义长度为 96 位的 IPv6 前缀，用于映射到 IPv4 结点地址，使 IPv6 网络访问这个 IPv6 映射地址时就可以间接地访问 IPv4 结点；还要将 IPv6 源结点地址映射为某个 IPv4 地址，对该 IPv4 地址的要求是不存在地址重叠，且到目的 IPv4 结点路由可达。启用静态 NAT-PT 映射的命令如下：

（1）源 IPv6 地址映射到 IPv4 地址。

Router(config)#ipv6 nat v6v4 source ipv6-addr ipv4-addr

该命令用于在 IPv4 网络中主动访问 IPv6 网络，通过访问 ipv4-addr 达到访问 ipv6-addr 的目的。

（2）源 IPv4 地址映射到 IPv6 地址。

Router(config)#ipv6 nat v4v6 source ipv4-addr ipv6-addr

该命令用于在 IPv6 网络中主动访问 IPv4 网络，通过访问 ipv6-addr 达到访问 ipv4-addr 的目的。

采用图 5.64 所示的示例网络，在 R1 上配置 NAT-PT 功能，并设置静态映射，NAT-PT 的 IPv6 前缀为 2001:2::/96，将 IPv6 网址 2001:1::2 映射到 IPv4 网址 125.217.16.2。

图 5.64 静态 NAT-PT 映射配置示例网络

R1 的主要配置命令如下：

R1#*config terminal*
R1(config)#*no ip cef*
R1(config)#*ipv6 unicast-routing*
R1(config)#*interface f 0/0*
R1(config-if)#*ipv6 address 2001::1::1/64*   //设置端口 IPv6 地址与前缀
R1(config-if)#*ipv6 nat*   //开启 NAT-PT 转换功能
R1(config-if)#*exit*
R1(config)#*interface f 0/1*
R1(config-if)#*ip address 192.168.60.1 255.255.255.0*
R1(config-if)#*ipv6 enable*   //开启端口 IPv6 功能
R1(config-if)#*ipv6 nat*
R1(config-if)#*exit*
R1(config)#*ipv6 nat prefix 2001:2::/96*   //预定义 NAT-PT 的 IPv6 前缀
R1(config)#*ipv6 nat v6v4 source 2001:1::2 125.217.16.2*   //IPv6 映射到 IPv4 地址
R1(config)#*ipv6 nat v4v6 source 192.168.60.2 2001:2::2*   //IPv4 映射到 IPv6 地址
R1(config)#*exit*

静态 NAT-PT 配置完成之后，PC1 可以访问 PC2。可以用如下命令显示 NAT-PT 转换表：

R1#*show ipv6 nat translation*

从 PC1 ping 网址 2001:2::2（PC2 的映射地址），用 debug ipv6 nat 命令检查地址转换信息。

动态 NAT-PT 配置

动态 NAT-PT 基于 IPv4 地址池提供一对一的 IPv6 地址到 IPv4 地址的映射。每次 IPv6 结点发起一个到 IPv4 结点的新会话，NAT-PT 设备就从 IPv4 地址池中分配一个 IPv4 地址，同时从 IPv6 到 IPv4 的会话数受限于池中的 IPv4 地址数量。启用动态 NAT-PT 映射的命令如下：

（1）确定 IPv6 网络中允许被转换的 IPv6 地址范围，该范围由 list-name 标识。

R1(config)#ipv6 access-list *list-name permit source-ipv6-prefix/prefix-length destination-ipv6-prefix/prefix-length*

（2）指定 NAT-PT 过程中使用的源 IPv4 地址池。

R1(config)#ipv6 nat v6v4 pool *natpt-pool-name start-ipv4 end-ipv4 prefix-length prefix-length*

其中，natpt-pool-name 为地址池名称，使用 start-ipv4 和 end-ipv4 分别指定该地址池的第一个和最后一个 IPv4 地址。

（3）将 list-name 指定的 IPv6 地址范围的动态 NAT-PT 映射到 natpt-pool-name 指定的 IPv4 地址池中某个 IPv4 地址。

R1(config)#ipv6 nat v6v4 source list list-name {pool natpt-name}[overload]

其中，关键字 overload 用于 NPAT-PT 类型，表示 IPv4 地址可以重复使用，但会用端口号加以区分。

动态 NAT-PT 配置示例网络如图 5.65 所示。在 R1 上配置 NAT-PT 功能，并设置动态映射，NAT-PT 的 IPv6 前缀为 2001:2::/96，IPv6 动态映射范围从 2001:1::2/96 到 2001:1::9/96，IPv4 地址池范围从 192.168.60.250 到 192.168.60.254。

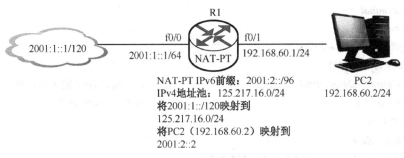

图 5.65 动态 NAT-PT 配置示例网络

R1 的主要配置命令如下：

R1#*config terminal*
R1(config)#*ipv6 unicast-routing*
R1(config)#*interface f 0/0*
R1(config-if)#*ipv6 address 2001::1::1/64*   //设置端口 IPv6 地址与前缀
R1(config-if)#*ipv6 nat*   //开启 NAT-PT 转换功能
R1(config-if)#*exit*
R1(config)#*interface f 0/1*
R1(config-if)#*ip address 192.168.60.1 255.255.255.0*
R1(config-if)#*ipv6 enable*   //开启端口 IPv6 功能
R1(config-if)#*ipv6 nat*
R1(config-if)#*exit*
R1(config)#*ipv6 nat prefix 2001:2::/96*   //预定义 NAT-PT 的 IPv6 前缀
R1(config)#*ipv6 access-list ipv6hosts permit 2001:1::1/96 2001:1::fe/96*
                                                               //定义可转换的 IPv6 地址范围
R1(config)#*ipv6 nat v6v4 pool ipv4pool 125.217.16.1 125.217.16.254 prefix-length 24*
                                                               //配置 IPv4 地址池
R1(config)#*ipv6 nat v6v4 source list ipv6hosts pool ipv4pool* //从 IPv6 动态映射到 IPv4

```
R1(config)#ipv6 nat v4v6 source 192.168.60.2 2001:2::2        //IPv4 映射到 IPv6 地址
R1(config)#exit
```

动态 NAT-PT 配置完成之后，IPv6 网络 2001:2::/120 中的主机可以访问 PC2。可以用如下命令显示 NAT-PT 转换表：

```
R1#show ipv6 nat translation
```

在 2001:1::/120 网段的一台主机（如 2001:1::2/120）上执行 debug ipv6 nat 命令，当 ping 一下 2001:2::2（PC2 的映射地址）时，可以检查其地址转换信息，显示结果从略。

NPAT-PT 配置

NPAT-PT 配置方式可以将多个源 IPv6 地址映射到一个 IPv4 地址的不同端口上，实现多对一的映射，可缓解 IPv4 地址池中地址数量的不足。一个 IP 地址的端口号范围是 0~65535，当 IPv6 发起的连接数步太多时，一个 IPv4 地址就足够了。

NPAT-PT 的配置与动态 NAT-PT 的配置类似，只需在 ipv6 nat v6v4 source list *list-name*……命令后面增加关键字"overload"即可。例如，对上面的示例稍做修改，将 IPv4 地址池的地址总数减少至 1 个，涉及需要修改的命令如下：

```
R1(config)#ipv6 nat v6v4 pool ipv4pool 125.217.16.254 125.217.16.254 prefix-length 24
                        //配置 IPv4 地址池，只留一个可用地址
R1(config)#ipv6 nat v6v4 source list ipv6hosts pool ipv4pool overload
                        //从 IPv6 动态映射到 IPv4，使用 NPAT-PT 配置方式
```

另外，也可以将命令 **ipv6 nat v6v4 source list** ipv6hosts **pool** ipv4pool overload 改为 **ipv6 nat v6v4 source list** ipv6hosts **interface** f0/1 overload。这样配置更为简洁明了。

本 章 小 结

路由器是互联网的桥梁，是连接 IP 网的核心设备。它不仅可以连通不同的网络，还能选择数据传送的路径，并能阻隔非法访问。对于一名网络工程师而言，路由器的配置是其一件必不可少的工作。路由协议配置、管理网络带宽正变得越来越重要。

路由器操作系统的功能非常强大，特别是一些高档的路由器，其操作系统具有相当丰富的操作命令。正确掌握这些命令对于配置路由器非常关键，否则根本无法下手进行配置，因为通常都是采用命令行方式对路由器进行配置的。

本章主要以 Cisco 路由器为例，介绍了如何根据网络应用的需求，合理、正确、有效、安全地配置路由器，以满足网络的正常、高效、可靠运行。

小测验

1. 路由器命令"Router(config-subif)# encapsulation dotlq 1"的作用是（   ）。
  a. 设置封装类型和子接口连接的 VLAN 号 b. 进入 VLAN 配置模式
  c. 配置 VTP 口号 d. 指定路由器的工作模式

【提示】"encapsulation dotlq 1"的作用是设置这个接口的 trunk 封装为 IEEE 802.1q 的帧格式和子接口连接的 VLAN 号为 1。参考答案是选项 a。

2. 某网络拓扑结构如图 5.66 所示。在路由器 R2 上采用命令 (1) 得到如下结果：

R2>
R 192.168.0.0/24 [120/1] via 202.117.112.1,00:00:11,seral 2/0
C 192.168.1.0/24 is directly connected, FastEthernet0/0
　　202.117.112.0/30 is subnetted, 1 subnets
C 202.117.112.0 is directly connected,Serial2/0
R2>

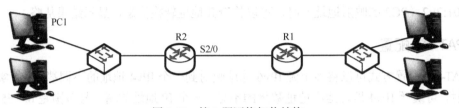

图 5.66　第 2 题网络拓扑结构

PC1 可能的 IP 地址为 (2) ，路由器 R2 的 s0 端口的 IP 地址为 (3) 。若在 PC1 上查看主机的路由表，则采用的命令是 (4) 。

(1) a. nslookup　　　b. route print　　　c. ip routing　　　d. show ip route
(2) a. 192.168.0.1　　b. 192.168.1.1　　　c. 202.117.112.1　　d. 202.117.112.2
(3) a. 192.168.0.1　　b. 192.168.1.1　　　c. 202.117.112.1　　d. 202.117.112.2
(4) a. nslookup　　　b. route print　　　c. ip routing　　　d. show ip route

【提示】该题考查 RIP 及路由信息的相关内容。路由器上查看路由协议的命令为 show ip route。

从 R2 的命令可以看出：网络 192.168.1.0/24 与 R2 直连，202.117.112.0 与 R2 直连，192.168.0.0/24 不是直接连接，是路由器采用 RIP 进行转发的。PC1 与路由器直连，而 202.117.112.1 是路由器的接口，故 PC1 属于网络 192.168.1.0/24，只可能是 192.168.1.1。

202.117.112.1 是路由器 R2 到网络 192.168.0.0/24 的下一跳，即路由器 R1 上与 R2 连接的端口，故路由器 R2 的 s0 端口的 IP 地址为 202.117.112.2。

在主机上查看主机路由表的命令为 route print 或者 netstar –r。

参考答案：(1) 选项 d；(2) 选项 b；(3) 选项 d；(4) 选项 b。

3. 某公司有 3 个分支机构，其网络拓扑结构如图 5.67 所示。回答下面的问题 1 和问题 2，将解答填入对应的解答括号内。

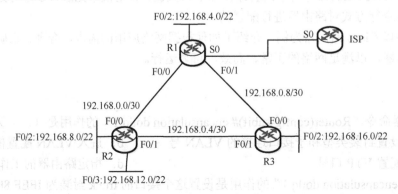

图 5.67　第 3 题网络拓扑结构

【问题1】 公司申请到 202.111.1.0/29 的公有地址段，采用 NAPT 技术实现公司内部访问互联网的要求，其中 192.168.16.0/22 网段禁止访问互联网。R1、R2 和 R3 的基本配置已经正确完成配置，其中 R1 的基本配置及 NAPT 配置如下：

```
R1>enable
R1#config terminal
R1(config)# interface FastEthernet 0/0
R1(config-if)# ip address 192.168.0.1 255.255.255.252
R1(config-if)#no shutdown
R1(config-if)#exit
R1(config)#interface FastEthernet 0/1
Rl(config-if)#ip address 192.168.0.9 255.255.255.252
R1(config-if)#no shutdown
R1(config-if)#exit
R1(config)#interface FastEthernet 0/2
Rl(config-if)#ip address （1） 255.255.252.0        //使用网段中最后一个地址
R1(config-if)#no shutdown
R1(config-if)#exit
R1(config)#interface serial 0
Rl(config-if)#ip address 202.111.1.1 255.255.255.248
R1(config-if)#no shutdown
R1(config)#ip nat pool ss 202.111.1.1 （2） netmask （3）
R1(config)# interface （4） FastEthernet 0/0-1
Rl(config-if)#ip nat （5）
R1(config-if)#interface serial 0
R1(config-if)#ip nat （6）
R1(config-if)#exit
R1(config)#access-list 1 permit 192.168.0.0 （7）
R1(config)#ip nat inside （8） list （9） pool （10）   （11）
```

请根据拓扑结构完成其中空缺的配置代码。

【问题2】 在 R1、R2 和 R3 之间运行 OSPF 路由协议，其中 R1、R2 和 R3 的配置如下：

1	R1(config)#router ospf 1
2	R1(config-router)#network 192.168.4.0 0.0.3.255 area 0
3	R1(config-router)#network 192.168.0.0 0.0.0.255 area 0
4	R1(config-router)#network 192.168.0.8 0.0.3.255 area 0
5	R2>enable
6	R2#config terminal
7	R2(config)#router ospf 2
8	R2(config-router)#network 192.168.8.0 0.0.3.255 area 0
9	R2(config-router)#network 192.168.12.0 0.0.3.255 area 0
10	R2(config-router)#network 192.168.0.4 0.0.0.3 area 0

11	R3>enable
12	R3#config terminal
13	R3(config)#router ospf 3
14	R3(config-router)#network 192.168.0.8 0.0.0.3 area 0
15	R3(config-router)#network 192.168.0.4 0.0.0.3 area 0

1）配置完成后，在 R1 和 R2 上均无法 ping 通 R3 的局域网，可能的原因是 __(12)__ ，备选答案：

    a. 在 R3 上未宣告局域网路由　　b. 以上配置中第 7 行和第 13 行配置错误

    c. 第 1 行配置错误　　　　　　　d. R1、R2 未宣告直连路由

2）在 OSPF 中重分布默认路由的命令是 __(13)__ ，备选答案：

    a. R1#default-information originate

    b. R1(config-if)#default-information originate

    c. R1(config-router)#default-information originate

    d. R1(config)#default-information originate

【提示】该题考查路由器的 NAT 的配置方法。完成此类题目需要认真阅读题目要求，细致观察图中所示的拓扑结构和 IP 地址，并熟练掌握交换机路由器的配置方法和配置命令。

对于问题 1，在路由器 R1 上创建相应的 NAPT 地址池并将内部地址进行转换，由于使用的是动态地址转换，因此需要使用关键字"overload"。参考答案：（1）192.168.7.254；（2）202.111.1.5；（3）255.255.255.248；（4）range；（5）inside；（6）outside；（7）0.0.15.255；（8）source；（9）1；（10）ss；（11）overload。

对于问题 2，根据题目给出的相关配置可知，R1 和 R2 均无法 ping 通 R3 的局域网，表明 R1 和 R2 上不存在 R3 局域网的路由条目，最可能的原因是在 R3 上未宣告其局域网路由。在 OSPF 路由协议中，重分布路由的命令是在路由协议配置模式下先使用 default-information originate 命令。参考答案为：（12）a；（13）c。

4．某单位网络内部同时部署了 IPv4 主机和 IPv6 主机，现计划采用 ISATAP（站间自动隧道寻址协议）隧道技术实现两类主机的通信，其网络拓扑结构如图 5.68 示。路由器 R1、R2 和 R3 都通过串口与 IPv4 网络连接，此外路由器 R1 连接 IPv4 网络，路由器 R3 连接 IPv6 网络。通过 ISATAP 隧道将 IPv6 的数据包封装到 IPv4 的数据包中，实现 PC1 和 PC2 的数据传输。解答问题 1 至问题 4。

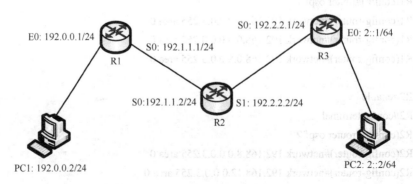

图 5.68　第 4 题网络拓扑结构

【问题1】当双栈主机使用 ISATAP 隧道时，IPv6 报文的目的地址和隧道端口的 IPv6 地址都要采用特殊的 ISATAP 地址。在 ISATAP 地址中，前 64 位通过向 ISATAP 路由器发送请求得到；后 64 位由两部分构成，其中前 32 位是 (1) ，后 32 位是 (2) 。

（1）备选答案如下：

    a．0:5EFE　　　　　　b．5EFE:0　　　　　　c．FFFF:FFFF　　　　　　d．0:0

（2）备选答案如下：

    a．IPv4 广播地址　　　　b．IPv4 组播地址　　　　c．IPv4 单播地址

【提示】该问题考查对于 ISATAP 隧道基本概念的理解。ISATAP（站间自动隧道寻址协议）指某个 IPv4 域内的双栈主机相互之间可通过该隧道协议进行通信。它将 IPv4 地址置入 IPv6 地址中，当两台 ISATAP 主机通信时可自动提取 IPv4 地址建立隧道，并且无须通过其他特殊网络设备，而只要彼此间的 IPv4 网络通畅即可。

双栈主机支持 ISATAP 后会自动在该隧道端口上生成 IPv6 地址，格式为：

本地链路的前缀（**fe80::**开头）+**64** 位的端口标识符**::0:5EFE:X.X.X.X**（**X.X.X.X** 是双栈主机的 IPv4 单播地址）。

之后就可以和同一子网内其他 ISATAP 客户机进行 IPv6 通信。如果需要和其他网络的 ISATAP 客户机或者 IPv6 网络通信，必须通过 ISATAP 路由器获取全球单播地址前缀（以"2001:""2002:"或"3ffe:"开头），然后通过路由器与其他 IPv6 主机和网络通信。

ISATAP 过渡技术不要求隧道端结点必须具有全球唯一的 IPv4 地址，只要双栈主机具有 IPv4 单播地址即可，即忽略该地址是公用地址还是私有地址。

参考答案：（1）选项 a；（2）选项 c。

【问题2】根据网络拓扑和需求说明，完成路由器 R1 的配置：

```
R1(config)# interface Serial 1/0
R1(config-if)# ip address   (3)    255.255.255.0      //设置串口地址
R1(config-if)#no shutdown                             //开启地址
R1(config)#interface FastEthernet 0/0
R1(config-if)#ip address   (4)    255.255.255.0      //设置以太网端口地址
R1(config-if)#exit
R1(config)#router ospf 1
R1(config-router)#network 192.0.0.1   (5)    area 0
R1(config-router)#network 192.1.1.1   (6)    area 0
```

【提示】该问题考查对于路由器接口地址与 OSPF 协议的基本操作配置。由拓扑结构图可知，R1 的 S0 端口地址表示为 192.1.1.1/24，因此（3）应填"192.1.1.1"；由于 R1 的 E0 端口地址表示为 192.0.0.1/24，因此（4）应填"192.0.0.1"。

语句"R1(config)#router ospf 1"表示在 R1 上启动 OSPF 协议。

这里主要考查对于 OSPF 的 network 命令的理解，该命令的格式如下：

    [no] network *network mask*　　area *area_id*

其中：no network 命令表示取消网络范围，mask 表示应该为反掩码；area_id 表示区域号。由于 S0 和 R0 的掩码均为 255.255.255.0，因此反掩码均为 0.0.0.255。

参考答案：（3）192.1.1.1；（4）192.0.0.1；（5）0.0.0.255；（6）0.0.0.255。

【问题3】 根据网络拓扑和需求说明路由器 R3 的 ISATAP 隧道配置：

```
……
R3(config)#interface tunnel 0                              (7)
R3(config-if)# ipv6 address 2001:DA8:8000:3::/64 eui-64    //为隧道配置 IPv6 地址
R3(config-if)# no ipv6 nd suppress-ra                      //启用隧道口的路由器广播
R3(config-if)#tunnel source s1/0              (8)
R3(config-if)#tunnel mode ipv6 ip isatap      (9)
```

【提示】 该问题考查对于 ISATAP 隧道的基本配置操作。目前全国许多高校都参与了 CNGI 项目（中国下一代互联网示范工程）二期建设，大部分学校使用 ISATAP 建网模式，影响很大，因此该问题具有一定的实时性和代表性。

```
R3(config)#interface tunnel 0                              //启用 tunnel 0
R3(config-if)# ipv6 address 2001:DA8:8000:3::/64 eui-64    //为隧道配置 IPv6 地址
R3(config-if)# no ipv6 nd suppress-ra                      //启用隧道口的路由器广播
R3(config-if)#tunnel source s1/0                           //指定隧道的源地址为 s0
R3(config-if)#tunnel mode ipv6 ip isatap                   //隧道的模式为 ISATAP 隧道
```

参考答案：（7）启用 tunnel 0；（8）指定隧道的源地址为 s0；（9）隧道的模式为 ISATAP 隧道。

【问题4】 实现 ISATAP，需要在 PC1 中进行配置，请完成下面的命令：

```
C:\>netsh interface ipv6 isatap set router   (10)
```

【提示】 客户端可以使用 Netsh 配置：

```
C:\>netsh                                        //到 netsh interface 命令行下
netsh>interface                                  //到 netsh interface ipv6 命令行下
netsh interface> ipv6                            //到 netsh interface ipv6 isatap 命令行下
netsh interface ipv6>isatap                      //设置 ISATAP 路由器的地址
netsh interface ipv6 isatap>set router *.*.*.*   //设置 ISATAP 路由器的地址
```

R3 的 S0 端口的地址为 192.2.2.1。上述命令可合并为一条命令，即：

```
netsh interface ipv6 isatap set router
```

参考答案：（10）192.2.2.1。

第六章　移动互联网

随着通信技术和便携式终端技术的快速发展，面向固定网络环境的传统 IP 技术已不能满足用户的移动性需求。人们希望通过便携式计算机、智能手机、PDN 或其他数字移动终端设备，在任何地点、任何时间都能方便地访问因特网。于是，移动互联网应运而生。

由 TCP/IP 构建的互联网（即因特网）是指各种不同类型和规模的计算机网络相互连接而成的网络。互联网已经渗透到各个领域，几乎无处不在，并且无时无刻不在影响着人们的学习、工作和生活。移动互联网是以移动通信网作为接入网的互联网，它使得用户可以借助移动终端（手机、平板电脑等）通过移动网络访问互联网。即运营商提供无线接入，互联网服务商提供各种成熟的应用和信息服务等。近年来，移动通信网络和互联网成为当今世界发展最快、市场潜力最大、前景最诱人的新兴产业。移动 IP（Mobile IP，MIP）技术就是在这个背景下产生和发展的。MIP 应用于所有基于 TCP/IP 的网络环境中，它可为人们提供无限广阔的网络漫游服务。

本章首先讲述移动互联网的基本概念，然后介绍移动 IP（包括 MIPv4 和 MIPv6），最后介绍移动互联网的应用技术和典型应用。

第一节　移动互联网的概念

随着智能手机的普及以及其他移动设备的普及应用，催生了移动互联网的问世，并快速发展成为当前信息技术领域的热点技术。移动互联网体现了"无处不在的网络，无所不能的业务"，它所改变的不仅是接入手段，也不仅仅是对桌面互联网的简单复制，而是一种新的能力、新的思想和新的模式，并将不断催生出新的业务形态、商业模式和产业形态。

本节将主要介绍移动互联网的定义、特征、体系架构和应用。

学习目标

- ▶ 掌握移动互联网的基本概念；
- ▶ 了解移动互联网的体系架构；
- ▶ 熟悉移动互联网的应用和特点。

关键知识点

- ▶ 移动互联网的定义和体系架构。

移动互联网的定义和特征

移动互联网是互联网络与移动通信网络的融合，它主要基于移动设备接入互联网。目前，移动互联网正在改变着人们的生活、学习和工作方式，它可以使人们通过随身携带的移动终端随时随地乃至在移动过程中获取互联网服务。

移动互联网的定义

早在 20 世纪末，移动通信的迅速发展已有取代固定通信的趋势。与此同时，互联网技术的完善和进步将信息时代不断推向纵深发展。在这样的背景下，移动互联网得以孕育、产生和发展。移动互联网是一种通过移动智能终端、采用移动无线通信方式获取业务和服务的网络新形态。尽管移动互联网已成为目前信息领域的热门话题，然而就其定义而言可谓众说纷纭。

简言之，移动互联网是基于移动通信技术、广域网、局域网及各种移动终端按照一定的通信协议组成的互联网络。从广义上讲，手持移动终端通过各种无线网络进行通信，与互联网结合就形成了移动互联网。通俗地说，能让用户在移动过程中通过移动设备（智能手机、平板电脑等）随时随地访问互联网、获取信息和进行各种网络服务的网络，就是移动互联网。其他比较有代表性的定义有如下几种：

我国工业和信息化部电信研究院在 2011 年的《移动互联网白皮书》中提出：移动互联网是以移动网络作为接入网络的互联网及服务，它包括移动终端、移动网络和应用服务三大因素。

维基百科指出：移动互联网是指使用移动无线 Modem，或者整合在手机或独立设备（如 USB Modem 和 PCMCIA 卡等）上的无线 Modem 接入互联网。

百度百科指出：移动互联网就是将移动通信和互联网二者结合起来成为一体，是互联网的技术、平台、商业模式和应用与移动通信技术结合并实践的活动的总称。

独立电信研究机构 WAP 论坛认为：移动互联网是指用户依托手机、PDA 或者其他手持终端通过各种无线网络进行数据交换。

由以上这些定义可以看出，移动互联网包括网络、终端、软件、应用和数据 5 个层面：

- ▶ 网络层面包括多种无线通信技术的接入设施，主要是以宽带 IP 为技术核心，同时提供大众化的语言、数据、多媒体等业务的基础电信网络。
- ▶ 终端层面包括智能手机、平板电脑等。也就是说，从终端的角度来看，用户使用智能手机、便携式计算机、平板电脑等移动终端，通过移动网络获取移动通信网络服务和互联网服务。
- ▶ 软件层面包括操作系统、中间件、数据库和安全软件等。
- ▶ 应用层面包括数字娱乐、生活服务、社交网络、商务财经等多种类别的应用与服务。
- ▶ 数据层面包括存储在移动终端、应用提供商、运营商等地方的用户、系统、设备等各类相关数据。

移动互联网的特征

移动互联网主要由公众互联网上的内容、移动通信网接入、便携式终端和不断创新的商业模式所构成，大致包括 3 种类型：以移动运营商为主导的封闭式移动互联网、以终端厂商为主导的相对封闭式移动互联网和以网络运营商为主导的开放式移动互联网。移动互联网具有便捷性、个性化、智能感知等特征。

- ▶ 高便捷性。移动互联网在任何时间和任何地方使得移动用户都能接入无线网络，随时体现网络所提供的丰富的应用场景。
- ▶ 个性化。移动互联网的个性化表现在网络的个性化、内容的个性化、终端的个性化以及应用的个性化等诸多方面。

- 智能感知。移动互联网的设备定位自己现在所在的位置，采集附近事物及声音信息。随着社会的发展和设备的更新，还能感受到嗅觉、触感、温度等。
- 用户选择无线上网，这是不同于桌面互联网的。
- 更广泛地利用触控技术进行操作。
- 移动通信设备对其他数码设备的兼容支持。

相比于传统的桌面互联网,移动互联网拓展了更广阔的应用创新空间和更灵活多样的应用模式。随着传输和计算瓶颈的突破，用户在决策和行动自由的本能驱使下，许多桌面互联网业务将向移动互联网迁移。移动互联网继承了桌面互联网的开放性，又继承了移动通信网络的实时性、隐私性、便携性、可定位性。总体来讲，移动互联网还具有以下特点：

- 开放性。开放性体现在网络开放，应用开发接口开放，内容和服务开放等多个方面，使用户有较大的选择权利。
- 分享和协作性。在开放的网络环境中，用户可以通过多种方式与他人共享各类资源，可以实现互动参与、协同工作。
- 创新性。结合 Web 2.0 与移动网络特征，移动互联网能够为用户提供无穷无尽的创新型业务。
- 开放、分享、协作和创新构成了移动互联网的核心特点。随着移动互联网的深入发展，将会有更多的新型服务出现在移动互联网终端而不必依靠桌面互联网门运营商户。

移动互联网的体系架构

移动通信网络与互联网的融合发展造就了移动互联网，这种融合发展不但体现在网络技术上，也包括终端、应用和业务。移动互联网与互联网的区别在于：互联网是一个对等的、没有管理系统的网络。而移动互联网则基于电信网络，是具有管理系统的层次管理网，具有完整的计费和管理系统；重要的是移动互联网的移动终端具有不同于互联网终端的移动特性、个性化特征，用户的体验也不尽相同。针对移动互联网的特点和业务模式需求，在架构移动互联网时需要从通信网络、移动终端、业务应用等方面综合考虑。图 6.1 所示是一种移动互联网体系架构模型，包含有网络与业务模块、移动终端模块和业务应用模块。

1. 业务应用模块

业务应用模块主要向移动终端提供互联网应用业务，包括典型的互联网应用，例如 Web 浏览、在线音频/视频、在线游戏、内容共享下载、电子邮件等，也包括基于移动互联网特有的应用业务（如定位、移动业务搜索）以及移动通信业务（如短信、彩铃等）。

2. 移动终端模块

移动终端模块可以分为软件和硬件两部分。其中，软件包括应用软件、中间件、操作系统，以及支持底层硬件的驱动、存储和多线程内核等；硬件包括终端中实现各种功能的部件。

3. 网络与业务模块

网络与业务模块从上至下可以分为业务管理层和通信网络层两层。

业务管理层又可分为服务质量（QoS）管理、事件管理、业务平台三个子层，包括管理与计费、安全评估等。其中，事件管理主要指移动管理/随时接入，通过移动管理可保证用户在移动中的连接不中断。移动管理可分为以下三种类型：

- ▶ 链路内移动管理。链路内移动（即链路层移动）是指移动结点在同一接入路由器下不同接入点之间移动，移动结点完成 MAC 层切换，IP 地址不需要重新配置。
- ▶ 区域移动管理。区域移动是指移动结点在同一网关下不同接入路由器之间移动，移动结点重新配置 IP 地址，IP 地址保持不变。在这种情况下，要求网络层协议支持代理移动 IP（PMIP）。
- ▶ 广域移动管理。广域移动是指移动结点在不同网关之间移动，移动结点重新配置 IP 地址，IP 地址发生改变。在这种情况下，要求网络层协议支持移动 IP（MIP）。

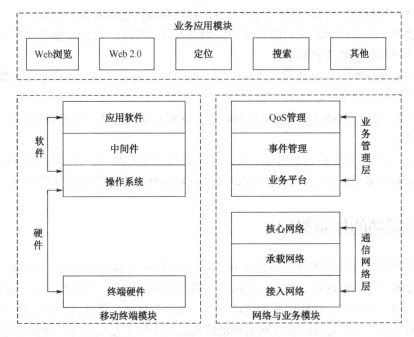

图 6.1　移动互联网体系架构模型

通信网络层可分为核心网络、承载网络和接入网络等子层。其中，移动互联网接入网络技术的主要需求是随时随地接入。目前，移动互联网接入技术主要包括：

- ▶ WiFi；
- ▶ 无线局域网（IEEE 802.11）；
- ▶ GPRS（通用分组无线业务）；
- ▶ 3GPP/4GPP（第三代、四代移动通信技术）；
- ▶ WiMAX（IEEE 802.16）；
- ▶ 卫星（卫星通信协议）；
- ▶ TDMA/FDMA/CDMA。

移动互联端到端的技术架构

从移动互联网端到端的应用角度出发，可以绘制出图 6.2 所示的移动互联网技术架构。从该图可以看出，移动互联网的技术架构模型可以分为以下 5 层：移动终端，移动网络，网络接入网关，业务接入网关，移动互联网应用。

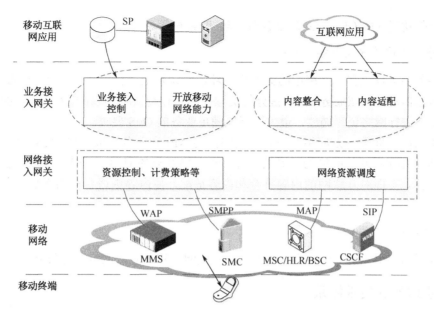

图 6.2 移动互联网端到端的技术架构

1. 移动终端

移动终端主要指智能手机、便携式计算机、平板电脑、掌上电脑（PDA）等，它们不但能够支持实现用户界面（UI）、接入互联网、实现业务互操作等功能，还具有智能化功能和较强的数据处理能力，可以在应用平台和终端上进行较多的业务逻辑处理，以尽量减少空中接口的数据传输压力。移动终端（特别是智能移动终端）具有如下特点：

- 在硬件上，移动终端内包括中央处理器、存储器、输入部件和输出部件。也就是说，移动终端往往是具备通信功能的微型计算机设备。
- 在软件上，移动终端内安装有操作系统，如 Windows Mobile、Symbian、Palm、Android、iOS 等。同时，这些操作系统越来越开放，基于这些开放的操作系统平台而开发的个性化应用软件层出不穷，如通信簿、日程表、记事本、计算器以及各类游戏等，以满足个性化用户的需求。
- 在通信能力上，移动终端具有灵活的接入方式和高带宽通信性能，并且能根据所选择的业务和所处的环境，自动调整所选的通信方式，包括无线局域网、第三代/第四代移动通信技术、WiFi 以及 WiMAX 等，不仅支持语音业务，重要的是支持多种无线数据业务。
- 在功能使用上，移动终端更加注重人性化、个性化和多功能化。随着计算机技术的发展，移动终端从"以设备为中心"的模式进入"以人为中心"的模式，集成了嵌入式计算、控制技术、人工智能技术以及生物认证技术等，充分体现了以人为本的宗旨。由于软件技术的发展，移动终端可以根据个人需求调整设置，更加个性化。同时，移动终端本身集成了众多软件和硬件，功能也越来越强大。

2. 移动网络

移动网络包括各种将移动终端接入无线核心网络的设施，如多媒体短信服务器（MMS）、短信中心（SMC）、移动交换中心（MSC）、移动用户归属位置寄存器（HLR）、基站控制器（BSC）、呼叫会话控制功能（CSCF），以及无线路由器、交换机等。

3. 网络接入网关和业务接入网关

网络接入网关提供移动网络中的业务执行环境，识别上下行的业务信息、QoS 要求等，并可基于这些信息提供按业务、内容区分的资源控制和计费策略。网络接入网关根据业务的签约信息，动态进行网络资源调度，最大限度地满足业务的 QoS 要求。

业务接入网关向第三方应用开放移动网络能力 API 和业务生成环境，使互联网应用可以方便调用移动互联网开放的能力，提供具有移动网络特点的应用。同时，实现对业务接入移动网络的认证，实现对互联网的内容整合和内容适配，使内容更适合移动终端对其进行识别和展示。

4. 移动互联网应用

移动互联网应用主要提供各类移动通信、互联网和移动互联网特有的服务。

移动互联网的技术体系

移动互联网作为当前广阔的融合发展领域，它与广泛的技术和产业相关联。纵览当前移动互联网业务和技术的发展，其技术体系主要涵盖：

- 移动互联网关键应用服务平台技术；
- 面向移动互联网的网络平台技术；
- 移动智能终端软件平台技术；
- 移动智能终端硬件平台技术；
- 移动智能终端原材料元器件技术；
- 移动互联网安全控制技术。

练习

1. 移动互联网的技术特征是（　　）。
   a. 便携性　　　b. 连通性　　　c. 个性化　　　d. 多元化

【参考答案】选项 c。

2. 下面关于移动互联网的描述，不正确的是（　　）。
   a. 移动互联网是由移动通信技术和互联网技术融合而成的
   b. 移动互联网需要实现用户在移动过程中通过移动设备随时随地访问互联网
   c. 移动互联网由接入技术、核心网、互联网服务三部分组成
   d. 移动互联网指的是互联网在移动

【参考答案】选项 d。

3. 下面关于移动互联网核心网的描述，不正确的是（　　）。
   a. 核心网一般均包含接入路由器和网关　　　b. 核心网负责管理用户移动信息
   c. 核心网保证用户在移动中连接不中断　　　d. 核心网为用户提供互联网应用服务

【参考答案】选项 d。

4. 目前手机应用通信协议不包括（　　）。
   a. SIP　　　　b. WAP 1.2　　　　c. WAP 2.0　　　　d. Web

【参考答案】选项 a。
5. 当浏览因特网时，所使用的手机扮演的是哪种角色？（　　）
　　b. 服务器　　　　b. 客户端　　　　c. 服务器和客户端　　d. 控制器
【参考答案】选项 b。
6. 移动互联网包括三个要素：_____、_____和_____。
7. 移动互联网技术体系主要涵盖六大技术领域：_____、_____、_____、_____、_____、_____。

补充练习

在互联网上查找移动互联网的最新发展及应用状况。

第二节　移动 IP

移动通信赢得了举世的瞩目。许多因特网用户拥有移动计算机，他们在离开家乡时甚至在旅途中也希望能够与因特网保持连接。但是，IP 的寻址系统使得这样的异地办公说起来容易做起来难。为此，IETF 提出了一种基于网络层的移动性管理协议——移动 IP（MIP），它能够在网络层解决移动性问题，其基本思想是：网络结点在改变接入网络时，在不改变其 IP 地址并且网络中路由器和非移动主机的协议也保持不变的前提下，仍然能与其他网络结点进行正常通信。MIP 技术不仅支持结点在同构网络间的自由移动，也支持结点在异构网络（如以太网和无线局域网）之间的自由移动。MIP 技术对于网络的其他层应用是完全透明的，即上下层协议感觉不到它的引入，无须做任何改变来支持该技术。

本节将主要介绍为移动通信所用的移动 IP 技术，包括移动 IPv4 和移动 IPv6。

学习目标

▶　熟悉移动 IP 的基本功能；
▶　了解移动 IPv4 和移动 IPv6 技术。

关键知识点

▶　使用 IP 提供移动通信功能的编址方式。

移动 IP 概述

传统 IP 技术有一个很大的缺点：为保持通信，IP 地址必须保持不变。当用户为了工作需要移动到另外一个网络时，由于 IP 技术要求不同的网络对应于不同的网络号（IP 地址前缀），这就使用户不能使用原有 IP 地址进行通信。为了接入新网络，就必须修改主机 IP 地址，使新 IP 地址的网络号与现有网络的网络号保持一致。主机移动到另外一个网络还会带来一个大问题，根据现有的网络技术，移动后的用户一般不能像用原来的 IP 地址一样享受原来网络的资源和服务，并且其他用户也无法通过该用户原有的 IP 地址访问该用户主机。显然，根据移动结点的需求，移动 IP（MIP）应当满足以下几点要求：

- ▶ 移动结点能与不具备 MIP 功能的计算机进行通信；
- ▶ 无论移动结点连接到哪个数据链路层接入点，它都能用原来的 IP 地址进行通信；
- ▶ 移动结点在改变数据链路层的接入点之后，仍能与互联网上的其他结点通信；
- ▶ 移动结点具有较好的安全功能。

当主机从一个网络移动到另一个网络时，IP 编址结构就需要进行修改。为了解决 IP 的移动性问题，IETF 在 1992 年成立了移动 IP 工作组，致力于解决单个结点的移动性支持问题，并在 1996 年公布了移动 IPv4 的第一个标准——RFC 2002。对于移动通信结点来说，依据其所支持的基本 IP 协议版本的不同，支持移动结点移动性的协议有移动 IPv4（Mobile IPv4，MIPv4）和移动 IPv6（Mobile IPv6，MIPv6）两大类。前者用于 IPv4 协议体系，后者则用于 IPv6 协议体系。

移动 IPv4

IETF 提出了一系列草案，并进行了多次修订，在 2002 年最终形成了移动 IPv4 的最新标准——RFC 3344。同时，IETF 还制定了一系列用于支持移动 IPv4 协议的标准，如定义移动 IPv4 中隧道封装技术的 RFC 2003、RFC 2004、RFC 1701 等。

移动 IPv4 网络结构

移动 IP 技术在 IPv4 协议体系中的具体协议就是移动 IPv4（MIPv4）。MIPv4 的网络结构如图 6.3 所示。基于 IPv4 的 MIPv4 定义了移动结点（Mobile Node，MN）、对端通信结点（Correspondent Node，CN）、家乡代理（Home Agent，HA）和外地代理（Foreign Agent，FA）4 个功能实体。其中家乡代理和外地代理又统称为移动代理。

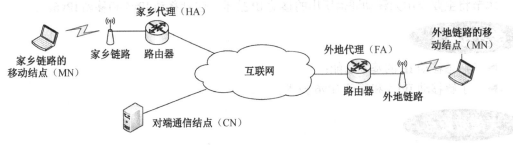

图 6.3 MIPv4 的网络结构

1. 移动结点

移动结点（MN）是指接入互联网后，当从一条链路切换到另一条链路时，仍然保持所有正在进行的通信，并且使用家乡地址的那些结点，即装备了移动 IP 并且移动后的主机。在 MIPv4 中，MN 对应有家乡地址（Home of Address，HoA）、转交地址（Care of Address，CoA）两个地址。

家乡地址（HoA）是指"永久"地分配给该结点的地址，就像分配给固定的路由器或主机的地址一样。当 MN 切换链路时，HoA 并不改变；只有当整个网络需要重新编址时，才可改变 MN 的 HoA。HoA 与 MN 的家乡代理（HA）、家乡链路密切相关。所谓家乡链路，就是其子网前缀和移动节点 IP 地址的网络前缀相同的链路。每个 MN 在"家乡链路"上都有一个唯一的"家乡地址"。

转交地址（CoA）是指 MN 移动至外地子网后的临时通信地址，HA 依此地址作为目的地址向移动结点转发数据包。注意：① CoA 与 MN 当前的外地链路有关；② 当 MN 改变外地链路时，CoA 也随之改变；③ 到达 CoA 的数据包可以通过现有的互联网机制传送，即不需要用移动 IP 的特殊规程将 IP 包传送到 CoA 上；④ CoA 是连接 HA 和 MN 的隧道出口地址。

2. 对端通信结点

对端通信结点（CN）即与 MN 进行通信的结点，它并不要求装备移动 IP。CN 可以是移动的结点，也可以是静止的结点。

3. 家乡代理

家乡代理（HA）是一个 MN 家乡链路上的路由器，其功能是当 MN 移动到外地子网时截获所有至该 MN 的数据包，并通过隧道技术将其转发给 MN。

4. 外地代理

外地代理（FA）是 MN 在外地链路上的路由器，其主要功能是代表移动至该链路上的 MN 接收数据包，并将其路由至 MN。所谓外地链路，就是其子网前缀和移动结点 IP 地址的网络前缀不同的链路。

移动 IPv4 的工作原理

在与远程主机通信时，移动结点要经过三个阶段。其中，第一阶段是代理发现，涉及移动结点、外地代理和家乡代理；第二阶段是注册，也涉及移动结点和这两个代理；第三阶段是数据传送，涉及所有的功能实体。

为了支持移动分组数据业务，移动 IPv4 必须实现包括代理发现、注册和数据传送在内的过程，如图 6.4 所示。

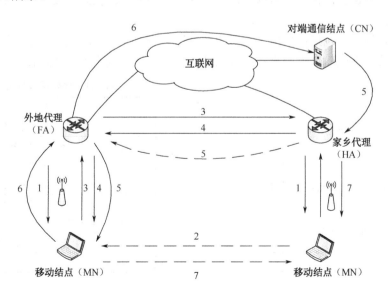

图 6.4　移动 IPv4 工作过程

1. 家乡（外地）代理发现

移动结点（MN）首先要获知家乡（外地）代理的信息，以便向家乡代理（HA）注册自己的当前位置信息，以及外地代理（FA）获取转交地址。这一操作是通过扩展现有的"ICMP路由器发现"机制来实现代理发现的。代理发现机制检测 MN 是否从一个网络移动到另一个网络，并检测它是否返回家乡链路。当 MN 移动到一个新的外地链路时，代理发现机制也能帮助它发现合适的外地代理（如图 6.4 中所标注的第 1、2、3 步）：

- 接入网中的移动代理（如 HA、FA）定时广播代理通告消息。
- MN 收到代理通告消息（Agent Advertisement），判断它自己的当前位置。若 MN 发现移动到了外地网络，就通过外地代理通告或 DHCP 获得一个转交地址（CoA）。
- MN 通过外地代理向家乡代理发送注册请求消息（Registration Request，RRQ）。在家乡代理端绑定其家乡地址（HoA）和转交地址（CoA）。任何代理收到代理请求消息后，应立即发送。代理请求消息与 ICMP 路由器请求消息的格式相同，只是它要求将 IP 的 TTL 域置为 1。

代理发现涉及代理通知、代理询问两种类型的报文。

（1）代理通知报文。当路由器使用 ICMP 路由器通知报文通知它连接在某个网络上时，如果这个路由器充当代理，它就在分组中附加上代理通知。代理通知报文格式如图 6.5 所示。可见，移动 IP 没有使用新的分组类型来进行代理通知，而是使用 ICMP 的路由器通知分组，在后面附加上代理通知报文捎带传送的。代理通知报文中各字段的含义如下：

- 类型——8 位字段，设置为 16。
- 长度——8 位字段，定义这个扩充的报文总长度（不是 ICMP 通知报文的长度）。
- 序号——16 位字段，比例报文的编号。接收者使用这个编号确定算法有报文丢失。
- 寿命——16 位字段，定义代理接受请求的秒数。如果这个字段是一串"1"，那么寿命就是无穷大。
- 代码——8 位标志，它的每一位都可以置 1 或置 0。代码字段每一位的含义如表 6.1 所示。
- 转交地址——包括可供用户使用的转交地址表，MN 可选择其中的一个地址。转交地址的选择在注册请求中宣布。应当注意，这个字段仅为外地代理使用。

表 6.1 代码字段位的含义

位	含 义
0	需要注册，没有地点转交地址
1	代理忙，现在不接受注册
2	代理充当家乡代理
3	代理充当外地代理
4	代理使用最小的封装
5	代理使用通用路由选择封装（GRE）
6	代理支持头部压缩
7	未使用

图 6.5 代理通知报文格式

（2）代理询问报文。当 MN 已经移动到新的网络而没有收到代理通知时，它可以发起代理询问。移动 IP 使用 ICMP 询问报文通知代理，使代理知道它需要帮助。

2. 注册

当 MN 发现自己的网络接入点从一条链路切换到另一链路时，它就要向 HA 进行注册。另外，由于注册信息有一定的生存时间，所以 MN 在没有发生移动时也要注册。这一操作的目的是让 HA 知道 MN 的当前位置，并将数据包转发到该 MN 的当前位置。当 MN 回到自己的家乡链路时，还要取消其在 HA 上的注册。

注册过程一般在代理发现机制完成之后进行。当 MN 已返回家乡链路时，就向 HA 注册，并开始像固定结点或路由器那样通信。当 MN 位于外地链路而发现新的 FA 后，它要向 HA 发送注册请求报文，告知 HA 其在外地网络中的转交地址。HA 接受其注册后，回送注册应答报文，并将 MN 的家乡地址和转交地址绑定。通过绑定实现数据包的重定向，即原来指向 MN 家乡地址的数据包至 HA 后转发给 MN 的转交地址，最后递交给 MN。注册请求报文或注册应答报文封装成 UDP（用户数据报），代理使用熟知端口 434；MN 则使用临时端口。如图 6.4 中所标注的第 4 步所示：HA 完成绑定，通过 FA 回复 MN 注册应答消息（Registration Reply，RRP），同意 MN 的注册，并在 FA 与 HA 之间建立隧道，完成注册过程。

（1）注册请求报文。MN 发送注册请求报文给外地代理，一般注册它的转交地址，同时也宣布它的家乡地址和家乡代理地址。注册请求报文的格式如图 6.6 所示，其中各字段的含义如下：

- 类型——8 位字段，定义报文的类型。对于请求报文，该字段的值是 1。
- 标志——8 位字段，定义转发传送的信息。其每一位都可以置 1 或者置 0，每一位的含义如表 6.2 所示。

类型	标志	寿命
家乡地址		
家乡代理地址		
转交地址		
标识		
扩展		

图 6.6 注册请求报文格式

表 6.2 标志字段各位的含义

位	含　义
0	MN 请求家乡代理保留它以前的转交地址
1	MN 请求家乡代理把任何广播报文用隧道发送出去
2	MN 使用同地点转交地址
3	MN 请求家乡代理使用最小封装
4	MN 请求使用通用路由选择封装
5	MN 请求头部压缩
6，7	保留位

- 寿命——16 位字段，定义合法注册的秒数。如果这个字段是一串"0"，就表示请求报文要求取消注册；如果这个字段是一串"1"，寿命就是无穷大。
- 家乡地址——MN 的永久（第一个）地址。
- 家乡代理地址——MN 家乡代理的地址。
- 转交地址——MN 的临时（第二个）地址。
- 标识——一个 64 位的数，它被 MN 插入到请求报文中，在应答报文中再重复这个数。它使请求和应答匹配。
- 扩展——可变长度用于鉴别，即用于家乡代理鉴别 MN。

（2）注册应答报文。注册应答报文，由家乡代理发送给外地代理的注册应答，然后转发给 MN，其格式如图 6.7 所示。注册应答报文中各字段的含义与注册请求报文基本相似，其主要区别是：类型字段的值是 3；用代码字段代替标志字段，并给出注册请求的结果（接受或拒绝）；不再需要转交地址。

图 6.7 注册应答报文格式

3. 数据传送

MN 注册成功之后，如注册的是 FA 转交地址，就在 HA 和 FA 之间建立起隧道，实施数据传送，如图 6.4 中所标注的第 5、6、7 步所示：对端通信结点（CN）发往 MN 家乡地址的数据包将被 HA 截获，通过隧道发往 MN 的 CoA；MN 发出的数据包，将根据其目的地址路由到 CN，而不必经过 HA；当 MN 回到家乡网络时，就向 HA 发起解除注册过程，删除 HA 上 MN 的绑定信息以及 HA 与 FA 之间的隧道。

隧道技术在移动 IP 中非常重要。移动 IPv4 规定必须支持的隧道技术是 IP in IP 封装隧道技术，也可以选择最小封装隧道技术和通用路由封装隧道技术。

IP in IP 封装隧道技术由 RFC 2003 定义，用于将 IPv4 包放在另一个 IPv4 包的净荷部分。其过程非常简单，只需把一个 IP 包放在一个新的 IP 包的净荷中。采用 IP in IP 封装的隧道对穿过的数据包来说，犹如一条虚拟链路。移动 IP 要求 HA 和 FA 实现 IP in IP 封装，以实现从 HA 到转交地址的隧道。

IP 的最小封装隧道技术由 RFC 2004 定义，是移动 IP 中的一种可选隧道方式。目的是减少实现隧道所需的额外字节数，通过去掉 IP in IP 封装中内层 IP 报头和外层 IP 报头的冗余部分来完成。与 IP in IP 封装相比，它可节省字节（一般为 8B）。但当原始数据包已经经过分片时，最小封装就无能为力了。在隧道内的每台路由器上，由于原始包的生存时间域值都会减小，以使 HA 采用最小封装，此时 MN 不可到达的概率增大。

通用路由封装（GRE）隧道技术由 RFC 1701 定义，也是移动 IP 可选用的一种隧道技术。除了 IP 协议外，GRE 还支持其他网络层协议，它允许一种协议的数据包封装在另一种协议数据包的净荷中。

移动 IPv4 存在的弊端

一般来说，对 MN 的移动性管理包括位置管理和切换管理两个方面。移动 IPv4（MIPv4）主要解决了 MN 的位置管理问题，而基本没有涉及切换管理。这样就使得 MIPv4 的切换管理性能比较差，切换延迟较大。对此，IETF 提出了两种切换延迟优化方法：快速 MIPv4 和层次 MIPv4。

MIPv4 存在的另一个弊端是三角路由问题。在 MIPv4 中，CN 发给 MN 的数据包将沿着 CN→HA→FA→MN 的绕行路径传送，而 MN 发给 CN 的数据包仍按照直接路径 MN→CN 传送，由此形成了所谓的三角路由。在 MN 和 CN 离家乡链路较远，两者通信持续时间又长的情况下，经由 HA 转发数据包将会显著增加网络资源消耗。这些问题在移动 IPv6 中得到了解决。

移动 IPv6

IPv6 中的移动性支持是在制定 IPv6 协议的同时作为一个必需的协议内嵌在 IP 协议中的。在 IPv6 设计之初，IETF 就开始考虑了网络层的移动性问题，RFC 3775 将移动 IPv6（MIPv6）描述为：无论 IPv6 结点位于 IPv6 网络何处，无论 CN 是否支持 IPv6，始终可以对 IPv6 结点进行访问。与 MIPv4 相比，MIPv6 有许多优点，如不再使用外地代理（FA）、完全支持路由优化、彻底消除了三角路由等，并且为移动终端提供了足够的地址资源，使得移动 IP 的实际应用成为可能。

MIPv6 的网络结构及工作原理

MIPv6 从 MIPv4 中借鉴了许多概念和术语，其网络结构如图 6.8 所示。MIPv6 中的移动结点（MN）、对端通信结点（CN）、家乡代理（HA）、家乡链路和外地链路等概念与 MIPv4 中的几乎一样，家乡地址、转交地址的概念与 MIPv4 中的也基本相同。其中，MIPv6 的转交地址是 MN 位于外地链路时所使用的地址，由外地子网前缀和 MN 的接口 ID 组成。MN 可以同时具有多个转交地址，但是只有一个转交地址可以在 MN 的 HA 中注册为主转交地址。

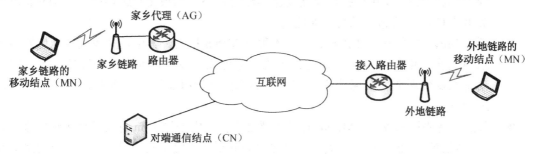

图 6.8　MIPv6 的网络结构

值得注意的一个区别是，在 MIPv6 中只有 HA 的概念，取消了 FA。这是因为 MN 在离开家乡链路时可利用 IPv6 的邻居发现和地址自动配置机制进行独立操作，而不需要任何来自于外地路由器的特殊支持。MN 的家乡代理是家乡链路上的一台路由器，主要负责维护离开本地链路的 MN，以及这些 MN 所使用的地址信息。如果 MN 位于家乡链路，则 HA 的作用与一般的路由器一样，它将目的地为 MN 的数据包正常转发给它。当 MN 离开家乡链路进入外地链路时，其工作原理如下：

- MN 通过常规的 IPv6 无状态或有状态的自动配置机制，获得一个或多个转交地址（CoA）。
- MN 在获得 CoA 后，向 HA 申请注册，为 MN 的家乡地址（HoA）和转交地址在 HA 上建立绑定。
- MN 可以直接发送数据包给 CN，设置数据包的源地址为 MN 的当前转交地址，家乡地址选项中是 MN 的 HoA。
- 当 CN 发送数据包给 MN 时，首先根据数据包的目的 IP 地址查询它的绑定缓存：如果在绑定缓存中存在匹配，则直接发送数据包给 MN；如果不存在这样的匹配，则将数据包发送到其 HoA。发向 HoA 的数据包被路由到 MN 的家乡链路，然后经过 HA

的隧道转发到 MN。
- MN 根据收到 HA 转发的 IPv6 数据包判断 CN 有没有自己的绑定缓存，因而向 CN 发送绑定更新来建立绑定。绑定完成后，MN 可通过双向隧道模式（Bidirectional Tunneling Mode）或者路由优化模式（Route Optimization Mode）与 CN 进行通信。
- MN 离开家乡后，家乡链路可能进行了重新配置，原来的 HA 被其他路由器取代。MIPv6 提供了"动态代理地址发现"机制，允许 MN 发现 HA 的 IP 地址，从而正确注册其主转交地址。MIPv6 技术允许 MN 在互联网上漫游而无须改变其 IP 地址。

移动 IPv6 协议扩展

移动 IPv6（MIPv6）对 IPv6 协议族进行了部分扩展，包括：
- 移动头（Mobility Header）——MIPv6 利用 RFC 2460 定义的 IPv6 扩展头报文结构而创建的一种新的扩展包头，主要用于绑定的创建和管理消息。
- 家乡地址选项—— MIPv6 新定义的家乡地址目的选项，用于 MN 向 CN 通告其家乡地址。
- Type2 路由头——在 MIPv6 中，CN 可将报文直接发送到 MN 的 CoA，报文的目的地址是 CoA，路由头中的家乡地址包含 MN 的 HoA。当报文到达 CoA 时，MN 将路由头里的 HoA 作为最终的目的地址。
- 新 ICMPv6 报文——MIPv6 定义了 4 种 ICMPv6 报文。其中，家乡代理地址发现请求/应答报文用于在 MN 不知道家乡代理地址或家乡代理前缀改变等情况下，实现动态家乡代理地址发现功能；移动前缀请求/公告报文用于网络重编号和 MN 的地址配置。
- 邻居发现协议修改——MIPv6 在路由器公告报文中增加 1 bit 标志位用于说明报文是 HA 发送的，在公告报文前缀信息中增加 1 bit 说明前缀字段是否包含路由器的完整 IP 地址。此外，还定义了公告间隔选项和 HA 信息选项。
- 修改发送路由器公告——MN 需要迅速判断新路由器存在和原来路由器不可达等状态，MIPv6 定义路由器可配置发送未被请求路由器公告的最小间隔为 30 ms，最大间隔为 70 ms。

MIPv6 是一项新的网络技术，还处于标准研发、部署应用的初期，自问世以来一直面临着技术、成本、应用等诸多挑战，其广泛应用还依赖于 IPv6 网络的部署和普及，自身还需要解决安全性、IPv4/v6 共存环境过渡、复杂度、多接入扩展和负载均衡等诸多技术问题。随着下一代互联网、物联网技术革命的到来，MIPv6 将会得到更加深入的研究并普及应用。

练习

1．如果 MN 充当外地代理，那么还需要登记吗？解释你的答案。

2．为什么注册请求报文和注册应答报文需要封装成 UDP（用户数据报），而不直接封装成 IP 数据报？

3．试查找和阅读有关移动 IP 的 RFC 文档。

4．试分析发送一个代理通知报文需要哪几个步骤。

补充练习

在 Internet 上查找移动 IP 的最新发展应用。

第三节　移动互联网应用技术

移动互联网是移动通信终端技术与互联网技术的聚合，互联网热点技术 Widget、Mashup 和 Ajax 等的引入以及云计算技术的应用极大地促进了移动互联网业务的发展。也就是说，移动互联网的应用需要电信运营商提供统一、简化的业务开发生成环境，能够集成电信能力和互联网能力，提供图形化的开发配置模式，并能够提供工具，以方便构建 Widget、Mashup 等应用，使得用户可以进行快速业务生成、仿真和体验。

本节将主要介绍移动 Widget、Mashup 和 Ajax 技术，以及典型的移动互联网应用业务。

学习目标

- ▶ 了解移动 Widget、Mashup 和 Ajax 等应用技术；
- ▶ 熟悉移动互联网的典型应用，包括移动支付。

关键知识点

- ▶ 使用移动 Widget、Mashup 和 Ajax 等技术构建移动互联网业务。

移动 Widget 技术

移动通信的商业环境正面临着快速变化，大量的 Web 2.0 网站和未来平台的涌现，使人们的工作和生活越来越多地依赖因特网（Internet）。同时，人们对因特网的需求也越来越多样化。移动通信业务与因特网业务的密切结合已经成为发展的研究重点。移动终端 Web 浏览器技术经过几十年的发展，已经由原来的简单 WAP 浏览器发展为全功能的 Web 2.0 浏览器。移动终端 Web 浏览与桌面 PC 上的浏览网页有所不同：在移动终端设备上输入网址和点击等操作均不方便，终端屏幕较小，所获得的信息量相对较小；原来在 PC 上一个网页可以完成的操作，在移动终端上就需要几个页面才能完成，使得用户体验和可操作性大幅度降低。为此，移动终端 Web 模式只适合逻辑简单的信息服务。

目前，嵌入式 Java 应用主要承载即时通信、股票业务、交通信息、导航系统、未来游戏和电子书业务。相对于 Web 浏览器而言，Java 是一种编程语言，可以实现比较复杂的用户操作界面，也可以调用终端设备的一些功能模块，如网络和摄像头等功能；但其缺点也十分明显，就是终端兼容性较差。随着移动智能终端的出现，硬件水平、网络带宽的不断提高，特别是 WiFi 技术的出现，以及屏幕的不断扩大和触摸屏技术的广泛应用，使得移动本地应用甚至超过 PC 应用的用户体验。但移动业务还是依赖于 Web 页面和兼容性较差的嵌入式 Java 技术，显然必须有一种新技术来解决这个问题，它必须拥有一个统一的标准、良好的用户体验和快速开发部署的能力。在这种需求的推动下，出现了 Widget 技术。

移动 Widget 简介

Widget 是由雅虎推出的免费并开放源代码的桌面应用程序平台,可简称为"微件"。Widget 一般是一个图像的部件(小插件),也可以是图形背后的一段程序,可以嵌在手机、网页和其他人机交互的界面上,用以帮助用户享用各种应用程序和网络服务。Widget 是利用 Web 技术,通过可扩展标记语言(XML)和 JavaScript 等来实现的小应用。借助 Widget,用户能够选择自己喜欢的上网方式,享受更个性化的移动互联网服务。例如,用户可以通过小型应用软件,把喜欢的应用于桌面,从而不用登录某些网站就可以方便地查看天气、新闻、股票行情等。

Widget 由 Widget 引擎和 Widget 工具两部分组成,能够极大地便利网络操作和完善桌面应用。Widget 引擎提供了一个 Ajax 应用程序平台,在 Windows 和 Mac OS 操作系统环境下都可以使用,安装该引擎后就能在此平台上运行各式各样的 Widget 工具。

Widget 可以分为桌面 Widget、Web Widget。随着移动互联网和嵌入式设备的发展,Widget 开始在手机和其他终端上应用,衍生出移动 Widget、TV Widget 等形式,其主要应用包括天气 Widget、新闻 Widget、股票 Widget、IP 查询 Widget 等,都是可以自由定制的。移动 Widget 可以独立于 Web 浏览器运行,所实现的功能与网页没有区别;它类似于嵌入式 Java 应用,基于 Widget 引擎而生存,移植性很强,随时即插即用,运行时可以很方便地从移动互联网上获得相关的信息或者数据。移动 Widget 具有小巧轻便、开发成本低、潜在开发者众多、操作系统耦合度低、功能完整等特点。

移动 Widget 技术标准

目前,移动 Widget 主要有三种技术标准,分别是 W3C Widget 规范、BONDI Widget 规范和 JIL Widget 规范。目前支持 W3C Widget 规范的厂商较多,但由于该规范所提供的 API 功能有限,不适合开发复杂功能的应用;BONDI Widget 规范提供了安全体系结构和丰富的 API,较贴近开发者的需求;JIL Widget 标准是由中国移动、沃达丰、软银以及 Verizon 共同提出和定义的,具有更加开放的 API 接口,并且兼容最新的 W3C 标准。一个典型的移动 Widget 技术标准可分为 5 个基本的技术层面。图 6.9 所示是 W3C 规定的 Widget 技术规范,其中包括:封装部署,元数据和配置,脚本和网络链接,用户接口和访问权限,表现和行为逻辑。

封装部署	元数据和配置	脚本和网络链接	用户接口访问权限	表现和行为逻辑
封装格式	媒体类型	配置文件	HTML/XML 页面		资源(图、声音等)
			XML 文件描述	Widget 用户程序接口	CSS
		XML	ECMAScript		
		DOM			
		HTTP+URL+Unicode			
		Widget 用户代理			

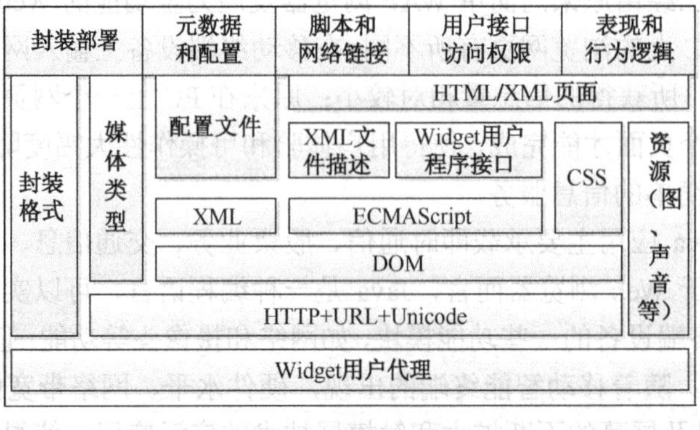

图 6.9 W3C 规定的 Widget 技术规范

Widget 文件是一个封装了所有 Widget 相关资源的压缩包,包括元数据描述文件、配置文件、HTML/XML 页面、图片和其他文件。其封装格式为 zip 格式,文件扩展名为 ".wgt",采用的压缩算法为 deflate 格式。每个 Widget 压缩包中包含一个元数据描述文件 config.xml，格式为 XML。该文件描述了移动 Widget 名称、描述、图标、权限、作者等内容，同时指定了起始执行渲染的 HTML/XML 文件名。数字签名作为一个可选项，也放置在 config.xml 文件中。Widget 的脚本语言一般采用 JavaScript，网络部分采用 Web 2.0 普遍使用的 XMLHttpRequest 技术。

移动 Widget 应用

移动 Widget 应用就是利用标准化的移动 Widget 规范开发出来的应用程序。移动 Widget 最大的特点是其框架在移动终端的引擎上运行，信息从网络段获取，并且即插即用。

移动 Widget 业务一般分成两类，即本地应用和网络应用。其中本地应用依托 Widget 引擎对终端侧硬件访问控制功能的拓展，实现 Widget 应用对终端能力的获取和使用。本地应用无须扩展 JSAPI（脚本语言、应用程序编程接口），无须联网，如本地小游戏、计算器、时钟等。网络侧的 Web 应用可以根据业务提供者的不同，分为互联网应用业务和运营商移动增值业务。

Mashup 技术

"Mashup"一词起源于音乐，即把来自两种或两种以上的音乐片段组合成一首新歌曲。Mashup 作为当前热门的 Web 2.0 技术，是一种交互式的 Web 应用程序。在网络数字领域，Mashup 意指将不同来源的数据和不同的功能无缝组合到一起而衍生出来的新的、集成的网络服务。迄今为止，Mashup 并没有准确的定义。

Mashup 的概念

在 Web 2.0 时代，Mashup 是一些程序开发者利用 Google Map、Amazon 和 Flickr 等网站开放的若干程序源代码，结合自己的创意和一些现成的元素（API），像堆积木一样以最小的成本整合形成的一种新服务。例如，新兴相簿网站（Zooomr）就是整合了 Google Map 和 Tag 技术所打造的。也就是说，Mashup 是一种新的应用程序类型，这种类型的应用程序将两种或者更多的资源（这些资源可以是数据，也可以是其他应用程序或者站点）组合到一个站点中，通过数据提取、数据输入、数据可视化、调度与监视等活动，可以实现之前所想而无法实现的功能。

从总体上看，目前在 Web 开发领域一个比较统一的认识是：Mashup 是一个整合不同来源内容以提供统一集成化体验的 Web 站点或者应用程序。具体来说，Mashup 可以是一个网站或者是一个网络应用程序，通过混合搭配不同来源的内容或信息而创造出来的一种全新服务。因此，Mashup 并不专指某一项独立的技术，而是 Web 2.0 的一种新应用形式，即通过调用不同数据源来封装独具特色的服务，给网络环境下的用户提供在多种数字资源之间无缝漫游的全新体验。

根据 Web 程序中 Mashup 技术的应用层次，可以将 Mashup 分为以下几种类型：
- ▶ 表现层 Mashup——仅仅将不同来源的数据、信息（甚至是 HTML 内容）放置在一起；
- ▶ 客户端数据 Mashup——将来自远程 Web 服务、数据源等混聚在一起，通过客户端程序按特定需求以特定形式呈现出来；
- ▶ 客户端软件 Mashup——在浏览器中通过客户端程序设计，使不同的 Web 应用程序链接在一起；

- 服务器软件 Mashup——在构建 Web 应用程序时，使用外部站点的 Web 服务（API）构建一些外围应用；
- 服务器数据 Mashup——主要用来解决来自不同厂商的数据库产品以及不同站点间提供数据的混聚。

Mashup 系统组成

一般来说，Mashup 系统由三部分组成，如图 6.10 所示。

Mashup 内容提供者可以是开放 API 的网站或者向用户提供所需数据的网站，它的作用是向用户提供所需的数据。为了使用户可以方便地获得数据，Mashup 内容提供者通常会使用 Web 协议（如 REST、RSS）对外提供自己的数据内容。在某些情况下，很多网站并没有自己的 API，若要获得这些网站的内容，可以通过一种叫作屏幕抓取的技术来实现。

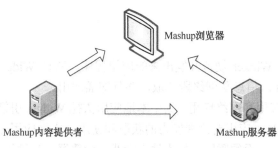

图 6.10　Mashup 系统组成

Mashup 服务器负责聚合各个 Mashup 内容提供者所提供的数据。它把各个 Mashup 内容提供者提供的数据封装成标准组件，并响应用户浏览器对这些组件的调用。同时，Mashup 服务器负责注册、发布这些组件，这样用户就可以根据自己的需求来选择相应的组件，完成数据聚合。

Mashup 浏览器将最终聚合完成的数据信息展示给用户，同时也承担着与用户的交互性工作。Mashup 浏览器既可以通过 Mashup 服务器来获取数据，也可以直接调用 Mashup 内容提供者的 API 来获取数据。

由 Mashup 系统的组成可知：Mashup 数据聚合的逻辑发生在两个地方，一个是 Mashup 服务器，另一个是 Mashup 客户端（即用户浏览器）。对于服务器聚合方式，数据的聚合逻辑发生在服务器，客户端直接到服务器获取数据即可；对于客户端聚合方式，客户端需要与 Mashup 内容提供者通信，以获取数据，完成资源聚合。

Mashup 应用

Mashup 具有 Web 2.0 的特点，同时体现了面向服务的架构（SOA）把"服务送到用户手中"的理念。与传统的应用相比，Mashup 是一种基于网络的、可复用的、轻量级的内容集成。Mashup 的出现使得开发更加方便，利用它即使没有任何编程技能的普通网民也可以编写应用程序。随着越来越多的信息提供者公开自己的 API，许多用户开始变成开发者加入到 Mashup 的队伍中，在网络上相继出现了各种 Mashup 应用。

目前，在移动互联网中，Mashup 应用主要有基于位置的 Mashup 应用和收费组件 Mashup 应用等方式。

基于位置的 Mashup 应用可以通过网络辅助的 GPS 定位（AGPS）或者全球定位系统（GPS）等随时随地获得用户的位置信息，同时结合其他应用聚合可以产生如下应用：

- 紧急救援——位置信息＋电子地图＋交通信息＋其他通信能力；
- 移动导游——位置信息＋本地电子地图＋旅游景点信息；
- 老人儿童监护——位置信息＋电子地图＋医院信息等。

收费组件 Mashup 应用主要通过移动网络的计费功能对互联网上的业务进行代计费，它可以产生移动网络网站计费、各种小额支付等。

除此之外，还可以把 Mashup 生成的内容、互联网的内容以及现有移动网络的通信能力、业务应用（如短信、彩信、视频通话、手机电视等）相结合，产生更丰富的 Mashup 应用，如定向广告传送、Web 电话会议等，充分满足用户的个性化需求。

Ajax 技术

Ajax（Asynchronous JavaScript and XML）是一种创建交互式网页应用的网页开发技术。它结合了层叠样式表单（CSS）、可扩展标记语言（XML）以及 JavaScript 等编程技术，可以让开发者构建富客户端的 Web 应用，并打破了使用页面重载的惯例。Ajax 不是新的编程语言，而是一种使用现有标准的新方法。

Ajax 定义

由于 Web 应用存在着先天不足，其交互能力比较弱，无法实现丰富多彩的用户界面，而其同步请求方式常常阻塞用户界面。为解决传统的 Web 应用的不足，Jess James Garrett 于 2005 年 2 月在一篇文章中提出了 Ajax 技术。它主要包括下列内容：

- 使用 XHTML+CSS 来表示信息；
- 使用 JavaScript 操作 DOM（Document Object Model，文档对象模型）进行动态显示与交互；
- 使用 XML 和 XSLT 进行数据交换及相关操作；
- 使用 XMLHTTPRequest 对象与 Web 服务器进行异步数据通信；
- 使用 JavaScript 将 Web 的各种技术绑定在一起；
- 以 XML 的格式来传送方法名和方法参数。

Ajax 技术的主要作用是在不重新下载整个页面的前提下维护数据，使得 Web 应用程序更加迅捷地回应用户动作，而且不需要任何浏览器插件就可以使 Web 与用户的交互达到很高的程度。Ajax 技术被认为是 Web 2.0 的核心技术之一。

Ajax 工作原理

传统 Web 应用模型的工作过程是：由用户在客户端触发一个 HTTP 请求到 Web 服务器，Web 服务器对其进行相应的处理，然后访问其他数据库系统，最后返回一个 HTHL 页面到客户端。每当 Web 服务器处理客户端所提交的请求时，客户端一直处于空闲等待状态，而且有时会因为服务器繁忙而给出出错页面。即便只是一次很小的交互，哪怕只需从服务器得到很简单的一个数据，都要返回一个完整的 HTML 页，而用户每次都要浪费时间和带宽去重新读取整个页面。这个做法浪费了许多带宽，由于每次应用的交互都需要向 Web 服务器发送请求，应用的响应时间就依赖于 Web 服务器的响应时间。这导致了用户界面的响应比本地应用慢得多，与桌面型 Web 应用程序的响应效果相差甚远。

与传统的 Web 应用模式相比，基于 Ajax 的 Web 应用模式相当于在用户与服务器之间加了一个中间层（Ajax 引擎），使用户操作与服务器响应异步化，如图 6.11 所示。其工作过程与传统 Web 应用模式相似，但主要区别在于：并不是所有的用户请求都提交给 Web/XML 服务器，像一些数据验证和数据处理的任务交给 Ajax 引擎来完成，只有确定需要从 Web/XML 服务器读取新数据时才由 Ajax 引擎根据需要向 Web/XML 服务器发送异步请求，接到 Web/XML 服务器响应后动态更新页面内容，实现无刷新页面的效果。Ajax 引擎实际上是一个比较复杂的 JavaScript 应用程序，用来处理用户请求，读写 Web/XML 服务器和更改 DOM 内容。JavaScript 的 Ajax 引擎读取信息，并且互动地重写 DOM，这使网页能无缝化重构，也就是在页面已经下载完毕后改变页面内容。基于 Ajax 引擎的工作流程可以分为以下四种情况：

- ▶ 当用户触发一个事件时，Ajax 引擎直接发送请求到 Web 服务器，当 Web 服务器响应用户的请求并返回一个新的数据时，就完成更新动作。
- ▶ 当用户触发一个事件时，Ajax 引擎并不直接发送请求给 Web 服务器。之后与上述过程相同。
- ▶ 当用户触发一个事件时，不需要发送一个请求给 Web 服务器。通过 JavaScript、CSS 和 DOM 就可以完成更新，不需要 Ajax 引擎发送请求。
- ▶ 在用户触发一个特殊事件之前，Ajax 引擎发送一个请求给 Web 服务器。当事件被触发时，信息被立即更新。

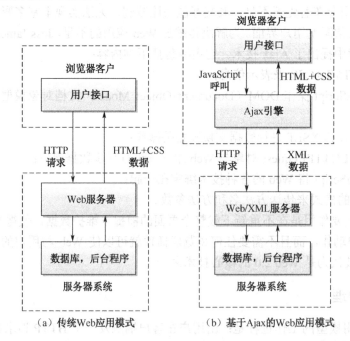

图 6.11　基于 Ajax 的 Web 应用模与传统 Web 应用模式工作流程的比较

Ajax 使 Web 中的页面与应用分离（也可以说是数据与呈现分离），而在以前两者是没有清晰的界限的。数据与呈现分离有利于分工合作，减少非技术人员对页面的修改所造成的 Web 应用程序错误，提高效率，也更加适用于现在的发布系统。也可以把以前的一些服务器负担的工作转嫁到客户端，利用客户端闲置的处理能力来处理这些工作。Ajax 主要由 JavaScript、XMLHTTPRequest、DOM 对象组成，通过 XMLHTTPRequest 对象来向服务器发送异步请求，从 Web/XML 服务器获得数据，然后用 JavaScript 来操作 DOM 而更新页面。其中最关键的一步就是从服务器获得请求数据。但 Ajax 解决方案并不是单纯的一种技术，而是由几种蓬勃发展的技术以新的方式组合而成的。Ajax 包括：

- HTML/XHTML（可扩展超文本标记语言）——内容表示语言，用于编写结构化的 Web 页面。
- CSS（层叠样式表）——为 HTML/XHTML 提供文本格式定义。
- DOM（文档对象模型）——给 HTML 和 XML 文件使用的一组 API。DOM 提供了文件的结构表述，以便改变其中的内容及可见物，对已载入的页面动态更新，是动态显示和交互的基础。
- XML（可扩展标记语言）——进行数据交换的格式。
- XSLT（可扩展样式表语言转换）——用于将 XML 转换为 XHTML，并用 CSS 修饰其样式，从而实现数据和页面显示的完全分离。
- XMLHTTPRequest——用于进行异步数据的交互，是实现 Ajax 应用的核心技术。Ajax 的一个最大的特点是无须刷新页面便可向 Web/XML 服务器传输或读写数据（又称无刷新更新页面），这一特点主要得益于 XMLHTTP 组件 XMLHTTPRequest 对象。
- JavaScript——Ajax 应用在客户端使用的脚本语言。

Ajax 应用

Ajax 的功能十分强大，其主要优势在于：
- 减轻服务器的负担。因为 Ajax 的根本理念是"按需取数据"，所以它会尽可能减少冗余请求和响应对服务器所造成的负担。
- 无刷新更新页面，减少用户实际上和心理上的等待时间。
- 可以把服务器负担的一些工作转嫁到客户端，以利用客户端闲置的处理能力。
- Ajax 使 Web 中的页面与应用分离。

Ajax 的应用比较广泛，其最著名的实现体现在 Google 的一系列产品中，如 Google 搜索引擎、Google Maps 以及 Gmail 等；其精髓是按需读取数据，使用户有极佳的体验。目前，Ajax 的典型应用场景主要为数据验证、按需读取数据、自动实时更新页面等。

移动互联网的典型应用

移动终端的智能化和 4G 网络的快速普及，使移动互联网应用市场得到蓬勃发展。随着 PC 互联网加速向移动互联网迁移，移动互联网与传统经济的结合愈加紧密，不断激励移动互联网应用的发展。目前，具有代表性的移动互联网应用可以划分为移动社交应用、位置服务应用、移动视频应用、移动电子商务、移动阅读等类别。

移动社交应用

作为互联网发展历程中的变革性应用，社交网络一度改变了人们的沟通方式和信息传播渠道。而伴随着移动互联网的兴起，社交网络又迎来了新的颠覆性转变——移动社交应用业务。移动互联网的社交应用业务是指用户以手机等移动终端为载体，以在线识别用户和交换信息技术为基础，通过移动互联网来实现的社交应用功能，包括社交网站、微博、即时通信工具、博客、论坛等。社交类应用一直是移动互联网应用的主角，且处于不断变化和发展之中。按照用户社交关系的不同，以及是否能够在移动终端构成新的移动社交关系，移动社交应用可分为传统移动社交应用和新型的移动社交应用。传统移动社交主要是熟人社交；而新型移动社交根据产品定位和参与者目的，又可分为陌生人社交和多维化社交。熟人社交可以通过导入QQ好友和手机通讯录两种方式导入好友，将熟人好友关系从线上拓展到线下，进一步深入到用户日常的社交生活。陌生人社交是移动端新兴的一种交友方式，用户通过移动APP的位置信息（查看附近的人、摇一摇和漂流瓶等）认识周围的陌生人。微信自4.0版本后推出朋友圈，建立起微信好友的文字、图片、视频社区，实现了微信公众平台等多维化社交应用业务。

位置服务应用

基于位置的服务（Location Based Services，LBS）是将移动通信网络和卫星定位系统结合起来，采用多种定位技术和数据处理技术交叉融合的信息服务模式，它可以向终端用户提供位置信息，集成各种与位置相关的业务。1994年，美国学者Schilit首先提出了位置服务的三大目标——你在哪里（空间信息）、你和谁在一起（社会信息）、附近有什么资源（信息查询），成为位置服务的基础内容。随着定位技术的进步和移动互联网的发展，位置服务已逐渐渗透到人们的日常生活之中，位置信息已经成为社会生活中一项不可或缺的关键基础信息。

位置服务伴随着技术进步而不断发展。目前，主流的位置应用业务主要有移动电子地图和基于本地化服务的位置应用业务。移动电子地图提供商在提供基础地理信息的同时，还能够提供兴趣点（Point of Interest，POI）信息、实时交通信息，将位置信息和增值业务结合在一起。随着WiFi、Bluetooth、ZigBee、UWB等室内定位技术的诞生，人们突破了位置服务在室外的限制，将位置服务转向室内，促进了大型商场、机场、仓库等室内位置服务的发展。

位置服务的应用领域非常广阔，其应用场景包括个人定位、手机导航、社交网络、车载导航、老年人关爱、应急救援、交通路线规划、医疗定位、物流跟踪等。其中，面向政府的应用主要涉及城市规划和城市管理，国家公共安全，以及社会公共利益、应急、救灾等；面向行业的应用主要以各行业、各专业部门和工业部门、某些机构的需求为主，如工业高精度定位应用、医疗定位、物流监控等；面向公众的应用是位置服务的主体，随着智能终端、移动互联网应用的迅速普及和免费地图/导航软件的广泛应用，互联网地图、消费电子导航以及基于个人位置服务的创意服务等大众服务需求将保持高速增长。

移动视频应用

随着人们对随时随地多媒体访问的需求的日益迫切，移动视频应用业务应运而生，其中比较典型的是移动数字电视。目前，移动视频应用业务主要是PC端在移动终端的延伸，已经跃升至移动互联网的一大应用。移动视频应用业务主要有以下类型：

▶ 移动视频消息——通过某种媒体非实时地发送的视频消息。目前，实现的移动视频消息业务中所传送的视频消息一般为视频动态图像。例如，视频邮件、多媒体消息业务（MMS）等就属于移动视频消息业务。视频邮件是在纯文本邮件的基础上增加了视频和音频的多媒体邮件，它可以用附件形式传送，也可以直接以流媒体方式播放。多媒体消息业务是一种被WAP组织和3GPP定义为标准的非实时移动消息业务，移动用户通过一个或多个媒体单元来发送和接收视频消息。多媒体消息业务不仅可传递文本信息，而且还可以传递内容更为丰富的图像、音频、视频等数据信息。

▶ 移动视频内容配送——该业务主要是从服务器到人的通信服务，以流媒体或者下载的方式将视频内容传送到移动用户终端。移动视频内容配送的业务范围非常广泛，主要包括视频点播和远程教育业务等。
- ▶ 移动视频电话/会议——一种使用了视频和话音的点对点通信业务，它在两个移动终端之间、移动终端和固定视频电话或者 PC 之间实现视频和音频的双向实时交流。
- ▶ 移动视频监控——利用无线网络的高带宽，通过移动网络和移动、固定视频前端，可实现远距离的移动视频监控。一般情况下，移动视频监控业务用于特定的工作用途，也可以用于生活中，如用于儿童安全保护的移动监控系统。

移动电子商务

社会的发展产生了多种消费方式，电子商务已走进人们的生活。移动电子商务是通过移动通信网络进行数据传输，并利用移动终端开展业务经营活动的一种电子商务模式。移动电子商务使用移动终端进行商务交易，其内容覆盖了金融、贸易、娱乐和教育，使人们可以在任何时间、任何地点进行线上线下的电子商务活动。移动电子商务可以分为移动金融（如在线电子支付）、移动广告、移动娱乐、移动库存管理和产品定位与搜索等。

移动支付

移动支付（Mobile Payment）也称为手机支付，是指交易双方为了某种货物或者服务，使用移动终端设备作为载体，通过移动通信网络进行账务支付的一种服务方式。移动支付所使用的移动终端可以是手机、PDA、移动 PC 等。移动支付将终端设备、互联网、应用提供商和金融机构相融合，为用户提供货币支付、缴费等金融业务。

按完成支付所依托的技术条件，移动支付可以分为近场支付和远程支付。近场支付是指通过具有近距离无线通信技术的移动终端实现本地化通信，进行货币资金转移的支付方式，如用手机刷卡的方式实现账务支付等。远程支付是指基于移动网络，利用短信、GPRS 等空中接口与后台支付系统建立连接，通过发送支付指令（如网银、电话银行、手机支付等）或借助支付工具（如通过邮寄、汇款）而进行的支付方式。例如，掌中电商、掌中充值、掌中视频等，就属于远程支付。目前，移动支付标准尚不统一。

目前，移动支付主要有短信支付、扫码支付、指纹支付、声波支付等使用方法。移动支付属于电子支付方式的一种，因而具有电子支付的特征；但因它与移动通信技术、无线射频技术、互联网技术相互融合，又具有移动性、及时性、定制性和集成性等鲜明的特征。要实现移动支付，除了要有一部能联网的移动终端之外，还需要：
- ▶ 移动网络运营商提供网络服务；
- ▶ 金融机构提供线上支付服务；
- ▶ 有一个移动支付平台；
- ▶ 商户提供商品或服务。

移动支付产业属于新兴产业，移动支付应用前景巨大，仍处在迅速发展之中。但由于行业标准尚未完全完善统一，运营商和金融机构之间缺乏紧密合作等，这些因素制约着移动支付的进一步发展应用。另外，移动支付交易也还存在着诸多安全性问题，例如手机漏洞、病毒感染、诈骗短信、骚扰电话等就造成了一定的移动支付风险。对于移动支付，急需建立起一个健康的生态环境。

移动阅读

移动阅读通常是指利用移动通信终端或电子阅读器的阅读方式。它有别于传统纸质阅读和基于计算机的阅读,凭借其灵活、方便等优势可以满足人们随时随地阅读的需求。在信息化时代,生活的快节奏迫使人们无法腾出整块时间进行阅读,利用移动阅读可以在公交站台、地铁车厢内、公园凉亭边、商务会议休息间等的碎片时间段弥补对阅读的渴求。

总之,移动互联网是一个以宽带 IP 为技术核心、提供高品质电信服务的应用环境,尽管已经出现了多种多样的移动互联网应用业务,但总体来看,这一领域还处在发展初期。随着移动互联网基础设施的不断完善,移动互联网应用业务还将不断拓展。

练习

1. 何谓移动 Widget 技术?
2. Mashup 系统主要由哪几部分组成?
3. 简述 Ajax 的工作原理。
4. 什么是移动电子商务?简述移动电子商务的特征和应用模式。
5. 移动阅读有哪些特点?到目前为止,移动阅读在发展过程中主要存在哪些问题?

补充练习

使用 Web 检索和查找有关移动互联网的典型应用,探讨移动互联网应用技术的发展趋势。

本 章 小 结

移动互联网是当前信息技术领域的热门课题之一,它将移动通信和互联网这两个发展最快、创新最活跃的领域结合起来,凭借广阔的应用,正在开辟信息通信业发展的新时代。移动互联网体现了"无处不在的网络、无所不能的业务"的思想,通过便携的智能移动终端,就可以获取互联网服务。移动互联网是指互联网技术、平台、商业模式和应用与移动通信技术相结合并实践的总称,包括移动终端、移动网络和应用服务三个要素。

移动终端是指可以在移动中使用的计算机设备,从广义上讲包括手机、笔记本电脑、平板电脑、POS 机甚至车载电脑,但在大部分情况下是指智能手机、平板电脑或者移动计算机。

移动计算机用户希望能够与桌面计算机用户一样接入同样的网络,共享网络资源与服务,这需要解决移动的计算机 IP 地址分配问题。移动 IP(MIP)可以满足移动结点在改变接入点时不改变 IP 地址,并保持已有通信的连续性。MIP 是 IETF 提出的基于网络层的移动性管理协议。在 MIP 中,移动性问题被视为寻址和路由问题。其思想是移动结点同时使用两个地址:家乡地址和转交地址。在网络层使用转交地址,以保证报文的可达性;在传输层(又称运输层)及以上的应用层使用家乡地址,以保证 TCP 连接。事实上,MIP 可以看作一个路由协议,其目的是将数据包路由到那些可能一直在快速改变位置的移动结点上。通过使用 MIP,即使移动结点移动至另一个子网并获得了一个新的 IP 地址,传输层所使用的 IP 地址也始终是其家乡地址,所以 MIP 能够在主机移动过程中保证 TCP 连接不中断。MIPv4 和 MIPv6 相当于 MIP 方案的两种特例。MIPv6 借鉴了 MIPv4 的主体思想，并具备 IPv6 协议的优势，如自动配置、安全性等。

移动互联网应用所涉及的技术较多，包括终端技术、网络技术、高层应用技术以及标准化等相关问题，移动互联网的建设和发展受到多种因素的影响。移动互联网业务应用实现技术主要涉及移动 Widget、Mashup 和 Ajax 等。移动互联网应用领域广阔，且在发展之中。

小测验

1. 简述移动互联网的定义。
2. 移动互联网具有哪些主要特点？
3. 移动 IP 用到了哪些关键技术？
4. 移动 IP 技术的基本通信流程是什么？
5. 移动 IP 中有哪些重要的隧道技术应用？
6. 移动互联网的业务体系主要包括哪几大类？
7. 移动互联网的特征是（　　）。
    a．移动性　　b．连通性　　c．私密性　　d．融合性
8. 移动互联网的协议中，用于数据表示的协议是（　　）。
    a．HTTP　　b．HTML　　c．TCP/IP　　d．XTML
9. 移动 IP 技术不能轻松实现（　　）。
    a．远程办公　　b．多种接入方式的无缝互联
    c．跨网段漫游　　d．视频会议

附录 A 课 程 测 验

1. 当路由器创建自己的路由表时，它使用（　　）。
   a. 双地址网关　　b. 防火墙技术　　c. 动态路由　　d. 静态路由
2. 数据包在到达目的地之前必须通过的路由器数目称为（　　）。
   a. 高宽比　　　　b. 交织比率　　　c. 多播号　　　d. 跳步数
3. 路由器在哪一层操作？（　　）
   a. 只在第 1 层　　　　　　　　　b. 第 1 层和第 2 层
   c. 第 2 层和第 3 层　　　　　　　d. 第 1 层、第 2 层和第 3 层
4. 下面哪项是一个 DV 路由协议？（　　）
   a. RIP　　　　　b. LSA　　　　　c. OSPF　　　　d. IS-IS
5. 下面哪项是对"网关是一种高延迟设备"的最好解释？（　　）
   a. 网关必须转换许多协议包头　　b. 网关使用软件处理信息
   c. 网关必须处理多层协议　　　　d. 所有以上都是
6. 网关是指下面哪种设备？（　　）
   a. 协议转换器和路由器　　　　　b. 路由器和交换机
   c. 协议转换器和第 3 层交换机　　d. 以上都不是
7. 下面哪项在典型的路由表中是没有的？（　　）
   a. 到指定目的网络的下一跳步的 IP 地址　　b. 到指定目的网络的跳步数
   c. 目的网络的 MAC 地址　　　　　　　　　d. 使用的路由协议类型
8. 级联多个 C 类地址被称为（　　）。
   a. 子网化　　　b. 子网地址　　　c. 超级组网　　d. 字符透明
9. 所谓"代理 ARP"是指由（　　）假装目的主机回答源主机的 ARP 请求。
   a. 离源主机最近的交换机　　　　b. 离源主机最近的路由器
   c. 离目的主机最近的交换机　　　d. 离目的主机最近的路由器

【参考答案】选项 b。

10. 新交换机出厂时的默认配置是（　　）。
    a. 预配置为 VLAN1，VTP 模式为服务器
    b. 预配置为 VLAN1，VTP 模式为客户机
    c. 预配置为 VLAN0，VTP 模式为服务器
    d. 预配置为 VLAN0，VTP 模式为客户机

【提示】新交换机出厂时的默认配置是 VLAN1，VTP 模式为服务器。参考答案是选项 a。

11. 在下面的地址中，属于全局广播地址的是　(1)　；在图 A.1 所示的网络中，IP 全局广播分组不能通过的通路是　(2)　。
    （1）a. 172.17.255.255　　　　　b. 0.255.255.255
    　　 c. 255.255.255.255　　　　　d. 10.255.255.255

(2) a. a 和 b 之间的通路　　　　　b. a 和 c 之间的通路
　　 c. b 和 d 之间的通路　　　　　d. b 和 e 之间的通路

【参考答案】(1) 选项 c；(2) 选项 b。

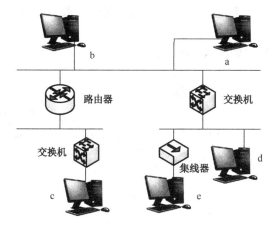

图 A.1　第 11 题图

12. 某网络拓扑结构如图 A.2 所示。

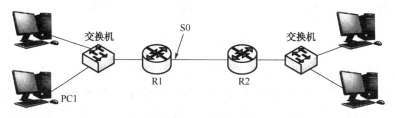

图 A.2　第 12 题图

在路由器 R2 上采用　(1)　命令将得到以下结果：

R2>
…
R　192.168.0.0/24[120/1]via 202.117.112.1, 00:00:11, Serial2/0
C　192.168.1.0/24 is directly connected, FastEthernet0/0
　　202.117.112.0/30 is subneted, 1 subnets
C　202.117.112.0 is directly connected, Serial2/0
R2>

则 PC1 可能的 IP 地址为　(2)　，路由器 R1 的 S0 口的 IP 地址为　(3)　，路由器 R1 和 R2 之间采用的路由协议为　(4)　。

(1) a. netstat -r　　　b. show ip route　　　c. ip routing　　　d. route print
(2) a. 192.168.0.1　　b. 192.168.1.1　　　　c. 202.117.112.1　　d. 202.117.112.2
(3) a. 192.168.0.1　　b. 192.168.1.1　　　　c. 202.117.112.1　　d. 202.117.112.2
(4) a. OSPF　　　　　b. RIP　　　　　　　　c. BGP　　　　　　　d. IGRP

【参考答案】(1) 选项 b；(2) 选项 a；(3) 选项 d；(4) 选项 b。

13. 与移动结点通信时，通信结点总是把数据包发送到移动结点的（　　），而不考虑移动结点的当前位置情况。

a. 转交地址 b. 内网地址 c. 归属地址 d. 外网地址

【参考答案】选项 c。

14. 下面那一项不是移动 IP 的关键技术？（ ）
    a. 代理发现 b. 登录 c. 隧道技术 d. 位置登记

【参考答案】选项 d。

15. 某单位网络拓扑结构如图 A.3 所示。

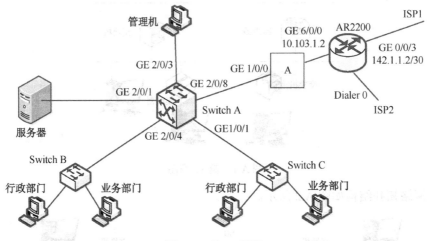

图 A.3 第 15 题图

阅读以下说明，回答【问题1】至【问题3】，将解答填入答题纸对应的解答括号内。

【问题1】本问题包含两个小问题：1. 结合网络拓扑图 A.3，将 Switch A 业务数据规划表（如表 A.1 所示）中的内容补充完整。2. 根据表 A.1 中的 ACL 策略，业务部门不能访问 (5) 网段。

表 A.1 第 15 题表

项目	VLAN	IP 地址	接口
上行三层接口	VLAN100	10.103.1.1	GE2/0/8
业务部门接入网关	VLAN200	10.107.1.1	GE2/0/4，GE1/0/1
行政部门接入网关	VLAN203	10.106.1.1	GE2/0/4，GE1/0/1
管理机构接入网关	VLAN204	10.104.1.1	(1)
缺省路由		目的地址/掩码：(2) ；下一跳：(3)	
DHCP		接口地址池： VLANIF200:10.107.1.1/24 VLANIF202:10.104.1.1/24 VLANIF203:10.106.1.1/24	
DNS		114.114.114.114	
ACL		编号：3999；名称：control 规则：所有匹配下面源 IP 和目的 IP 的数据流都拒绝 协议类型：IP 源 IP：10.106.1.1/24；10.107.1.1/24 目的 IP：10.104.1.1/24 应用接口：(4)	

【参考答案】（1）GE2/0/3；（2）0.0.0.0/0.0.0.0；（3）10.103.1.2；（4）GE2/0/3；（5）管理机。

【问题2】根据表 A.1 及图 A.3 可知，在图 A.3 中为了保护内部网络，实现包过滤功能，位置 A 应部署（6）设备，其工作在（7）模式。

【参考答案】（6）防火墙；（7）透明模式。

【问题3】根据图 A.3 所示，公司采用两条链路接入 Internet，其中 ISP 2 是 （8） 链路。路由器 AR2200 的部分配置如下：

detect-group 1

detect-list 1 ip address 142.1.1.1

timer loop 5

ip route-static 0.0.0.0 0.0.0.0 Dialer 0 preference 100

ip route-static 0.0.0.0 0.0.0.0 142.1.1.1 preference 60 detect-group 1

由以上配置可知，用户默认通过 （9） 访问 Internet，该配置片段实现的网络功能是 （10） 。

（8）备选答案：a. 以太网　　　　b. PPPOE

（9）备选答案：a. ISP1　　　　　b. ISP2

【参考答案】（8）选项 b；（9）选项 a；（10）网络冗余备份。

16. 某企业的网络结构如图 A.4 所示，其中 Router 作为企业出口网关。该企业有两个部门 A 和 B，为部门 A 和 B 分配的网段地址是：10.10.1.0/25 和 10.10.1.128/25。

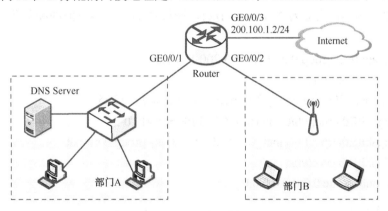

图 A.4　第 16 题图

阅读以下说明，回答【问题1】至【问题3】，将解答填入对应的解答括号内。

【问题1】在公司地址规划中，计划使用网段中第一个可用 IP 地址作为该网段的网关地址，部门 A 的网关地址是 （1） ，部门 B 的网关地址是 （2） 。

【参考答案】（1）10.10.1.1；（2）10.10.1.129。

【问题2】公司在路由器上配置 DHCP 服务，为两个部门动态分配 IP 地址，其中部门 A 的地址租用期限为 30 天，部门 B 的地址租用期限为 2 天，公司域名为 abc.com，DNS 服务器地址为 10.10.1.2。请根据描述，将以下配置代码补充完整。

部门 A 的 DHCP 配置：

...

<Route> （3）

[Router] （4） GigabitEthernet 0/0/1
[Router-interface GigabitEthernet 0/0/1]ip address 10.10.1.1 255.255.255.128
[Router-interface GigabitEthernet 0/0/1]dhcp select （5）　//接口工作在全局地址池模式
[Router-interface GigabitEthernet 0/0/1]（6）
[Router]ip poolpool1
[Router-ip-pool-pool1]network 10.10.1.0 mask （7）
[Router-ip-pool-pool1]excluded-ip-address （8）
[Router-ip-pool-pool1] （9） 10.10.1.2　　　　//设置 DNS
[Router-ip-pool-pool1] （10） 10.10.1.1　　　　//设置默认网关
[Router-ip-pool-pool1] （11） day 30 hour 0 minute 0
[Router-ip-pool-pool1] （12） abc.com
[Router-ip-pool-pool1]quit
...

部门 B 的 DHCP 配置从略。

【参考答案】（3）system-view；（4）interface；（5）global；（6）quit；（7）255.255.255.128；（8）10.10.1.2；（9）dns-list；（10）gateway-list；（11）lease；（12）domain-name。

【问题 3】 企业内部地址规划为私网地址，且需要访问 Internet 公网，因此需要通过配置 NAT 实现私网地址到公网地址的转换。公网地址范围为 200.100.1.3～200.100.1.6，连接 Router 出口 GE0/0/3 的对端 IP 地址为 200.100.1.1/24。请根据描述，将下面的配置代码补充完整。

...
[Router]nat address-group 0 200.100.1.3 200.100.1.6
[Router]acl number 2000
[Router-acl-basic-2000]rule 5 （13） source 10.10.1.0 0.0.0.255
[Router-GigabitEthernet0/0/0]interface GigabitEthernet0/0/3
[Router-GigabitEthernet0/0/1]nat （14） 2000 address-group 0 no-pat
[Router-GigabitEthernet0/0/1]quit
[Router]ip route-static 0.0.0.0 0.0.0.0 （15）

【参考答案】（13）permit；（14）outbound；（15）200.100.1.1。

附录 B 术语表

A

Active Loop 活动环路
活动环路是指桥接网络中一对设备之间的两条或多条路径，当一个结点被连接到一个以上的网桥上时就会形成活动环路。

Address Resolution Protocol Cache 地址解析协议缓存
地址解析协议缓存是指主机内部保存的一个 IP 地址（网络地址）与相应的硬件地址的映射表。

Algorithm 算法
算法是用来解决特定问题的一系列特定步骤。这些步骤可以由任何自然语言或编程语言实现。

Agent 代理
通常在计算机网络中，一个代理是指计算机中的一个激活过程，当它为外部一个实体需要时，其为特定类型的行为负责。例如，在一个简单网络管理协议（SNMP）系统中，一个代理为决定管理信息库（MIB）中的参数和一个控制台负责。

Application Programming Interface（API）应用程序编程接口
API 是一些预先定义的函数，目的是提供应用程序与开发人员基于某软件或硬件得以访问一组例程的能力，而又无须访问源码，或理解内部工作机制的细节。API 函数包含在位于系统目录下的 DLL 文件中。

Area Border Router（ABR） 区域边界路由器
区域边界路由器是一种连接到一个以上区域的开放式最短路径优先（OSPF）路由器。区域之间的路由由这些区域边界路由器处理。区域边界路由器为其连接的每个区域维护一个独立的链路状态数据库，并从每个数据库中建立一个独立的最短路径优先（SPF）树。

Asynchronous Control Character Map（ACCM） 异步控制字符映射表
异步控制字符映射表是一个 32 位的阵列，用来区分那些必须被转义或标记的字符，使它们作为传输控制字符时不会被错误地解读。

Autonomous System 自治系统
自治系统是一组专用的网络和路由器。每个自治系统由一个单一的组织管理。ISP 就是自治系统的一个例子。

B

Backbone Provider 主干网提供商
主干网提供商是指向大型自治系统和 ISP 提供高速主干网服务的组织。

Backplane 背板
背板是设备的母板，可为设备提供基本的功能。背板的设计决定了集线器、交换机、网桥和路由器的基本特征。插入背板的其他模块可提供端口界面和其他特征。体系结构是以太网、令牌环或者 FDDI 的背板称为共享总线型背板，因为这些网络体系结构都使用共享介质协议。

Border Gateway Protocol（BGP） 边界网关协议

BGP 是一种在自治系统之间使用的路由协议。使用 BGP 的系统主要用来和其他 BGP 系统交换网络可达性信息。

Bridge 网桥

网桥是指一种在 OSI 模型的数据链路层进行操作的设备。它可以将数个局域网或局域网网段连接在一起。网桥可以将具有相同介质访问类型的局域网（如两个令牌环网段）连接在一起，也可以将具有不同介质访问类型的局域网（如一个是以太网，另一个是令牌环网）连接在一起。

Broadcast 广播

广播是指数据帧被发往所有的结点。

Broadcast Containment 广播抑制

通过在第 2 层或第 3 层将网络分段，从而创建独立广播域的方法称为广播抑制。

Broadcast Domain 广播域

广播域是指网络中能够接收广播包的区域。由路由器、第 3 层交换机和 VLAN 建立的网段是独立的广播域，因为它们不将广播包从一个网段发往另一个网段。

Broadcast Storms 广播风暴

网络结点与网桥设备在网络中的位置各不相同，它们之间存在着一定的差异。因此，广播帧有时会被网桥错误地解读。这样一来，该网桥就会再生一个广播帧并发送出去；这后一个广播帧也可能会被错误地解读，如此循环往复；最后就生成了大量的广播帧，从而严重地影响了网络性能。甚至，有时广播风暴会一直持续下去直到使整个网络崩溃。

Broadcast Traffic 广播数据流

广播数据流由目的地址是"所有计算机"（一种特殊的 MAC 地址，由全 1 组成）的数据帧组成。

C

Character Transparency 字符透明性

字符透明性是指传输协议的一种特性，它允许特定的控制字符无改变地通过通信链路。

Collapsed Backbone 集中式主干

集中式主干是指一种使用多端口设备（如交换机或路由器）在网段和子网之间传输数据流的网络拓扑结构。这是一个与标准主干相对应的术语。在以太网中，标准主干由一条连接结点和子网的普通总线组成。

Collision Domain 冲突域

冲突域中的所有结点均能够收到被发送的每一个数据帧。

Convergence 收敛

收敛是指更新和同步网络中所有的路由表，使得所有的路由器达成相同的度量标准和拓扑结构的过程。大型网络的收敛过程比小型网络要慢得多，因为大型网络中包含更多的路由器，在每一次变化后这些路由器都需要更新。

D

Daemon 守护程序

Daemon 是一种与 DOS 中终止并驻留内存的程序（TSR）类似的 UNIX 程序。

Default Gateway 默认网关

默认网关是指对远程网络的所有主机提供访问的路由器。通常网络管理员为网络中的每个主机配置一个默认网关。

Dual-Homed Gateway 双地址网关

双地址网关是一种防火墙的类型，是指在一个有两个网络接口（一个接内部网络，另一个接外部网络）的高度安全的主机上运行的软件应用程序。

Dynamic Host Configuration Protocol（DHCP） 动态主机配置协议

DHCP 是 Microsoft 公司的专利方法，它通过在预先设定的时段内向逻辑上的终端主机动态地分配 IP 地址来简化 IP 网络的管理。

Dynamic Routing 动态路由选择

动态路由选择是指当网络拓扑结构改变或者网络内部条件改变（如出现拥塞）时，网络可以自动调整路由。

F

Frame 帧

帧是指通过数据链路传输的信息单位。它有两种类型：控制帧和信息帧。控制帧用于初始化设置和链路管理。信息帧包含来自数据链路层以上层的信息。

Frame Latency 帧延迟

帧延迟是指设备对数据帧进行处理时产生的传输延迟。它是设备接收到数据帧的第一个字节到设备发出该字节的时间。

Frame Relay 帧中继

帧中继本质上是一种电路交换。从物理层次上讲，帧中继是一个连接到 3 条或更多高速链路的"盒子"，并在它们之间发送数据。帧中继只用于数据通信，而不用于语音或视频通信。帧中继可以检测发送错误但不纠错（将错帧丢弃）。

G

Gateway 网关

网关是一个协议转换器。这种类型的网关在两种不同的协议体系之间转换数据，通常工作在 OSI 模型的较高层。网关也是一种用来链接专用网络和公有网络（通常是 Internet）的路由器。

Gateway Proxy 网关代理

网关代理是代理服务器的一种，它只针对网关提供代理服务，是对 URL 从一个万维网浏览器例如 Mosaic 到一个外部服务器和返回结果传递一个请求的系统。

Generic Routing Encapsulation（GRE） 通用路由封装

GRE 规定了怎样用一种网络层协议去封装另一种网络层协议的方法。GRE 的隧道由两端的源 IP 地址和目的 IP 地址来定义，它允许用户使用 IP 封装 IP、IPX、Appletalk，并支持全部的路由协议,如 RIP、OSPF、IGRP、EIGRP。通过 GRE,用户可以利用公用 IP 网络连接 IPX 网络和 Appletalk 网络,还可以使用保留地址进行网络互连,或对公网隐藏企业网的 IP 地址。

H

Hardware Address　硬件地址

硬件地址是指固化在目标结点的网卡中的地址,其等同于 MAC 地址或网卡地址。

Header　报头

报头是消息、数据包或数据帧的一部分,其中包含了将信息单元从一个结点发送到另一个结点所必需的信息。报头通常包含一个说明所封装的消息长度的域,此外,至少还有一个以上的域用来说明所发送消息的相关信息。例如,当消息是一个更大消息的片段时,报头可用来指定片段在整个消息中的相对位置,也许还有整个消息所包含的片段的总数。

Hop Count　跳步数

在一个多路由器的网络环境中,数据包从数据源传输到目的地的过程中所要经过的中介路由器的个数称为跳步数。

I

In-Band Management　带内管理

带内管理是指网络自身发送网管命令控制网络设施的过程。

Intermediate System to Intermediate System(IS-IS)　中间系统到中间系统

IS-IS 协议是建立在 DECnet Phase V 路由选择基础上的一种 OSI 链接状态层次路由选择协议。

Internet Protocol Control Protocol(IPCP)　IP 控制协议

该协议规定了 PPP 协议如何封装通过串行的点对点连接进行传输的网络层的信息。

IP Module　IP 模块

IP 模块是 Internet 系统中驻留在每个主机和路由器上的 IP 软件。IP 模块使用统一的规则解读 IP 地址段,处理 Internet 包。一台机器上的 IP 进程发出一个 Internet 包给另外一台机器上的 IP 进程,直到这个包到达它的最终目的地。

L

Location Based Services(LBS)　位置服务

LBS 是由移动通信网络和卫星定位系统结合在一起提供的一种增值业务,通过一组定位技术获得移动终端的位置信息(如经纬度坐标数据),提供给移动用户本人或他人以及通信系统,实现各种与位置相关的业务。LBS 又称定位服务,实质上是一种概念较为宽泛的与空间位置有关的新型服务业务。

Link Control Protocol(LCP)　链路控制协议

PPP 用于建立和测试串行连接的传输协议。

Link Segments　链接段

链接段是用来扩展以太网的作用距离并且没有连接任何结点的线缆区间。

Local Area Network Segment　局域网网段

局域网网段是连接到网桥、交换机或路由器端口的网络的一部分。

M

Media Access Control Address   MAC 地址
MAC 地址又称为硬件地址或网卡地址，它被固化在网卡中。

Mobile Internet Device（MID）移动互联网设备
移动互联网设备指一切能够上网的便携数码装备。

Mobile IP   移动 IP
移动 IP 是建立在网际协议（IP）上的，使移动性对应用和上层协议透明的一个标准协议。现在有两个版本，分别为 Mobile IPv4（RFC 3344，取代了 RFC 3220 和 RFC 2002）和 Mobile IPv6（RFC 3775）。目前广泛使用的是 Mobile IPv4。

Multiplexer（MUX）   多路复用器
多路复用器是一种计算机设备，它允许多路信号在同一路物理介质中传输。

Multicast   多播
多播是指同时将信息送往多个（或一组）结点。

Multistation Access Unit（MAU）   多站接入单元
MAU 是一种物理层设备，它集合了中继器和集线器的功能，用于令牌环网中。MAU 从一个结点的输出复制信号到下一个结点的输入，使得信号在一个逻辑环路中流动。一些令牌环中使用的 MAU 有一个有源组件（中继器），它能将停止活动的结点旁路掉，从而维持环路的完整性。

N

Network Address Translation（NAT）   网络地址转换
NAT 是一种将私有（保留）地址转化为合法 IP 地址的转换技术，它被广泛应用于各种类型 Internet 接入方式和各种类型的网络中。NAT 不仅完美地解决了 IP 地址不足的问题，而且还能够有效地避免来自网络外部的攻击，隐藏并保护网络内部的计算机。

Network Control Protocol（NCP）   网络控制协议
该协议被 PPP 协议用来配置串行链路上的网络层协议。PPP 协议允许在一条链路上使用一种以上的协议。

Network Interface Card（NIC）Address   网卡地址
网卡地址又称为硬件地址或 MAC 地址，被固化在网卡中。

O

Open Shortest Path First（OSPF）   开放最短路径优先
OSPF 是一种链路状态路由协议，常用于大型自治系统。

Out-Of-Band Management   带外管理
带外管理这种网络管理方法的特征是从网络"外"访问网络设备。例如，通过一台直接连接到网络设备的终端或者通过一个连接到 RS-232 接口（或者控制台端口）上的调制解调器访问网络设备。

P

Packet   包（分组）

包（分组）是指通过网络传输的信息的基本单元，它由 OSI 模型协议栈中的网络层产生。数据包报头中包含的信息足以将数据包从发送结点传送到接收结点，即使传输过程中要经过许多的中间结点。一个数据包可能是一条完整的消息，也可能是由应用层生成的消息中的一段。

Packet Latency   数据包延迟

由于设备处理数据包而产生的传输延迟称为数据包延迟。它是指从设备接收到数据包的第一个字节开始，到设备转发该字节所经历的时间。

Personal Digital Assistant（PDA）   个人数字助理

PDA 又称为掌上电脑，可以帮助人们完成在移动中工作、学习、娱乐等。按使用来分类，分为工业级 PDA 和消费品 PDA。工业级 PDA 主要应用在工业领域，常见的有条码扫描器、RFID 读写器、POS 机等都可以称作 PDA；消费品 PDA 包括的比较多，主要有智能手机、平板电脑、手持的游戏机等。

Policy-based routing   策略路由

策略路由也称为基于策略的路由。策略路由允许组织遵照已定义好的策略来实现数据包转发和路由，这些策略建立在传统的路由选择策略之上。通过使用基于策略的路由，组织可以根据策略有选择性地为数据包分配不同的路径，这依赖于其特定的优先服务类型。

Point To Point Protocol（PPP）   点对点协议

PPP 协议是一种 Internet 标准通信协议，它支持多种网络协议，同时支持数据压缩、主机配置和链接建立。PPP 协议建立在高级数据链路控制（HDLC）标准的基础之上。

Point To Point Tunneling Protocol（PPTP）   点对点隧道协议

PPTP 提供 PPTP 客户机和 PPTP 服务器之间的加密通信。PPTP 客户机是指运行了该协议的 PC；PPTP 服务器是指运行了该协议的服务器。PPTP 是 PPP 的一种扩展协议，它提供了一种在互联网上建立多协议的安全虚拟专用网（VPN）的通信方式。远端用户能够通过任何支持 PPTP 的 ISP 访问公司的专用网。

Port   端口

端口是指局域网网段与集线器、网桥、交换机或路由器之间的接口。"端口"与"端口地址"不同，后者指的是软件提供的地址。

Port Mirroring   端口镜像

端口镜像是指将复制的信息从被选端口发送出去（主要用于监控目的）。

Promiscuous Mode   混杂模式

网络分析器中的网卡可以被设置成混杂模式，这种设置强制网卡处理每一个接收到的数据帧。

Proprietary   专有（网络）

专有网络是指使用某个特定供应商提供的网络设备和协议的网络。如果只从一家特定的供应商采购设备的话，结果通常就形成了专有网络。与专有网络相对的网络应该是"开放"（Open）网络，它采用的是工业标准。

Proxy Agent   委托代理

委托代理是一种 SNMP 代理，它对发往重要的被管理元素的网络管理命令数据流进行优化，同时在专用设备命令和 SNMP 命令格式之间进行转换。

Proxy Server　代理服务器

代理服务器与"中间人"的角色类似，通常当作防火墙使用。代理服务器不允许其所在的网络内部和外部进行直接的数据通信。

R

Router　路由器

路由器是一种用于第 3 层（网络层）设备。它有多个端口，每个端口都可以连接到一个网络或者另一个路由器。路由器查看每个包上的逻辑网络地址，使用自身内部的路由表来决定该包到达目的地的最佳路径，然后将该包送往相应的路由端口。如果该包要送往的网络没有与该路由器相连，路由器会将该包送往和最终目的结点更近的其他路由器。每个路由器依次检查所有包，将其送往目的地或转发给其他路由器。

Routing Information Protocol（RIP）　路由信息协议

RIP 是一种可在 TCP/IP 和 Novell 网络中使用的距离向量寻径协议，主要在小型自治系统内部使用。

Routing Loop　路由回路

路由回路与桥接网络中的活动环路（Active Loop）类似，它出现在使用距离向量寻径算法的网络中。通往同一个结点的多条路径导致路由表的更新，该更新从一个路由器又回到引发更新的路由器，这样就形成了路由回路。该路由器会误以为该数据是其邻近路由器发来的更新，从而重复整个更新过程。

Routing Protocol　路由协议

路由协议是指用来建立和维护路由表的协议。路由表描述了自治系统内部和自治系统之间的路径信息。

Routing Table　路由表

路由表是保存在路由器中的一个数据库，所有的包都可以从该数据库中获得详细的路由信息，这样数据报就能够经由路由器，从数据源到达目的地。

S

Software-as-a-Service（SaaS）　软件即服务

SaaS 是指一种软件应用模式。厂商将应用软件统一部署在自己的服务器上，客户可以根据自己实际需求，通过互联网向厂商定购所需的应用软件服务，按定购的服务多少和时间长短向厂商支付费用，并通过互联网获得厂商提供的服务。SaaS 企业管理软件分成平台型 SaaS 和傻瓜式 SaaS 两大类。平台型 SaaS 是把传统企业管理软件的强大功能通过 SaaS 模式交付给客户，有强大的自定制功能。傻瓜式 SaaS 提供固定功能和模块，简单易懂但不能灵活定制的在线应用，用户也是按月付费。

Scope　范围

特定子网中指定的所有 DHCP 客户机所使用的 IP 参数的 IP 配置信息集称为范围。每个子网有一个范围，由连续的 IP 地址范围组成。

Software Development Kit（SDK）软件开发工具包

SDK 一般是一些软件工程师为特定的软件包、软件框架、硬件平台、操作系统等建立应用软件时的开发工具的集合。

Server Farm   服务器群

服务器群是指多个部门的服务器集中放在一个数据中心，在那里服务器可以得到可靠的备份、不间断的电源供应和良好的操作环境。

Spanning Tree Protocol（STP）   生成树协议

在任何两个设备之间有且仅有一条路径的桥接网络中的一系列设备到设备路径称为生成树。STP 是交换式以太网中的重要概念和技术。该协议的目的是在实现交换机之间的冗余连接的同时，避免网络环路的出现，实现网络的高可靠性。

Static Routing   静态路由

静态路由是指网络管理员手工建立和维护路由表的一种方法。

Statistical Time-Division Multiplexing（STDM）   统计时分复用

STDM 是一种多路复用技术。在这种技术中，每个端口使用一种基于需求的总线竞争方式。这种技术不像时分复用（TDM）技术那样会存在没有使用的时间片，从而使带宽不会被浪费。STDM 对于突发型的业务效果很好。

Supernetted Address   超级组网地址

超级组网地址是指一组分配给 ISP（如 UUNET 和 AOL）的连续的 C 类地址，它们用来为临时拨号连接提供大量的 IP 地址。

T

Time-Division Multiplexing（TDM）   时分复用

TDM 是一种多路复用技术，它为每个端口循环分配一个固定的带宽。TDM 适合在恒定比特率的情况下使用。

Topology   拓扑

拓扑是指网络配置的物理结构。例如，环状拓扑和星状拓扑就是两种不同类型的网络拓扑结构。

Tunneling   隧道技术

隧道技术是指一种通过使用互联网的基础设施在网络之间传递数据的方式。使用隧道传递的数据（或负载）可以是不同协议的数据帧或包。隧道协议将其他协议的数据帧或包重新封装然后通过隧道发送。新的帧头提供路由信息，以便通过互联网传递被封装的负载数据。

Type-of-Service（ToS）Routing   服务类型路由

服务类型（ToS）路由基于 IP 数据包中 IP 报头的 ToS 位的状态来确定如何选择路由。ToS 路由允许路由器为不同类型的服务建立不同的传输路径。

U

User Experience（UE 或 UX）用户体验

UE 是一种纯主观的在用户使用一个产品（服务）的过程中建立起来的心理感受。因为它是纯主观的，就带有一定的不确定因素。个体差异也决定了每个用户的真实体验是无法通过其他途径来完全模拟或再现的。但是对于一个界定明确的用户群体来讲，其用户体验的共性是能够经由良好设计的实验来认识到。计算机技术和互联网的发展,使技术创新形态正在发生转变,以用户为中心、以人为本越来越得到重视。

Unicast 单播

单播是指数据帧的目的地址为单个结点的一种寻址方式。

Unroutable Protocol 不可路由协议

不可路由协议是指不支持在 OSI 第 3 层(网络层)进行路由选择的网络协议,例如 Netbios 和 DEC-LAT 等。不可路由协议不生成数据包,因此不能使用路由器之类的第 3 层设备。Netbeui 和 802.2 协议也属于不可路由协议。

Uplink Port 上行链路端口

上行链路端口是指可以将两个集线器连接成一个逻辑上更大的集线器的端口。

V

Very-high-speed Backbone Network Service（vBNS） 超高速主干网服务

vBNS 是由 NSF(美国科学基金会)和 MCI 公司在 1995 年联合建立的实验型高速广域网主干。

Virtual Path 虚通路

虚通路是两条(或更多)用于在相同的源地址和目的地址之间传输的一组 ATM 虚通道。

Virtual Channel Identifier（VCI） 虚通道标识符

VCI 是 ATM 信元报头中的一个值,它唯一地标识了一条 ATM 虚通道。每一条虚通道都是从源结点到目的结点的一个数据传输路径。

Virtual Channel 虚通道

虚通道是指形成从源结点到目的结点传输的所有 ATM 信元。

Virtual Path Identifier（VPI） 虚通路标识符

VPI 是 ATM 信元报头中的一个值,它标识了一组从相同的源结点到相同的目的结点的虚通路。

Virtual Private Network（VPN） 虚拟专用网

VPN 是指一种在公用网络上建立专用网络的技术。其之所以称其为虚拟网,主要是因为整个 VPN 网络的任意两个结点之间的连接并不存在传统专用网所需的端到端的物理链路,而是架构在公用网络服务商所提供的网络平台,如 Internet、Frame Relay(帧中继)等之上的逻辑网络,用户数据在逻辑链路中传输。

参 考 文 献

[1] 刘化君，孔英会，等. 网络互连与互联网. 北京：电子工业出版社，2015.
[2] REED K D，著. 因特网技术（第7版）. 龚波，辛庄，王锐，等，译. 北京：电子工业出版社，2004.
[3] REED K D，著. 网络互连设备（第7版）. 孔英会，强建周，欧阳江欢，等，译. 北京：电子工业出版社，2004.
[4] 谢希仁. 计算机网络（第7版）. 北京：电子工业出版社，2017.
[5] 雷震甲. 网络工程师教程（第5版）. 北京：清华大学出版社，2018.
[6] 刘化君. 计算机网络原理与技术（第3版）. 北京：电子工业出版社，2017.
[7] 刘化君，等. 计算机网络与通信（第3版）. 北京：高等教育出版社，2016.
[8] GORALSKI W，著. 现代TCP/IP网络详解. 黄小红，等，译. 北京：电子工业出版社，2015.
[9] COMER D E，著. 计算机网络与因特网（第6版）. 范冰冰，等，译. 北京：电子工业出版社，2015.
[10] 李磊，等. 网络工程师考试辅导. 北京：清华大学出版社，2017.
[11] 李丙春，等. 路由与交换技术. 北京：电子工业出版社，2016.
[12] 汪双顶，等. 网络互联技术（理论篇）. 北京：人民邮电出版社，2017.
[13] 李畅，等. 网络互联技术（实践篇）. 北京：人民邮电出版社，2017.
[14] 王相林. 组网技术与配置（第3版）. 北京：清华大学出版社，2014.
[15] 梁雪梅，武春岭. 网络设备配置实用技术. 成都：西南交通大学出版社，2017.
[16] 杨延双，等. TCP/IP协议分析及应用. 北京：机械工业出版社，2016
[17] 全国计算机专业技术资格考试办公室. 网络工程师考试大纲（2018年审定通过）. 北京：清华大学出版社，2018.